海洋渔业科学与技术

本专著得到上海市高峰高原Ⅱ类（水产学）的资助

栖息地理论
在海洋渔业中的应用

陈新军　龚彩霞　田思泉　官文江　李　纲◎编著

海洋出版社

2019年·北京

图书在版编目（CIP）数据

栖息地理论在海洋渔业中的应用/陈新军等编著. —北京：
海洋出版社，2019.6

ISBN 978-7-5210-0356-7

Ⅰ.①栖…　Ⅱ.①陈…　Ⅲ.①栖息地-地理学-应用-海洋渔业-
水产资源-研究　Ⅳ.①S931

中国版本图书馆 CIP 数据核字（2019）第 099106 号

责任编辑：赵　武　黄新峰
责任印制：赵麟苏

海洋出版社　出版发行

http://www.oceanpress.com.cn

北京市海淀区大慧寺路 8 号　邮编：100081

中煤（北京）印务有限公司印刷　　新华书店发行所经销

2019 年 6 月第 1 版　2019 年 6 月北京第 1 次印刷

开本：787 mm×1092 mm　1/16　印张：23.5

字数：410 千字　定价：68.00 元

发行部：62132549　邮购部：68038093　总编室：62114335

海洋版图书印、装错误可随时退换

序

外部环境是所有动物生存的首要条件，每一种动物都有它所需要的特定的栖息地（也称生境，habitat）。一旦动物所赖以生存的栖息地缩小或消失，动物的数量也随之减少或灭绝，保护和管理好一个栖息地的重要前提是正确分析和评估栖息地的优劣。而栖息地适宜性指数（habitat suitability index，HSI）是一种评价野生生物生境适宜度程度的指数。

HSI 模型最早由美国地理调查局国家湿地研究中心鱼类与野生生物署于 20 世纪 80 年代初提出，被用来描述野生动物的栖息地质量。该署还对 157 种野生鸟类和鱼类建立了 HSI 模型。目前，HSI 模型已被广泛用于物种管理、环境影响评价、丰度分布和生态恢复研究。近年来，HSI 模型也被应用于鱼类分布、中心渔场预报等方面。

基于生态系统的渔业资源管理是当前渔业科学发展趋势，掌握鱼类在不同生长阶段独特的 HSI 是重要的研究内容之一，HSI 研究也已成为渔业科学中研究的热点。为此，本专著收集和归纳 10 多年来，本团队在鱿鱼、鲐鱼、金枪鱼等重要经济种类栖息地指数在资源渔场应用研究方面的成果，借以推进 HSI 在我国海洋渔业科学的应用以及研究水平的提高。

本专著共分 4 章，第一章为栖息地一般理论和方法，并提出建立栖息地指数模型应注意的关键技术问题；第二章为栖息地指数在大洋性柔鱼类资源渔场中的应用，重点是在北太平洋柔鱼、东南太平洋茎柔鱼、西南大西洋阿根廷滑柔鱼以及印度洋鸢乌贼等四个重要经济种类中的应用；第三章为栖息地指数在金枪鱼类资源渔场中的应用，主要包括印度洋金枪鱼、南太平洋长鳍金枪鱼、中西太平洋鲣鱼以及东太平洋黄鳍金枪鱼等重要经济种类；第四章为栖息地指数在近海鲐鱼的应用，包括多种数据源下鲐鱼栖息地模型、水温变动对东黄海鲐鱼栖息地的影响等。

该专著的出版，有利于栖息地研究方法和研究手段的发展。该专著可供从事水产界、海洋界的科研、教学等科学工作者和研究单位使用，是一本很好的参考书。

由于时间仓促，覆盖内容广，国内没有同类的参考资料，因此难免会存在一些错误。望各读者提出批评和指正。

作者

2018 年 10 月 16 日

目　录

第一章　栖息地理论和方法

第一节　基本概念与方法

一、基本概念

一般而言，栖息地是指生物的个体或种群居住的场所，又称生境，是指生物出现在环境中的空间范围与环境条件总和（全国科学技术名词审定委员会，2006），包括个体或群体生物生存所需要的非生物环境和其他生物。国际研究委员会（National Research Council，NRC，1982）认为，栖息地是指动物或植物通常所居住、生长或繁殖的环境。美国地理调查局国家湿地研究中心鱼类与野生生物署（U.S. Fish and Wildlife Service）将栖息地定义为给某一特定物种、种群或群落提供直接支持的一个场所，包括该场所中空气质量、水体质量、植被和土壤特征及水体供给等所有的环境特性（Brooks，1997）。环境影响评价中，栖息地是指由生物有机体和物理成分组成的一个自然环境，共同为一个生态单元起作用（Brooks，1997）。Morrison 等（1998）认为，栖息地是指生物栖息的生态地理环境。在渔业资源研究中，很重要的一点是要对鱼类栖息地进行研究，研究的主要内容是生物栖息环境的变化对生物活动的影响（王家樵，2006）。近年来，越来越多的研究发现，只考虑非生物因子的影响，会出现一些生物栖息地分布无法解释的现象或斑块，因此一些生物因子也逐渐被考虑进来（Le Pape et al.，2007），因此在渔业科学中，栖息地一般是指生物出现的物理化学环境及与之相关的其他生物。

外部环境是所有动物生存的首要条件，每一种动物都有它所需要的特定的栖息地，一旦动物所赖以生存的栖息地缩小或消失，动物的数量也随之减少或灭绝，保护和管理好一个栖息地的重要前提是正确分析和评估栖息地的优劣（朱宏达，2002）。而栖息地适宜性指数（Habitat suitability index，HSI）是一种评价野生生物生境适宜度程度的指数。HSI 模型最早由美国地理调查局国家湿地研究中心鱼类与野生生物署（U. S. Fish and Wildlife Service）于 20 世纪 80 年代初提出，被用来描述野生动物的栖息地质量（U. S. Fish and Wildlife Service，1981），该署还对 157 种野生鸟类和鱼类建立了 HSI 模型。目前，HSI 模型已被广泛用于物种管理、环境影响评价、丰度分布和生态恢复研究（Rüger et al.，2005；Brambilla et al.，2009；Imam et al.，2009）。HSI 模型自 20 世纪 80 年代早期以来被广泛地运用在渔业资源评估、保护及管理中，并已成为鉴定渔场及估算鱼类丰度的重要工具之一（Gore 和 Bryant，1990；Gillenwater et al.，2006；Van der Lee et al.，2006；Vinagre et al.，2006；Vincenzi et al.，2006；Gómez et al.，2007；Nishida et al.，2003）。近年来，HSI 模型也被应用于海洋环境对鱼类分布、中心渔场预报等方面的研究与应用（Chen et al.，2010；陈新军等，2009；Lee et al.，2005；冯波，2007）。基于生态系统的渔业资源管理是当前渔业科学发展趋势，掌握鱼类在不同生长阶段独特的 HSI 是重要的研究内容之一，HSI 研究也已成为渔业科学中研究的热点。

栖息地是直接供物种、种群或群落生存、生长及繁殖的地理及生态环境（Brooks，1997；National Research Council，1982）。每一个物种都有其特定的栖息地需求。当栖息地质量下降或消失时，物种的数量将减少，甚至灭绝（Morrison et al.，1998）。在渔业资源研究中，很重要的一点就是对鱼类栖息地的鉴定，这集中在环境因子对物种或种群的分布及数量的影响上。HSI 模型由一个或多个对物种或种群分布有显著影响的环境因子发展而成。捕捞努力量是鱼类出现或鱼类可获得性的一个指标，通常被用来建立鱼类栖息地模型，这一模型相比于基于 CPUE（鱼类资源丰度指标）的栖息地模型能更好的定义最优栖息地（Tian et al.，2009）。

二、研究方法简述

在研究中，栖息地指数 HSI 取值范围一般为 0.0~1.0，它是一个数量指数，0.0 表示不适宜生境，1.0 表示最适宜生境（U. S. Fish and Wildlife Service，1981）。HSI 模型特别适于表达简单而又易于理解的主要环境因素对生物分布的适宜度或丰度（金龙如等，2008）。HSI 与生境评价程序（Habitat evaluation procedures，HEP）一起被广泛地运用于野生生物的栖息地质量评估，在运用中它们是最有影响力的管理工具，这些评估结果应用在日常的自然资源管理与决策支持中（Brooks，1997）。

通常而言，HSI 模型的开发过程包括：

（1）获取生境资料；

（2）构建单因素适宜度函数；

（3）赋予生境因子权重；

（4）结合多项适宜度指数，计算整体 HSI 值；

（5）产生适宜度地图（金龙如等，2008）。

从本质上而言，用于构建 HSI 一般都基于以下思路：首先模拟出生物体对各环境要素的适宜性指数（Suitability index，SI），然后通过一定的数学方法把各种 SI 关联在一起获得综合 HSI（王家樵，2006）。

分析单个因子对生物分布的影响，是 HSI 研究中最基本的方法（郭爱和陈新军，2008；郭爱和陈新军，2009；Schaeffer et al.，2008）。但栖息地是一个非常复杂的生态系统，综合考虑多个因子的影响能更好地解释并预测生物的分布（Lee et al.，2005；易雨君等，2008；Thomasma et al.，1991）。然而数据的收集需要大量的人力、物力及时间，不可能将所有的因子都考虑进来。Vincezi 等（2006）指出，一般而言，给 HSI 模型选择合适的输入因子应遵循以下标准：①形态和生化因子必须与生境承载能力（Carrying capacity）或经济开发物种的生存或生长率显著相关；②对因子与生境之间的关系有充分的认识；③这些因子能以实际且符合成本效益的方法获得或测量或取样。因此，环境因子的选择是至关重要的，这些因子应该被考虑进将来的管理计划中，因为它们能指示出物种的栖息场所（Vinagre et al.，2006）。

在渔业科学研究中，影响 HSI 的因子有很多，包括非生物因子和生物因子以及人类的影响。不同的研究区域和研究对象及其生活史阶段对环境因子的选择不同。一般而言，海洋生物中，考虑的主要影响因子有温度，包括 SST、GSST、不同水深温度等以及海洋表面盐度，海洋表面高度距平、SSH 和叶绿素 a（Chl-a）等等（Vincenzi et al.，2006；冯波等，2010；Tian et al.，2009）；河口中，考虑的主要影响因子有温度、盐度、深度、溶解氧等等（Foreword，2006）；河流中，考虑的主要影响因子有温度、深度、水体流速等等；湖泊中，考虑的主要影响因子有深度、水体透明度、风区长度和水化学参数等等（易雨君等，2007；易雨君等，2008；班璇等，2009）。底栖生物还会考虑沉积物类型和底质等等（Cao et al.，2009；Chen et al.，2007；Gillenwater et al.，2006；Vinagre et al.，2006；Vincenzi et al.，2006）。这些环境因子资料的来源一般包括：①遥感环境数据；②实地测量数据；③实验数据；④间接获取（在前三个数据的基础上，通过数学模型或方法计算得到）。

　　HSI 模型的开发者通常假设：①物种或种群主动选择适宜其生存的生境；②物种和环境变量存在线性关系，这种线性关系主要来自经验数据、专家判断或二者结合（金龙如等，2008；Thomasma et al.，1991；Horne，1983）。通常所构建的线性函数是分段（broken linear model）的，为了简化 SI 模型，也有不少学者根据历史资料或专家知识直接赋值（表 1-1）。而在自然环境中，这种假设的线性关系几乎不存在，因此越来越多的研究者开始根据数理统计知识等模拟生物分布与环境变量之间的关系，从而计算得到影响因子的 SI 曲线。

表 1-1　适宜性指数函数的构建及应用

依据	SI 函数的构建方法	应用对象	参考文献
历史资料与专家知识或二者结合	经验赋值	西北太平洋柔鱼（*Ommastrephesbartramii*） 桑达斯基河瓦氏吸口鱼（Greater Redhorse） 无脊椎动物襀翅目（*Plecoptera*）、葡萄牙塔古斯河口鳎（*Soleasolea*and *Soleasenegalensis*） 桑达斯基河大眼梭鲈（*Sander vitreus*）	Chen 等、Tomsic 等、Vinagre 等、Gillenwater 等
	线性函数	印度洋大眼金枪鱼（*Thunnusobesus*） 长江中华鲟（*Acipensersinensis*） 长江中华鲟（*Acipensersinensis*） 布宜诺斯艾利斯牙银汉鱼（*Odontesthesbonariensis*） 龙须眼子菜（*Potamogetonpectinatus*） 美洲西鲱（*Alosasapidissima*） 欧鳟（*Salmotrutta*） 大马哈鱼（*Oncorhynchustschawytscha*） 条纹狼鲈（*Morone saxatilis*（Walbaum））	陈新军等、易雨君等、班璇等、Gómez 等、Lee 等、U.S Fish 和 Wildlife Service
数理统计知识	线性回归	印度洋大眼金枪鱼（*Thunnusobesus*）	王家樵等
	非线性回归	中西太平洋鲣鱼（*Katsywonuspelamis*） 地中海马尼拉蛤（*Tapes philippinarum*）	郭爱和陈新军、Vincezi 等
	正态分布模型	西北太平洋柔鱼（*Ommastrephesbartramii*）	陈新军等
	分位数回归	西南大西洋阿根廷滑柔鱼（*Illexargentinus*） 印度洋大眼金枪鱼（*Thunnusobesus*）	冯波等
	指数多项式模型	奥扎克山脉溪流小龙虾（*Orconectesneglectus*）	Gore 和 Bryant

　　一般而言，各因子的权重是通过专家知识获得的（Vinagre et al.，2006）。但在许多研究中，可能缺乏足够的信息给不同的环境变量赋予不同的权重

（Tian et al.，2009）。目前在渔业科学中，大部分 HSI 的应用都将各因子的权重等同对待。然而，一些研究者认为，从专家判断获得的权数相比于目前算法的薄弱环节是强有力的，因为这些权数代表了渔业科学研究和管理等从业者的共有知识，因此实际上是被广泛接受的（Vinagre et al.，2006）。

三、常用的 HSI 计算公式及其应用

目前在渔业科学中，常用的 HSI 综合算法有：

（1）连乘法（continuedproduct model，CPM）（陈新军等，2008）

$$HSI = \prod_{i=1}^{n} SI_i \qquad (1-1)$$

（2）最小值法（minimum model，MINM）（班璇等，2009）

$$HSI = \mathrm{Min}(SI_1, SI_2, \cdots, SI_n) \qquad (1-2)$$

（3）最大值法（maximum model，MAXM）（王家樵等，2006）

$$HSI = \mathrm{Max}(SI_1, SI_2, \cdots, SI_n) \qquad (1-3)$$

（4）几何平均法（geometric mean model，GMM）（郭爱和陈新军，2009）

$$HSI = \sqrt[n]{\prod_{i=1}^{n} SI_i} \qquad (1-4)$$

（5）算术平均法（arithmetic mean model，AMM）（Tian et al.，2009）

$$HSI = \frac{1}{4} \sum_{i=1}^{n} SI_i \qquad (1-5)$$

（6）混合算法（冯波等，2010）

根据小中求大原则，即在不同时间内取各因子 SI 的最小值，同一地点取各时间段的最大值，即：

$$HSI = \mathrm{Max}\{ \mathrm{Min}(SI_1, SI_2, \cdots, SI_n)_1, \cdots, \mathrm{Min}(SI_1, SI_2, \cdots, SI_n)_j \}$$

$$(1-6)$$

（7）赋予权重的几何平均值算法（weighted geometric mean，WGM）（Vincenzi et al.，2006）

$$HSI = (\prod_{i=1}^{n} SI_i^{w_i})^{1/\sum_{i=1,\cdots,n} w_i} \qquad (1-7)$$

（8）赋予权重的算术平均值算法（weighted mean model，WMM）（Wakeley，1988）

$$HSI = \frac{1}{\sum_{i=1,\cdots,n} w_i} \sum_{i=1}^{n} w_i SI_i \qquad (1-8)$$

上述式（1-1）~式（1-8）中，i 为第 i 个影响因子、n 为影响因子总数、SI_i 为第 i 个影响因子的 SI 值，w_i 为第 i 个因子的权重或权数，j 为第 j 生活史阶段或第 j 时间段。

基本的算法有前 5 种，陈新军等（2008）、郭爱和陈新军（2009）、Chen 等（2009，2010）分别就印度洋大眼金枪鱼、中西太平洋鲣鱼、西北太平洋柔鱼及东海鲐鱼进行了模型比较（表 1-2）。CPM 和 MINM 估计结果较为保守，CPM 对零值很敏感，其中一个因子 SI 值为零，则综合 HSI 为零，目前渔业 HSI 研究中很少独立运用 CPM，少数陆生生态系统研究中会加入 HSI 的混合算法中（U. S. Fish and Wildlife Service，1985）。MINM 受最小 SI 因子的限制，因为 HSI 决定于各因子 SI 中的最小者，在渔业中常被运用于保护区的设立与评估及生态系统养护与管理中（易雨君等，2007；易雨君等，2008）。MAXM 取各 SI 的最大值，对结果作出了较为乐观的估计，因此常被运用于中心渔场的预测。AMM 和 GMM 是目前渔业 HSI 中运用最为广泛的算法，常被用来作资源量的估算与渔场分析（Tian et al.，2009；Chen et al.，2009），但这两种算法也都存在各自的利弊（表 1-2），目前渔业科学中还没有明确的定义哪种算法较好，以后需进一步对其进行研究，但一般针对所获取的数据特点，结合各自算法的优缺点，或对这两种模型输出的进行比较，最后对其进行模型的取舍。Terrel（1984）建议通过几何平均算法建立的模型中参数越少越好。Layher 和 Maughan（1985）也指出这种方法并不能很好的模拟生物体与各环境因子之间的综合关系。

表 1-2　栖息地适宜性指数不同模型优缺点比较

模型	优点	缺点	应用
连乘法	估计结果保守	对零值敏感	无
最小值法	估计结果较保守	受最小 SI 因子的限制	保护区、生态养护管理
最大值法	估计结果较乐观	受最大 SI 因子的限制	中心渔场的预测
算术平均值法	估计结果较折中，不受 SI 极值的影响	将各 SI 值同等对待，未考虑单因素 SI 偏小或偏大的影响	资源量估算、渔场分析
几何平均值法	估计结果较折中，考虑了单因素 SI 值偏小或偏大的影响	估计效果低于算术平均法，参数越少越好，受 SI 零值影响较大	资源量估算、渔场分析

以上模型都是针对单因子 SI 构建的，忽视了因子之间的交互作用对生物分布的影响，王家樵（2006）、冯波等（2009）利用分位数回归（Quantiles regression，QR）法对大眼金枪鱼进行了研究，计算出各因子及其交互作用因子与大眼金枪鱼分布之间的关系，进一步求算出 HSI，输出结果能较好的预测生物分布。此外，在陆生生态系统中，也出现了一些构建 HSI 的其他模型与算法，如模糊 HSI 模型（Fuzzy HSI model）（Rüger et al.，2005）、模糊神经网络（Fuzzy neural network model，FNN）（Fukuda et al.，2006）和二项逻辑斯蒂克模型（Fukuda et al.，2006）。

为了使输出结果更为直观，研究者一般采用一些绘图软件（如 ArcGIS、Marine Explorer 等）或编程软件（如 Matlab、R 语言等）将结果可视化，把 HSI 从 0~1 划分成不同的等级，并给生物栖息地命以不同的适合度，如不适宜、一般适宜、中等适宜、较适宜、最适宜等。

模型检验（Model testing）步骤一般包括模型校正（calibration）、验证（Verification）和实证（Validation）（Brooks，1997）。U. S. Fish and Wildlife Service 虽然建立了许多野生生物和鱼类的 HSI 模型，但是很少对其模型进行检验，从而在一定程度上影响了该模型的发展与应用。

研究者通常假设高质量栖息地能得到较高的 HSI 值（如 0.7~1.0），低质量栖息地得到较低的 HSI 值（如 0.0~0.3），然而计算结果很有可能没有覆盖 0.0~1.0 的整个范围，在 Brooks（1997）研究中，没有经过校正的 HSI 模型通常所产生的值在 0.3~0.7 之间，这在栖息地质量识别中是不被允许的，同时他指出模型校正的方法主要有：（1）敏感性分析（Sensitivity analysis）。该方法允许研究者校正个别值及改变用于计算整个 HSI 值的等式。（2）模拟法（Simulation）。使用专家知识及仔细审议整个模型和内部变量的行为来模拟所产生的影响或管理行为，这种方法是 HEP 的典型运用，然而在这些模拟中经常会出现修正的模型并不能做出预期的反应，如果主要的影响或行为不能引起 HSI 值的变化，那么该模型可能并不合适。

Van der Lee 等（2006）认为，模型验证直接关系到模型的可信度或精度。模型校正之后应选用独立的种群密度数据对模型加以验证。在渔业科学中，越来越多的学者用最新的实际测量的渔业密度数据或独立于渔业的种群丰度数据对模型加以验证（Chen et al.，2009；Gillenwater et al.，2006；Vincenzi et al.，2006；Tian et al.，2009）。

HSI 模型并不具有普适性，即对某一特定生物所建立的 HSI 模型不一定适宜其他生物，因此如果假设 HSI 模型将用于来自各种生态区域的所有的野生生物和鱼类物种是不现实的。同时，在一个经过校正和验证的模型中，如果在其运用过程中存在中度风险时，用一新的模型构建方法更为合适（Brooks，1997）。

尽管模型检验显得十分重要，但在自然界中，独立种群密度数据的收集往往很困难，且耗时耗力耗财，特别对濒危物种数据的收集显得尤为困难，因此对模型进行独立数据的检验就很难进行。但 Brooks（1997）认为，未经检验的 HSI 模型将在应用中可能做出巨大贡献，在决策制定时可能更受欢迎。

第二节　国内外研究现状

一、栖息地适宜性指数在内陆渔业中的应用

HSI 在内陆河流及湖泊渔业中应用较为广泛，主要用于水生生物的保护与管理。详细案例分析如下：U. S. Fish and Wildlife Service 对美洲西鲱（*Alosasapidissima*）、欧鳟（*Salmotrutta*）、大马哈鱼（*Oncorhynchustschawytscha*）和条纹狼鲈（*Moronesaxatilis*）不同的生活史阶段栖息地适宜性进行了研究，不同的生活史阶段选取的影响因子不同，根据历史资料建立各阶段各因子的 SI 函数（一般为分线段函数），用 MINM 或 AMM 构建 HSI 模型，从而为渔业的可持续发展及有效管理提供了决策支持。Gore 和 Bryant 利用流速、深度和地表覆盖物研究了奥扎克（Ozark，美国密苏里州）山脉溪流中小龙虾（*Orconectesneglectus*）的适宜栖息地的时空变化，利用液压应力模型（Hydraulic stress models）计算黏性底层厚度，用指数多项式模型（Exponential polynomial models）分别建立了小龙虾不同生活史阶段（稚鱼、成鱼、怀卵）的流速、地表覆盖物及黏性底层厚度的 SI 曲线。结果表明小龙虾不同生活史阶段的适宜栖息地有所不同，这将为丰度预测及生境管理提供决策支持。Gillenwater 等利用 D、V 和 Sub 等因子研究了桑达斯基河大眼梭鲈的产卵栖息地适宜性，基于 Saskatcheman 渔业实验室的研究结果，赋予深度和流速的 SI 值（0、0.2、0.6 和 1），底质 SI 假设在研究时间内部恒定不变，再利用 GMM 建立综合 HSI 模型。结果表明卵的密度与 HSI 显著正相关，且栖息地适宜性依赖于河流流量，并在流量为 20~25 m^3/s 时达到最大。Tomsic 等利用地表覆盖物、深度和流速研究了桑达斯基河（Sandusky River，美国俄亥俄州）瓦氏吸口鱼（*Greater*

Redhorse）和无脊椎动物襀翅目（Plecoptera）在圣约翰水库拆除前后的适宜栖息地，分别对这两个目标物种的各影响因子 SI 给予经验赋值，然后用 GMM分别构建 HSI 模型。结果表明，这两个目标物种栖息地适宜性在水库拆除后相比于之前有了明显提高。Lee 等利用水体透明度、风区长度、磷酸盐浓度和深度对荷兰艾瑟尔湖龙须眼子菜的 HSI 模型的不确定性进行了分析。由专家知识得出各因子的 SI，再利用 MINM 建立综合 HSI 模型，利用蒙特卡罗（Monte Carlo）模拟分析该模型的不确定性，结果表明由专家知识估计的 HSI模型功能具有很大的不确定性，且这种不确定性在 SI 取中间值（0.4~0.6）时最大。Gómez 等在前人研究的基础上，利用水化学参数、持续水温、孵化水温、溶解氧、pH、氨氮及电导率等 7 个因子研究了布宜诺斯艾利斯牙银汉鱼（Odontesthesbonariensis）的物理化学生境，其中水化学参数包括总溶解性固体和化学需氧量等 10 个因子，并用 AMM 建立水化学参数的 SI，各因子的SI 曲线基于历史研究资料得出，最终的水质指数利用 AMM 和 GMM 相结合计算得到。该研究结果为牙银汉鱼的人工或自然环境下的养殖确定了允许的最优条件。易雨君等对长江中华鲟（Acipensersinensis）栖息地模型进行了研究，根据成鱼、产卵及孵化个体的适宜环境的不同，依据历史资料得出不同时期各因子（10 个）的 SI 曲线，再用最小值法（MINM）得出不同时期鲟鱼的SI，最后依然采用 MINM 得出鲟鱼的综合 HSI 模型，并用第二年的实测数据对模型进行验证。结果表明上述模型的计算结果与中华鲟产卵日期日均产卵量符合比较好，可以用来评价中华鲟栖息地。易雨君等进一步利用该模型结合二维 κ-ε 紊流数学模型对中华鲟产卵场适合度进行了研究，得出葛洲坝至虎牙滩河段中华鲟产卵的适合程度。班璇等参照国内不同领域鱼类专家对中华鲟产卵栖息地的物理变量范围研究，分别用专家建议法和实测法绘制了葛洲坝下游中华鲟在不同生长阶段（产卵、孵化、仔鱼）需求的栖息地各环境变量所对应的栖息地适宜度曲线。结果显示了葛洲坝下游中华鲟产卵场不同生长阶段中华鲟对不同栖息地变量所需求的最佳适宜值，分析得出了影响中华鲟产卵场的主要生态因素有温度、深度、流速、退水率、含沙量、溶解氧和繁殖季节的食卵鱼数等。

综合 HSI 在内陆渔业中的应用情况，发现大多数是针对研究对象的不同生活史阶段来进行研究的，并选取了不同的环境因子。同时，SI 函数的构建大多数基于历史资料的分线段函数和基于专家知识的经验赋值。HSI 模型的构建通常采用 MINM，较少采用 GMM 等模型，一些耦合模型也开始出现。近年来，通常被忽视的模型验证过程也得到了重视，并尽可能采用实测的资料密度数据对模型进行验证。

二、栖息地适宜性指数在海洋渔业中的应用

HSI 在海洋渔业中的运用起步较晚，近年来研究较多，主要用于中心渔场分析、资源量估算及生态管理等。

Vincezi 等（2006）利用沉积物、溶解氧、温度、深度和 Chl-a 等因子对地中海马尼拉蛤（*Tapes philippinarum*）栖息地进行了研究，用历史资料构建了各因子的 SI 方程（非线性），根据专家知识设定各因子的权重，采用权重几何平均模型（WGMM）建立 HSI 模型，最后利用由实验观测值产生的分段函数将 HSI 值转换为每年的潜在产量估计值，该模型为管理者提供了不同地点马尼拉蛤的潜在经济产量，这一合理快速且符合成本效益的方法为竞争者之间的渔获物公平分配提供了基础，且显著提高了决策过程的透明度。Vinagre 等（2006）利用深度、温度、盐度、底表沉积物、潮间带泥滩的出现、端足目密度、多毛类密度和双壳类密度等因子研究了葡萄牙塔古斯河口的欧洲鳎（*Solea solea*）及塞内加尔鳎（*Solea senegalensis*）的适宜栖息地，分别对各环境因子 SI 给予经验赋值（0、0.1、0.5 和 1），然后用 GMM 分别建立基于非生物因子的 HSI 模型、基于端足目和非生物因子的 HSI 模型、基于多毛类和非生物因子的 HSI 模型和基于双壳类和非生物因子的 HSI 模型，并与两种鳎的密度分布进行对比。结果表明，基于端足目和非生物因子的 HSI 模型能较好的模拟欧洲鳎的密度分布，基于多毛类和非生物因子的 HSI 模型能较好的模拟塞内加尔鳎的密度分布。Chen 等（2009）利用遥感 SST、海洋表面盐度、海洋表面高度距平值和 Chl-a 数据对东中国海鲐鱼（*Scomber japonicus*）进行了研究，用四种不同方法（CPM、MINM、AMM 和 GMM）构建 HSI 模型，以 AIC（Akaike's information criterion）作为模型选择标准进行模型选择标准，结果表明 AMM 模型能可靠预测鲐鱼栖息地。Chen 等（2010）利用遥感环境数据，包括 SST、海洋表面盐度、海洋表面高度距平值和 Chl-a 对西北太平洋柔鱼栖息地进行了研究，用不同的环境变量组合方法，分别用 AMM 和 GMM 构建 HSI 模型，用 AIC 值选择最适栖息地模型，结果表明结合 SST、海洋表面高度距平值和 Chl-a 三个环境因子的 AMM 模型能很好地预测柔鱼的适宜生境。陈新军等（2009）利用 SST 及 GSST 对该柔鱼栖息地进行了进一步研究，利用正态分布模型分别建立了基于作业次数和基于 CPUE 的 SI

方程，取其平均值后，利用 AMM 和 GMM 构建了柔鱼综合 HSI 模型，研究表明，基于 SST 和 GSST 的 AMM 的 HSI 模型能较好地预测西北太平洋柔鱼中心渔场。Tian 等（2009）以捕捞努力量和 CPUE 作为丰度指标，利用 SST、35 m 水温、317 m 水温、海洋表面盐度、SSH 等环境因子，SI 模型中采用样条平滑回归，进一步利用 GMM 得出基于捕捞努力量的 HSI 模型和基于 CPUE 的 HSI 模型，并对其进行比较验证。结果表明，基于捕捞努力的 HSI 模型能更好地定义该柔鱼的最适栖息地。冯波等（2010）利用 5 m 水温、5 m 盐度、57 m 盐度、SSH、Chl-a 和表层盐差对西南大西洋阿根廷滑柔鱼栖息地进行了研究，采用 QR 方法建立各因子的 SI 方程，然后利用小中求大原则，即选取不同环境变量拟合预测出的 SI 最小值，但同一地点选取过去几年中最小值中的最大值［MAX（MIN）M］构建 HSI 模型，该研究成功揭示了西南大西洋阿根廷滑柔鱼栖息地的分布模式。冯波等（2007）利用 0～300 m 水层的加权平均水温、50～150 m 水层的温差和氧差对印度洋大眼金枪鱼（*Thunnus obesus*）栖息地进行了研究，用 QR 方法分别建立各环境变量与钓获率的最佳上界 QR 方程，从而计算各因子的 SI，最后利用 GMM 建立综合 HSI 模型，成功揭示了印度洋大眼金枪鱼栖息地的分布模式。陈新军等（2008）利用 0～300 m 的加权平均水温、盐度、溶解氧和温跃层深度对其作了进一步研究，先根据环境变量值对应的作业频次结合专家知识绘制出各环境变量的 SI 曲线，用 CP、MINM、AMM 和 GMM 建立综合 HSI 模型，以 AIC 作为模型选择标准，结果表明 MINM 拟合度最好，给出了较为严格的栖息地适宜性指数估计。但实证分析表明，AMM 和 GMM 指示的 HSI 值能较好地估计该鱼种的渔获地点和渔获频次。王家樵等（2006）利用温度、盐度、溶解氧和温跃层深度四个因子对该金枪鱼栖息地进行了研究，先用线性回归模型对钓获率和各环境要素进行回归分析，从而得到各环境要素的大眼金枪鱼 SI，进一步用 GMM 建立综合 HSI 模型，并用 GIS 对该物种栖息地分布进行了图形显示，得出了最适合栖息的海域及其他海域的适合度程度。冯波等（2009）利用 0～300 m 水层的加权平均水温、50～150 m 水层的温差和氧差三个环境变量，再考虑其交互变量，用 QR 法，建立多环境变量及其相互作用变量与钓获率的最佳上界 QR 方程，进一步计算出 HSI，用 GIS 绘制出各月 HSI 分布图。结果表明，该方法能较好的预测大眼金枪鱼资源分布。郭爱和陈新军（2009）利用水温垂直结构对中西太平洋鲣鱼（*Katsywonus pelamis*）栖息地进行了研究，首先采用一元非线性方程建立 SST、12.5 m 水温等 5 个水温因子与 SI 之间的关系，然后采用 CPM、MINM、MAXM、AMM 和 GMM 方法建立的 HSI 模型，并对其进行了比较，结果表明，用 MAXM 构建的 HSI 模型更能反映中心渔场的分布状况。

综合 HSI 在海洋渔业中应用情况，发现大部分研究人员利用生产统计数据构建 SI 函数，利用 HSI 的 5 种基本方法进行计算，并采用 AIC 等标准筛选出最优模型。由于生物资源丰度数据的获取存在一定的困难，特别是商业渔业，很少对研究对象不同生活阶段进行独立研究。随着遥感（RS）和地理信息系统（GIS）的发展，利用遥感环境数据在大尺度范围内研究海洋生物的栖息地提供了支持。

总之，HSI 理论和方法在渔业科学中得到了很好的应用，特别是随着 GIS 技术的发展以及在渔业领域的应用，HSI 将成为渔业资源评估、管理和保护，以及渔场分析等重要工具和手段。但是用 HSI 模型来预测生物分布及评价生境质量存在的不确定性主要来源于四个方面：

（1）生境资料获取的全面性及客观性。HSI 模型中环境变量数目及形式的选择是鉴定是否最适生境的关键，对生物空间分布影响不显著的因子或因子过多地包含在 HSI 模型中，可能会混淆 HSI 模型的建立（Tian et al.，2009），同时影响因子数据的收集也是项很浩大的工程，因子的选择虽然有学者提出适当的标准（Vincenzi et al.，2006），但仍然有可能漏掉对生物分布影响很重要的因子，从而很难解释一些生物斑块的出现。一般而言，要求输入的因子能够准确反映生物的时空分布，尽可能包含所有与之显著相关的因子，同时摒弃与之不相关或相关性较小的因子。

（2）SI 曲线的可靠性。SI 曲线的获得依赖于历史资料、野外经验和专家判断。

（3）输入数据的代表性。要求样本必须能够反映总体数据的分布特性，需要模型验证以降低输入数据的不确定性。

（4）模型的结构。针对同一数据，用不同的模型评价得到的结果可能有显著的差异（陈新军等，2007）。

尽管 HSI 模型存在着一定的问题和局限性，但其优越性也是其他生境模型所无法相比的（金龙如等，2008）。HSI 能够指示生物的最适环境条件、预测生物分布、估算资源量及评价生物生境适宜度等等，从而在保护区的建立与评价、渔场分析、资源量估算和生态养护与管理等方面做出贡献。HSI 在渔业中的应用受到保护者、立法者、管理者及广大渔民的关注与重视。

综合国内外研究现状及其存在的问题，国内渔业界应加大对 HSI 模型的研究以及在渔业科学中的应用，同时在 HSI 研究和应用过程中，要考虑以下问题：

（1）充分了解研究对象生活史过程及其生物学特性，以及其所处的海洋环境；

（2）针对不同生长阶段和外部环境，充分利用 3S 技术的发展获取合适的环境因子数据，选择合适的环境因子；

（3）进行适合因子时空标准的研究，建立规范与标准；

（4）尽可能根据历史资料赋予各因子的权重，并通过合适的优化算法设定最优权数；

（5）针对不同目标（保护区、中心渔场、生物量估算等），选择合适的模型；

（6）通过各种模型的比较分析，选择合适的 HSI 模型；

（7）利用实测数据和最新资料，对模型进行不断改进与修正，以提高模型的精度。

第三节　栖息地指数模型建立的几个关键技术问题

一、时空分辨率

尺度问题是生态学、生态系统学及应用生态学中的中心问题，并在研究中引起了高度关注（Tian et al.，2009；Whitehead，1996；Legendre et al.，1997；Marceau et al.，1999）。Perry 和 Ommar（2003）对不同时空尺度的影响机制进行了描述。用不同尺度的观测数据得到的种群及群落动态可能显示不同时空尺度结构（Brown et al.，2000）。Marceau 和 Hay 曾强烈建议将尺度作为一门独立的科学进行研究（Marceau et al.，1999），这样的一门科学需要在分析中将尺度作为一个明确标明的变量，以及在尺度研究中充分利用遥感和 GIS 等手段。遥感的一个优势即有能力提供不同空间分辨率的数据，这将很容易集合中间尺度数据（Zagaglia et al.，2004；Zainuddin et al.，2006；Zhang et al.，2001）。

二、权重的影响

种群或物种的空间分布与环境因子息息相关（Block et al.，2003；

Freeman 和 Rogers，2003；Stoner et al.，2007；Anderson et al.，2009），不同的环境因子在鱼类种群空间动态分布中起到不同的作用，其中某些因子可能比其他因子更为重要（Vincenzi et al.，2006；Li et al.，2009）。环境因子的重要性也可能随着鱼类历史生命周期而改变，这反映了鱼类不同生长时期对栖息地的不同需求（Gore 和 Bryant，1990；U. S. Fish and Wildlife Service，1984；U. S. Fish and Wildlife Service，1986；Manderson，2005）。HSI 模型中栖息地变量的权重反映了各变量对鱼类分布的影响大小。

三、构建模型分析

栖息地模型构建中，主要包括两个层次的模型。一是适应性指数 SI 模型的构建，通常包括专家赋值法、外包络法、正态分布、偏正态分布等模型；二是栖息地综合指数模型，即 HSI 模型的构建，通常包括连乘法、最小值法、最大值法、几何平均法、算术平均法等方法，也包括不同权重的 HSI 模型，以及智能专家系统，如神经网络等。因此，在实际研究中，需要对多种模型进行比较研究，通常以 AIC、DIC 等准则进行判断，然后选择最适的栖息地指数模型。

当然在模型选择中，也涉及 SI 指数的表征问题，比如是采用捕捞努力量，还是采用单位捕捞努力量渔获量，还是采用渔获量等其他参数，也需要进行模型比较和验证。随着生产和调查数据的不断积累和更新，需要对模型进行不断优化和回顾性评价，从而获得更为合适的栖息地指数模型。

四、数据来源分析

海洋环境对海洋渔业资源的空间分布（官文江等，2009；官文江等，2011）、数量变化（Hiyama et al.，2002；Yarsu et al.，2005；Grote et al.，2007；Friedland et al.，2012）等具有重要影响。而研究海洋环境对渔业资源的影响、分析渔业资源的时空变动规律，必须借助于各种海洋环境数据。海洋环境数据既包括各种观测数据如遥感数据（官文江等，2009；Yoder et al.，2010），也包括各种模型同化数据（Chen et al.，2009；韩桂军等，2009），因此，海洋环境数据可能具有多种来源，多个版本。由于数据的收集方式、反演算法、处理方式、处理目的等不同，海洋环境数据会以不同时间或空间分辨率呈现，并具有不同的误差（韩桂军等，2009；杨乐，2009；Wu et al.，2012）。海洋环境数据由其反映相同客观现实而具有一致性（官文江等，

2013)，同时不同观测、处理误差又将使其表现出差异性。而在渔业资源研究中，数据使用者通常会根据需要、经验等选择其中一种数据用于研究，因此，有必要分析，数据版本或数据源的差异是否会对研究结果产生显著性的影响，是否会影响模型对其他数据的适用性。

五、其他方面

在构建栖息地指数模型过程中，要充分了解研究对象生活史过程及其生物学特性，以及其所处的环境；同时，要针对不同生长阶段和外部环境，选择合适的环境因子及其数据，比如幼鱼阶段、索饵阶段和产卵阶段是完全不同的；再次，要针对不同目标（保护区、中心渔场、生物量估算等），选择合适的栖息地指数模型；最后，要利用实测数据和最新资料，对模型进行不断改进与修正，以提高模型的精度。

第二章 栖息地指数在大洋性柔鱼类资源渔场中的应用

第一节 栖息地指数在北太平洋柔鱼资源渔场中的应用

西北太平洋海域是头足类生产最为重要的海区之一，约占世界头足类总产量的1/3。柔鱼（*Ommastrephes bartramii*）为大洋性鱿鱼类的一种，广泛分布在整个北太平洋海域，其中分布在165°E以西海域冬春生西部群体是我国鱿钓船传统作业的捕捞对象，该群体也是本节的研究对象（图2-1）。

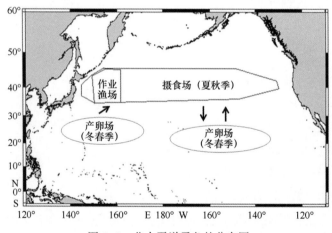

图2-1 北太平洋柔鱼的分布图

20世纪70年代以来，许多底层鱼类资源由于过度捕捞出现严重衰退，而世界头足类资源量则因为底层鱼类捕食机会的降低，及对食物竞争压力的趋缓而增加，世界各国学者开始对头足类进行大量的研究。日本作为鱿钓渔业的主要开拓者，对其周边的太平洋褶柔鱼（*Todarodes pacificus*）、北太平洋柔鱼等资源进行利用。早在1974年，日本就对柔鱼资源进行开发和利用，当时的年捕捞量在 3 万吨之下。随着鱿钓渔业的发展，柔鱼的年渔获量稳步上升，并于 1977 年达到最高渔获量 12 万吨（图 2-2）。此后，大型流刺网作业大规模加入，渔获量得到进一步增加（图 2-2）。1993 年以后，由于公海大型流刺网的全面禁止，柔鱼产量出现大幅度下降，以后由于我国远洋鱿钓渔业的开始，柔鱼渔获量有所增加（图 2-2）。

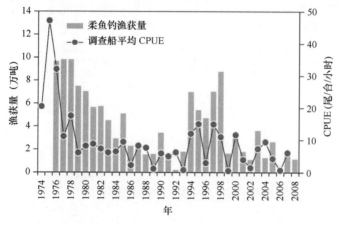

图 2-2　1974—2008 年西北太平洋日本鱿钓渔获量及
调查船 CPUE（日本水产厅，2010）

我国于 1993 年利用鱿钓船对西北太平洋柔鱼进行了调查，并于次年开始了小规模的生产，之后作业规模不断扩大。1995—1999 年产量从 7 万吨左右逐步增加到 10 万吨以上（图 2-3）。进入 21 世纪后，柔鱼产量的波动较大，但稳定维持在 8 万吨以上（图 2-3），我国捕捞产量占柔鱼总产量（包括日本、我国台湾省等）的比重也稳定在 90% 以上。但 2009 年产量急剧下降，仅 4 万多吨，2010 年产量有所增加，但仍低于 6 万吨。

柔鱼作为北太平洋重要的大洋性种类，既是我国等国家的重要捕捞对象，同时也是北太平洋海洋生态系统中重要的种类之一，因此，如何可持续利用和开发西北太平洋柔鱼受到国际社会的关注，也是美国、日本、中国等国家共同关注的一个问题。柔鱼是一种短生命周期的种类，通常为一年的寿命，产卵即死亡，没有剩余群体，因此其资源评估与传统长生命周期种类的完全不同，存在一定的难度。为此，本研究将根据我国鱿钓船在西北太平洋海域捕捞柔鱼的多年生产统计数据，结合作业渔场的海洋环境因子，在科学分析西北太平洋柔鱼渔场与海洋环境因子关系的基础上，尝试利用栖息地指数来

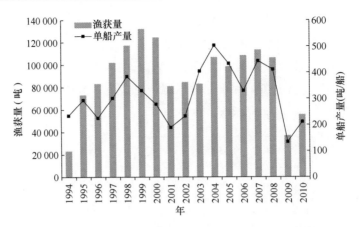

图 2-3　1994—2010 年西北太平洋我国鱿钓渔获量和鱿钓船 CPUE

估算该海区柔鱼可能的渔获量，为资源可持续利用和管理提供科学依据。

一、西北太平洋柔鱼资源分布及其与环境关系

（一）材料和方法

西北太平洋柔鱼冬春生西部群体是中国鱿钓船的目标鱼种，传统作业区域在 39°—45°N 和 150°—165°E，盛渔期为每年的 8—10 月。2003—2008 年8—10 月超过 80% 的渔获量被中国大陆鱿钓船捕获。渔业数据包括每天的作业时间、作业地点、渔船数量及渔获量。其数据来源于上海海洋大学鱿钓技术组。

月 SST 和 SSH 数据来源于 NASA 网站（http：//oceancolor. gsfc. nasa. gov），空间分辨率分别为经纬度 0.1°×0.1°及 0.25°×0.25°。每 25 个原始方格 SST 数据及 4 个原始方格 SSH 数据的平均值被用来作为空间尺度为 0.5°×0.5°的 SST及 SSH 数据。运用空间尺度为 0.5°×0.5°的 SST 数据计算 GSST 数据，计算公式如下：

$$GSST_{i, j} = \sqrt{\frac{\left(SST_{i, j-0.5} - SST_{i, j+0.5}\right)^2 + \left(SST_{i+0.5, j} - SST_{i-0.5, j}\right)^2}{2}}$$

$$(2-1)$$

其中，$GSST_{i,j}$ 是纬度为 i 及经度为 j 的 GSST 值，$SST_{i,j-0.5}$，$SST_{i,j+0.5}$，$SST_{i+0.5,j}$，及 $SST_{i-0.5,j}$ 是纬度分别为 i，i，$i+0.5$ 及 $i-0.5$ 及经度分别为 $j-0.5$，$j+0.5$，j 及 j 的 SST 值。

商业性渔业数据中，捕捞努力量通常被认为是鱼类出现或鱼类丰度的一个较好的指标（Chen et al.，2010；Zainuddin et al.，2006；Swain et al.，2003）。因此，首先初步建立捕捞努力量与各环境因子之间的关系，分析柔鱼高捕捞努力量所对应的环境因子取值范围，这一范围被认为是柔鱼较适宜栖息的环境，同理，低捕捞努力量所对应的环境因子取值范围被认为是柔鱼不适宜栖息的环境。

利用 ArcGIS 软件绘制出 2003 年 8—10 月捕捞努力量与各因子的叠加图，分析各月份柔鱼较适宜栖息的等温线或等高线范围。2004—2008 年 8—10 月捕捞努力量与 SST、GSST 及 SSH 的叠加图分别见附录 1-5、附录 6-10 和附录 11-15。

（二）结果

1. 捕捞努力量分布与 SST 之间的关系

2003—2008 年 8—10 月西北太平洋柔鱼捕捞努力量与 SST 之间的关系如图 2-4 所示。8 月份，捕捞努力量主要集中在 SST 范围为 19~23℃，捕捞努力量均大于 2 000 天，其次是 18~19℃，捕捞努力量大于 1 500 天。其他 SST 范围内捕捞努力量较低或为零（图 2-4，a）。9 月份，捕捞努力量主要集中在 SST 范围为 15~18℃，捕捞努力量均大于 2 000 天；其次是 18~19℃，捕捞努力量大于 1 500 天；其他 SST 范围内捕捞努力量较低或为零（图 2-4，b）。10 月份，捕捞努力量高度集中在 15~16℃，超过 50% 的捕捞努力量集中在此温度范围内，其次是 14~15℃ 和 16~17℃，捕捞努力量在 1 500 天左右，在其他 SST 范围内分布较少或为零（图 2-4，c）。

2003 年 8—10 月捕捞努力量与 SST 空间叠加的时空分布图如图 2-5 所示。8 月份，捕捞努力量分布在整个西北太平洋区域，经度范围较广，跨越在 150°—164°E 之间，但主要集中在 155°E 以西；捕捞努力量集中在纬度为 40°—42°N 之间，且主要分布在 19℃ 等温线附近（图 2-5，a）。9 月份，柔鱼渔场逐渐向西北移动，主要分布在 158°E 以西，纬度为 41°—43°N 之间，且主要分布在 17℃ 等温线附近（图 2-5，b）。10 月份，柔鱼渔场进一步向西移动，主要分布在 154°E 以西，纬度为 40°—42°N 之间，且主要分布在 15℃ 等温线附近（图 2-5，c）。

2. 捕捞努力量分布与 GSST 之间的关系

2003—2008 年 8—10 月西北太平洋柔鱼捕捞努力量与 GSST 之间的关系如

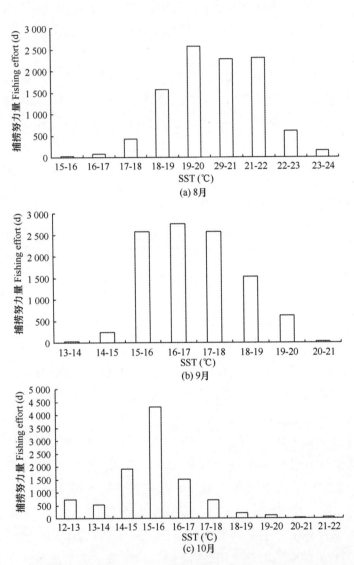

图 2-4　2003—2008 年 8—10 月北太平洋柔鱼捕捞努力量与 SST 之间的关系

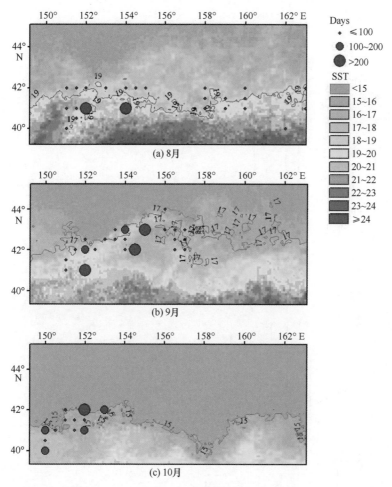

图 2-5　2003 年 8—10 月北太平洋柔鱼捕捞努力量与 SST 的时空分布图

图 2-6 所示。8 月份，捕捞努力量主要集中在 GSST 范围为 0.5~1.5℃，捕捞努力量均大于 2 000 天，其次是 0~0.5℃，捕捞努力量大于 1 500 天。其他 GSST 范围内捕捞努力量较低或为零（图 2-6，a）。9 月份，捕捞努力量主要集中在 GSST 范围为 0~1.5℃ 及 2~2.5℃，捕捞努力量均大于 2 000 天，其他 GSST 范围内捕捞努力量较低或为零（图 2-6，b）。10 月份，捕捞努力量高度集中在 0.5~2℃，捕捞努力量均大于 2 000 天，在其他 GSST 范围内分布较少或为零（图 2-6，c）。

　　2003 年 8—10 月捕捞努力量与 GSST 的时空叠加分布图如图 2-7 所示。8 月份，捕捞努力量主要分布在 GSST 为 1~2℃ 之间（图 2-7，a）。9 月份，捕

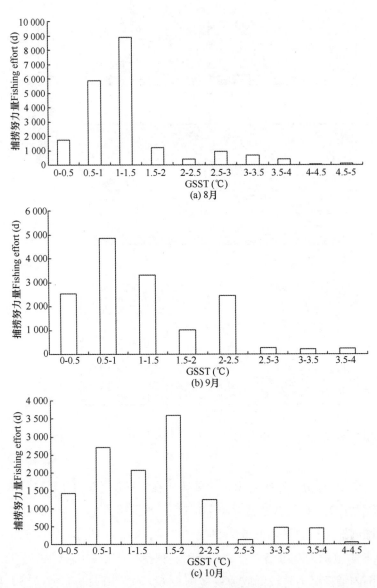

图 2-6　2003—2008 年 8—10 月北太平洋柔鱼捕捞努力量与 GSST 之间的关系

捞努力量主要分布在 GSST 为 0~2℃之间（图 2-7，b）。10 月份，捕捞努力量主要分布在 GSST 为 2~4℃之间（图 2-7，c）。

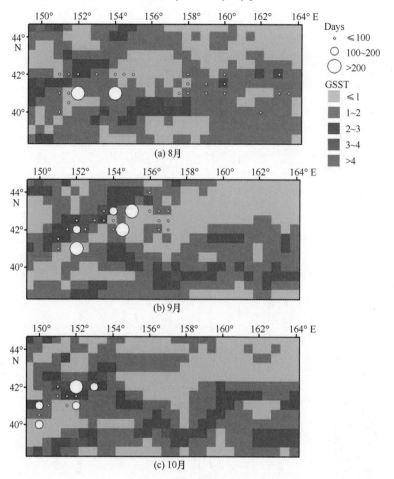

图 2-7　2003 年 8—10 月北太平洋柔鱼捕捞努力量与 GSST 的时空分布图

3. 捕捞努力量分布与 SSH 之间的关系

2003—2008 年 8—10 月西北太平洋柔鱼捕捞努力量与 SSH 之间的关系如图 2-8 所示。8 月份，捕捞努力量主要集中在 SSH 范围为-15~-10 cm 及-5~10 cm 之间，捕捞努力量均大于 2 000 天，其他 SSH 范围内捕捞努力量较低或为零（图 2-8，a）。9 月份，捕捞努力量主要集中在 SSH 范围-15~10 cm，捕捞努力量均大于 2 000 天，其他 SSH 范围内捕捞努力量较低或为零（图 2-8，b）。10 月份，捕捞努力量高度集中在 0~10 cm 之间，捕捞努力量均大于

2 000天，在其他SSH范围内分布较少或为零（图2-8，c）。

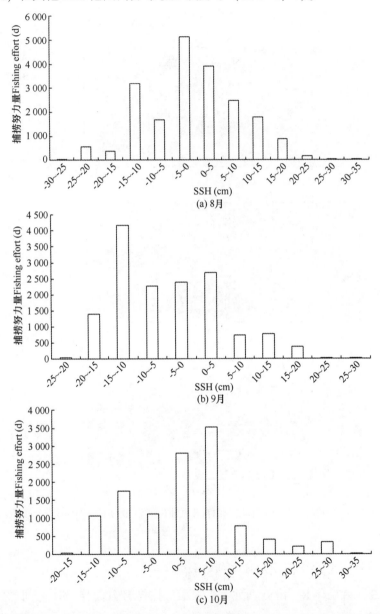

图2-8　2003—2008年8—10月北太平洋柔鱼捕捞努力量与SSH之间的关系

　　2003年8—10月捕捞努力量与SSH的时空添加分布图如图2-9所示。8月份捕捞努力量主要分布在SSH为5 cm等高线附近（图2-9，a）。9月份和10月份，捕捞努力量均主要分布在SSH为10 cm等高线附近（图2-9，b和

c）。

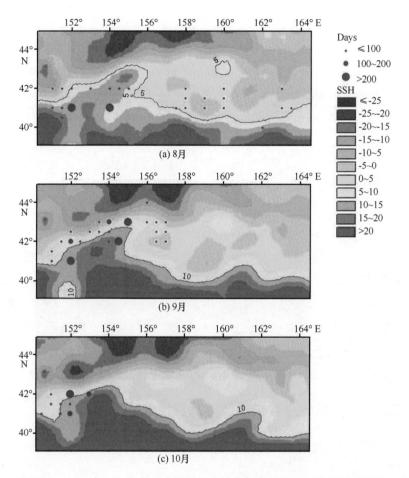

图 2-9　2003 年 8—10 月北太平洋柔鱼捕捞努力量与 SSH 的时空分布图

（三）讨论

　　研究认为，8—10 月柔鱼高丰度分布海域具有如下环境特征，即 8 月份 SST 范围为 19~23℃、GSST 范围为 0.5~1.5℃ 以及 SSH 范围为 -15~-10 cm 和 -5~10 cm 之间；9 月份 SST 范围为 15~18℃、GSST 范围为 0~1.5℃ 和 2~2.5℃ 以及 SSH 范围为 -15~10 cm 之间；10 月份 SST 范围为 15~16℃、GSST 范围为 0.5~2℃ 以及 SSH 范围为 0~10 cm 之间。这一研究结果与以往的结果类似（Sauer et al.，1991；Chen et al.，2010）。

　　从理论上分析，SST 的组成与结构受其他环境因子的影响，如海流，大气物候变化等；GSST 是隔离区及涡流区的重要的表征因子之一；SSH 是冷暖水的标志。柔鱼在作业渔场进行索饵时，会随着这些环境因子的变化而进行主动洄游，寻找它们适宜的栖息地，因此本节主要分析上述这三个环境因子与柔鱼分布之间的关系。当然，浮游植物也是渔业海况中极为重要的因子之一，它也是生态系统食物链中许多高营养级生物的基础（蔡文贵等，2004）。通常用海表层 Chl-a 的浓度来表征浮游植物生物量（Schaeffer et al.，2008；蔡文贵等，2004）。以往的研究表明，柔鱼中心渔场分布与 Chl-a 的空间分布显著相关（Le Pape et al.，2003；Wang et al.，2003），但由于 Chl-a 数据在小尺度下（如周数据）缺省较严重，故本节未考虑 Chl-a 数据。

　　环境对早期生活阶段的作用会影响其整个生命史特征（如生长与性成熟）及其分布与丰度。因此，环境影响鱿鱼类资源量的关键阶段是从孵化到稚仔鱼的生活史阶段，该阶段鱿鱼主要是被动地受到环境的影响，不能主动地适应环境的变化，而当稚仔鱼发育到成鱼后，鱿鱼个体拥有了较强的游泳能力就能够通过洄游等方式寻找适宜的栖息环境而主动地适应环境的变化（曹杰，2010；Waluda et al.，2001）。本研究中，我们采用柔鱼在索饵场盛渔期的生产作业数据，在该时期柔鱼已为成体，游泳迅速且集群，能根据水温变化进行主动洄游，这也符合 HSI 应用的假设条件之一，即物种能主动选择其适宜的环境条件，因此，本节仅对柔鱼索饵场栖息地情况作了初步分析。

二、柔鱼栖息地指数模型最适时空尺度分析

（一）材料和方法

1. 渔业数据

　　西北太平洋柔鱼冬春生西部群体是中国鱿钓船的目标鱼种，传统作业区域在 $39°—45°N$ 和 $150°—165°E$，作业时间是每年的 8—10 月（王尧耕等，2005）。2003—2008 年 8—10 月超过 80%的渔获量被中国大陆鱿钓船捕获。渔业数据包括每天的作业时间、作业地点、渔船数量及渔获量。其数据来源于上海海洋大学鱿钓技术组。

2. 环境数据

　　SST、GSST 和 SSH 是影响柔鱼资源渔场分布的主要环境指标。其中，尤以 SST 最为重要。以往的研究认为，SST 是影响柔鱼生命史及空间分布的关键因子（Chen et al.，2005；Chen et al.，2008；Johnson et al.，2005）。因此，在本节研究中，我们选择 SST 作为代表，并来分析和评价时空尺度对栖息地

模型的影响。周和月 SST 数据来源于 NASA 网站（http：//oceancolor. gsfc. nasa. gov），空间分辨率为经纬度 0.1°×0.1°。

3. 时空尺度设置

为了评价时空尺度在渔业数据整合中的影响，我们设置了 12 个级别的空间尺度（纬度为 0.5°，1° 及 2° 和经度为 0.5°，1°，2° 及 4°）和 3 个不同的时间尺度（周，双周和月）。每一个相同的时间尺度，都有 12 个不同的空间尺度（表 2-1），因此，渔业数据和环境数据一共有 36 个时空序列。

表 2-1　同一时间尺度下的不同经纬度尺度设置

序列	纬度尺度（°）	经度尺度（°）
I	0.5	0.5
II	0.5	1
III	0.5	2
IV	0.5	4
V	1	0.5
VI	1	1
VII	1	2
VIII	1	4
IX	2	0.5
X	2	1
XI	2	2
XII	2	4

不同空间尺度的 SST 数据都是由原始空间分辨率为 0.1°×0.1° 转换而成。周和双周时空序列数据都是由周数据计算而成，月序列由月数据计算而成。对于所有这些序列，换算方法都是取自原始空间序列的平均值，比如：每一个空间尺度为 0.5°×0.5° 的 SST 数据都是由 25 个原始数据的平均值计算而成。SST 数据，作业天数及渔获量都按相应的时空尺度进行分组分析。

4. SST 的 SI 模型建立

商业性渔业数据中，捕捞努力量在估计 SI 指数中是一个较好的指标（Chen et al.，2010；Zainuddin et al.，2006；Swain et al.，2003）。以往的研究表明，基于捕捞努力量的 HSI 模型比基于 CPUE 的 HSI 模型能较好的预测柔鱼适宜栖息地（Tian et al.，2009）。因此，首先分析捕捞努力量与 SST 之

间的关系来定义柔鱼出现的概率。基于捕捞努力量与 SST 之间的关系建立 SI
模型来评价柔鱼出现的可能性。

同一时间尺度不同空间尺度而言，SI 值的定义给予相同的栖息地利用描
述（表 2-2）。所有的模型中，SI 值范围在 0~1 之间，最高捕捞努力量对应
的 SST 范围赋予 SI 值为 1，这一 SST 范围被认为是最适宜条件（Brown et al.，
2000）。SI 为 0 表示环境条件不适宜，捕捞努力量为 0。每个时空尺度中，我
们在 0~1 之间设置了 4 个级别的 SI 值，分别是 0.75，0.50，0.25 及 0.10，
对应不同的捕捞努力量值（表 2-2）。这一级别的定义由以往的研究发展而成
（Chen et al.，2010；Brown et al.，2000）。

表 2-2　基于中国鱿钓船捕捞努力量的西北太平洋柔鱼不同时间尺度下适宜性指数的定义

时间尺度	SI 值	栖息地描述
周 （7 天）	1	最高捕捞努力量
	0.75	通常出现或较高捕捞努力量（400<F<最高捕捞天数）
	0.5	一般出现或平均捕捞天数（250<F≤400）
	0.25	较少出现或较低捕捞天数（100<F≤250）
	0.1	极少出现或很低捕捞天数（0<F≤100）
	0	捕捞努力量为 0
双周 （14 天）	1	最高捕捞努力量
	0.75	通常出现或较高捕捞努力量（900<F<最高捕捞天数）
	0.5	一般出现或平均捕捞天数（500<F≤900）
	0.25	较少出现或较低捕捞天数（200<F≤500）
	0.1	极少出现或很低捕捞天数（0<F≤200）
	0	捕捞努力量为 0
月	1	最高捕捞努力量
	0.75	通常出现或较高捕捞努力量（2 000<F<最高捕捞天数
	0.5	一般出现或平均捕捞天数（1 100<F≤2 000）
	0.25	较少出现或较低捕捞天数（500<F≤1 100）
	0.1	极少出现或很低捕捞天数（0<F≤500）
	0	捕捞努力量为 0

5. 数据时空尺度评价

捕捞努力量与 SST 的空间分布图用来说明用不同时空尺度分组渔业和环

境数据时产生的差异。由于 2003—2008 年不同时空尺度的数据组非常多，很难在本节中都呈现出来，因此我们仅仅选择了 2008 年第一个双周三个不同空间尺度的数据来显示空间尺度的影响，选择了 2008 年 8 月空间尺度为 0.5°×0.5°的三个不同时间尺度的数据来显示时间尺度的影响。

2003—2008 年不同时空尺度的 SI 值用表 2-2 方法估算得出，为了比较不同数据集的差异，通常通过计算相对差异来进行比较（Johnson et al.，2005）。比较周、双周及月的变异系数（coefficient of variations，CV）来决定 SI 模型中哪一个时空尺度是最精确的。CV 计算公式如下：

$$CV_i = \sqrt{\frac{\sum_{j=1}^{n}(SI_{i,j} - \overline{SI})^2}{n-1}} \Big/ \overline{SI} \qquad (2-2)$$

式中：CV_i 是时间尺度为周、双周或月，序列为 i 的 CV 值。$SI_{i,j}$ 是时间尺度为周、双周或月，序列为 i，作业渔区为 j 的 SI 值，$\overline{SI}$ 是时间尺度为周、双周或月，序列为 i，所有作业渔区的平均 SI 值，及 n 是时间尺度为周、双周或月，序列为 i 的作业渔区数量，它随着系列的变化而变化。

空间尺度最小时（经纬度 0.5°×0.5°）通常被认为是预测渔场和估算资源量最精确的尺度。以序列 1 中得出每一个 SI 值所对应的捕捞努力量百分比作为基础，并与其他序列得出的结果进行对比。序列 1 和其他序列之间捕捞努力量百分比差异之和反映了集合数据时不同空间尺度的影响，每一个序列的平均相对差异（Mean relative difference index，MRDI）用来量化这种影响，MRDI 计算公式如下：

$$MRDI_i = \left(\sum_j \frac{|F_{i,j} - F_{1,j}|}{F_{1,j}}\right) * 100/n \qquad (2-3)$$

式中：$MRDI_i$ 是时间尺度为周、双周或月，序列为 i 的 MRDI 值，$F_{1,j}$ 是序列为 1，SI 值为 j（$j = 0.1$，0.25，0.5，0.75 and 1）的捕捞努力量百分比值，$F_{i,j}$ 序列为 i，SI 值为 j 的捕捞努力量百分比值，n 为 SI 值的级别数（本节中 $n = 5$）。

（二）结果

1. 捕捞努力量与 SST 之间的关系

捕捞努力量与 SST 数据按每一个序列中的时空尺度进行收集，如空间尺度为 0.5°×0.5°的周捕捞努力量与 SST 之间的关系见图 2-10。在第 1 周中，适宜的 SST 范围为 19～21℃，捕捞努力量最高出现在 SST 范围为 19～20℃

（图 2-10，W1），其他周相似的结果见图 2-10 中的 W2-W13。

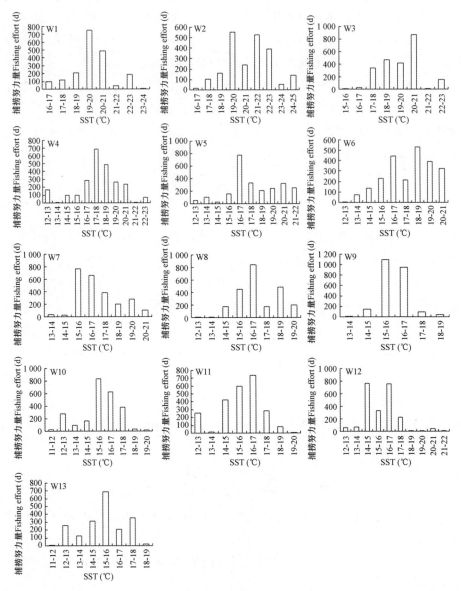

图 2-10　2003—2008 年第 1 周（W1）到第 13 周（W13）西北太平洋柔鱼捕捞
努力量与空间尺度为 0.5°×0.5° 的 SST 之间的关系

2. SST 的 SI 模型

基于上面的分析，根据表 2-2 我们重新调整了 SST 的 SI 值，空间尺度为

0.5°×0.5°时不同 SST 范围的 SI 值（表 2-3）。相同时间尺度不同空间尺度的捕捞努力量与 SI 值之间的关系见图 2-11a，图 2-11b 及图 2-11c。每一个 SI 值所对应的捕捞努力量百分比随着空间尺度的变化而变化。对于周和双周序列，捕捞努力量最大的差异出现在 SI 值为 0.5 时，最大值分别为 28.83% 和 32.55%，最小值分别为 10.25% 和 10.10%。月序列中，捕捞努力量差异最大出现在 SI 值为 0.75 时，最大值为 37.17%，最小值为 15.19%。

表 2-3　2003—2008 年第 1 周（W1）到第 13 周（W13）西北太平洋柔鱼空间尺度为 0.5°×0.5°的周 SST 数据的适宜性指数值定义

SST（℃）	W1	W2	W3	W4	W5	W6	W7	W8	W9	W10	W11	W12	W13
11~12										0.1			0.1
12~13				0.25	0.1	0.1		0.1		0.5	0.5	0.1	0.5
13~14				0.1	0.25	0.1	0.1	0.1	0.1	0.1	0.1	0.1	0.25
14~15				0.1	0.1	0.25	0.1	0.25	0.25	0.25	0.75	1	0.5
15~16			0.1	0.1	0.25	0.25		0.75	1	1	0.75	0.5	1
16~17	0.1	0.1	0.1	0.5	1	0.75	0.75	1	0.75	0.75	1	0.75	0.25
17~18	0.25	0.25	0.5	1	0.5	0.25	0.5	0.25	0.1	0.5	0.5	0.25	0.5
18~19	0.25	0.25	0.75	0.75	0.25	1	0.25	0.75	0.1	0.1	0.1	0.1	0.1
19~20	1	1	0.75	0.5	0.5	0.5	0.25		0.1	0.1	0.1		
20~21	0.75	0.25	1	0.25	0.5	0.5	0.25				0.1		
21~22	0.1	0.75	0.1	0.1	0.25						0.1		
22~23	0.25	0.5	0.25	0.1									
23~24	0.1	0.1											
24~25		0.25											

3. 捕捞努力量与 SST 的比较

为了比较渔业数据及 SST 数据空间尺度对评价和预测柔鱼资源丰度和渔场分布的影响，我们以 2008 年时间尺度为双周时不同空间尺度为例，画出其捕捞努力量与 SST 的 SI 值的空间分布图，不同 SI 值对应的面积比例及捕捞努力量的空间分布显示了不同空间尺度的差异（图 2-12）。SI 值大于 0.5 时，空间尺度从小到大，面积比例分别为 41.39%、28.89% 和 50%，捕捞努力量百分比分别为 97.17%、75.86% 和 78.94%。

当空间尺度为 0.5°×0.5°时，不同时间尺度的捕捞努力量与等温线的叠加

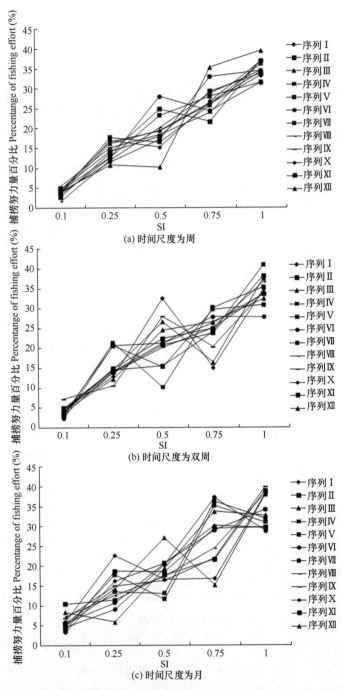

(a) 时间尺度为周

(b) 时间尺度为双周

(c) 时间尺度为月

图 2-11　不同时间尺度时不同空间序列中各 SI 值所对应的捕捞努力量百分比值

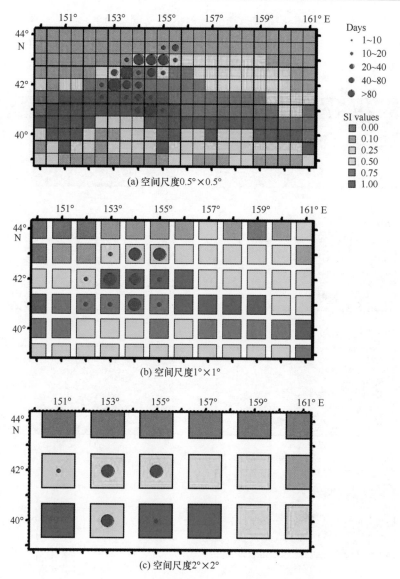

图 2-12　2008 年第一个双周西北太平洋柔鱼捕捞努力量与 SST 的
SI 值在不同空间尺度下的时空分布

图反映了时间尺度对资源丰度分布的影响。以 2008 年 8 月三个不同的时间尺度为例（图 2-13）。捕捞努力量的空间分布显示其差异较大。在第 1 周，柔鱼主要分布在 42°N 及 155°E 以西；第 2 和第 3 周柔鱼向东北移动；第 4 周柔鱼主要集中在 43°N 及 155°E 以东海域（图 2-13，a～d）。这种资源分布的变化在时间尺度设为双周时简略粗糙的表现出来（图2-13，e~f），然而，当时间尺度设为月时，这种分布差异就没法显示，柔鱼只是广泛分布在41°30′—43°N及152°30′—157°E海域（图2-13，g）。

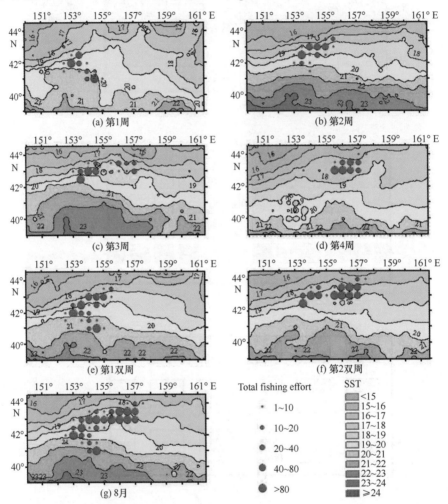

图2-13　2008年西北太平洋柔鱼捕捞努力量与SST值在空间尺度为
0.5°×0.5°不同时间尺度下的时空分布

4. 不同时空数据CV值的比较

不同时空尺度SI值的CV值应用公式（3-1）计算而得。所有序列中，周、双周及月数据SI值的CV值范围分别为0.51~0.63，0.52~0.73及0.47~0.71。为了比较纬度尺度的影响，所有序列被分为三个不同的组。当纬度尺度固定时，每一个时间尺度中 CV 值随着经度的增加而增加，不同序列波动较小（图 2-14a，图 2-14b 及图 2-14c）。经度为 0.5°时，CV 值最小；经度为 2°时，CV 值最大。除了在周序列中纬度为 1°时，CV 值最小。当经度固定时，周数据中纬度为 1°时，CV 值最小（图 2-15a）。双周及月数据中 CV 值随着纬度的增加而增加（图 2-15b 及图 2-15c）。

5. 序列 1 与其他序列捕捞努力量的比较

周数据 MRDI 值随着空间尺度的增大快速增大，但当空间尺度乘积大于 2°时增速减小（图 2-16a）。月数据 MRDI 值有着类似的结果，但 MRDI 值较大（图 2-16c）。双周数据 MRDI 值随着空间尺度的不同，变化较大（图 2-16b），当空间尺度乘积小于 2°时，MRDI 随着空间尺度的增大而增大，之后快速减小；当空间尺度在 4°~8°之间时，MRDI 值又缓慢增加。当空间面积相同但纬度和经度不同时，同一时间尺度所有序列中 MRDI 值具有很大的差异。

（三）讨论

不同生态及渔业进程是在不同的时空尺度下进行的。因此，尺度的喧杂很可能影响渔业及生态地理环境因子关系的评价（Tian et al.，2009；Perry et al.，2003）。鱼类种群的分布很可能随着时空变化而变化（Legendre et al.，1997；Legendre et al.，1989）。柔鱼的分布、洄游及资源丰度受不同环境因子的影响很大，如 SST（陈新军等，1997；Ichii et al.，2009）。到目前为止，我们还未见 SST 与柔鱼资源丰度之间关系的时空尺度分析。通常，我们在收集数据时时空尺度设置得越小，预测柔鱼资源丰度和中心渔场时精度就越高。然而，时空尺度越小，所需的成本和费用也越高。因此，我们希望鉴定出一个最优的时空尺度，能在经费与采样精度之间达到一个平衡，同时也在科学与实用之间找到一个平衡点。本节中，我们仅使用 SST 环境数据进行了分析，其他环境因子如海洋表面盐度、Chl-a 及海流等需要在以后的研究中加以补充，当然包含其他因子时可能会改变本节在评价时空尺度影响上的结果。

本节研究中开发的栖息地模型是定量的，因此其研究结果可能会依赖于我们对 SI 值时空尺度的设置。不同时空分辨率下 SI 值的选择可能会影响模型的结果。但本研究利用 SST 一个因子，说明了不同时间和空间尺度是会对栖息地模型的建立有影响的，并选择了经纬度 0.5°×0.5°和周为最适尺度，这一研究为后续合适模型建立打下了基础。

不同时空尺度的环境因子及 SST 数据的时空分布图能够帮助我们理解柔

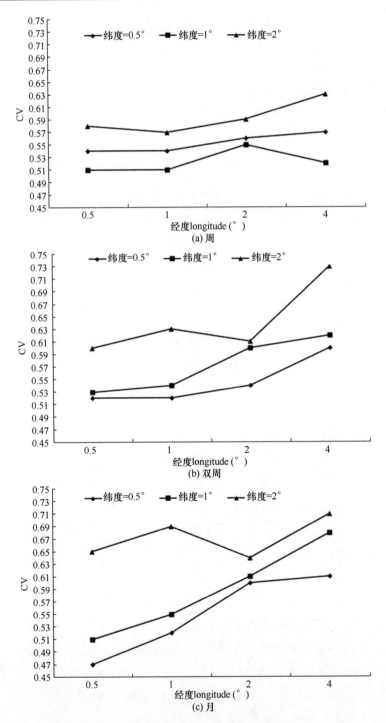

图 2-14 所有序列不同经度尺度 SI 值的差异系数（CV）值

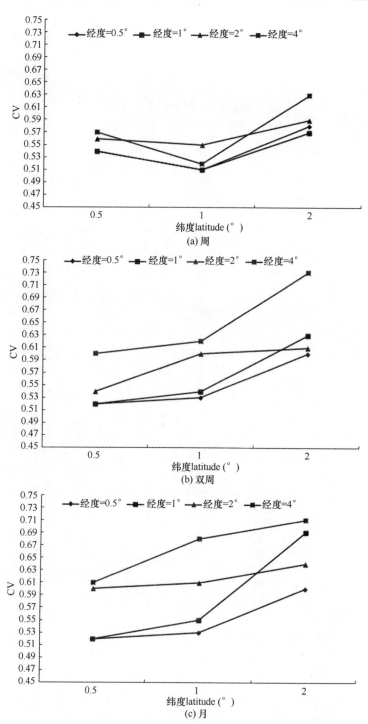

图 2-15　所有序列不同纬度尺度 SI 值的差异系数（CV）值

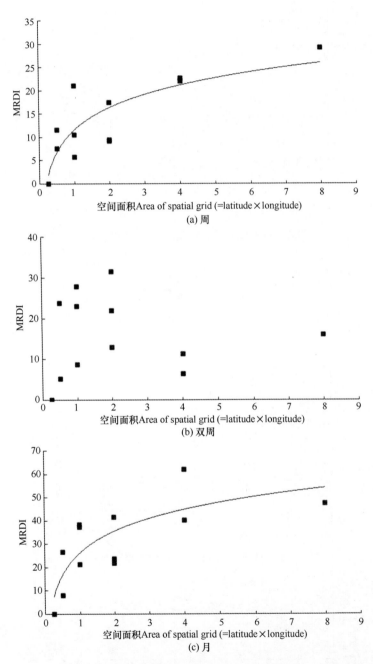

图 2-16　不同空间尺度下捕捞努力量百分比的平均相对差异（MRDI）值

鱼资源丰度的时空动态分布。然而，由于信息量太大，我们没有将所有的数据一一呈现，仅用 2008 年一个双周不同空间尺度数据及 8 月份不同时间尺度同一空间尺度（0.5°×0.5°）数据来初步显示柔鱼捕捞努力量及 SST 的时空分布。但由于商业性渔业数据的自然多变性，不同尺度所造成的捕捞努力量与 SST 的差异仅通过比较图像可能并不能完全展现出来。

不同时空尺度中每一个 SI 值对应的捕捞努力量百分比的差异较大意味着时空尺度的选择对柔鱼 HSI 模型影响较大。同一时间尺度不同空间尺度 CV 值不同，这可能是由于生态及生物地理进程在不同的时空尺度下进行所致。柔鱼是洄游性及集群性物种（Yatsu et al.，1997；Tian et al.，2009）。柔鱼的分布由一定时空尺度的食物较丰富的亚北极峰区（Subarctic front zone，STFZ）及亚热带峰区与 STFZ 之间的过渡区（transition zone，TZ）决定（Ichii et al.，2009）。

每一个时间尺度中，当纬度尺度固定时，CV 值随着经度的增加而增加（图 2-14）。双周及月数据中当经度尺度固定时，CV 值随着纬度尺度的增加而增加，周数据中 CV 值有一点波动。这一现象可能是因为 SST 在经纬度方向上随着周、双周及月的时间尺度变化而变化。

月数据中捕捞努力量百分比及 SI 值的变化随着空间尺度面积增大而迅速增加，且增速大于周及双周数据（图 2-16）。柔鱼生命周期较短，移动迅速，这允许它们快速地迁移到那些适宜地 SST 环境区域（Chen et al.，2009）。因此，当时间分辨率为周时，柔鱼资源丰度分布就显示出不同。周序列中，MRDI 值随着空间尺度面积的增大而增大，然而，当空间尺度面积小于 1° 时，这种差异小于 10%。这就意味着如果允许在最小与较大空间尺度之间捕捞努力量的平均差异为 10% 时，在收集数据时较大的空间尺度是被接受的。

但是，研究认为尺度并不是越小越好。例如，抹香鲸是生命周期较长的洄游性物种，其摄食的成功率在长的时间尺度及大的空间尺度下才会有变化（Whitehead，1996）。最适宜的尺度并不是绝对的，而是与数据的形式及我们想要解决的问题有关。如果大尺度数据下能获得与小尺度下相似的结果，那么大尺度可能在数据的收集及分析中是较为适宜的（Tian et al.，2009）。

由单因子 SST 构建的 HSI 模型用来鉴定和评价潜在的柔鱼资源丰度分布情况，由于生产统计和环境数据有限，我们并没有对更小的时空尺度进行评价。当然，每一个变量有可能具有其各自的最优尺度。本研究证明了，不同时空尺度的数据选择对鱼类栖息地模型的建立及渔业的评价影响很大。

三、权重对柔鱼栖息地综合指数模型的影响及比较

(一) 材料和方法

1. 渔业数据

我国鱿钓船传统作业渔场主要分布在 39°—45°N 及 150°—164°E 海域，盛渔期时间为 8—10 月（王尧耕等，2005）。渔业数据包括作业时间、作业地点（包括经度和纬度）、作业船数及总渔获量。2003—2008 年 8—10 月每天的渔业数据按时间尺度为周（7 天），空间尺度为经纬度 0.5°×0.5°进行分组。数据来自上海海洋大学鱿钓技术组。

2. 环境数据

以往研究表明，SST、GSST 及 SSH 是影响柔鱼生命周期及空间分布的关键因子（Bower et al.，2005；Chen et al.，2005；Chen et al.，2008）。周 SST 及 SSH 数据来源于美国 NASA 网站（http：//oceancolor.gsfc.nasa.gov），空间分辨率分别为经纬度 0.1°×0.1°及 0.25°×0.25°。每 25 个原始方格 SST 数据及 4 个原始 SSH 数据的平均值被用来作为空间尺度为 0.5°×0.5°的 SST 及 SSH 数据。运用空间尺度为 0.5°×0.5°的 SST 数据计算 GSST 数据，计算公式如下：

$$GSST_{i,j} = \sqrt{\frac{(SST_{i,j-0.5} - SST_{i,j+0.5})^2 + (SST_{i+0.5,j} - SST_{i-0.5,j})^2}{2}}$$

$$(2-4)$$

式中，$GSST_{i,j}$ 是纬度为 i 及经度为 j 的 GSST 值，$SST_{i,j-0.5}$，$SST_{i,j+0.5}$，$SST_{i+0.5,j}$，及 $SST_{i-0.5,j}$ 是纬度分别为 i，i，$i+0.5$ 及 $i-0.5$ 及经度分别为 $j-0.5$，$j+0.5$，j 及 j 的 SST 值。

3. HSI 建模

1) 各环境因子 SI 模型的建立

以下三个步骤被用来建立 HSI 模型：a. 鉴定关键环境因子用来建立 SI 模型；b. 给每个因子赋予权重；c. 建立综合 HSI 模型。一般而言，捕捞努力量的变化反映了目标鱼种空间分布的变化，因此通常被用作目标鱼种出现概率的指标（Chen et al.，2010；Andrade et al.，1999）。Tian 等（Tian et al.，2009）研究也认为，基于捕捞努力量的 HSI 模型比基于 CPUE 的 HSI 模型能更好的预测柔鱼适宜栖息地。因此，本节中用捕捞努力量与这三个因子的关

系来定义各因子的 SI 值。

SI 值范围从 0 到 1。出现最高捕捞努力量时，SI 为 1，被认为相应范围内的环境条件是最适宜的（Brown et al.，2000）。捕捞努力量为 0 时，SI 值为 0，说明相应的环境条件是不适宜的。本节中，我们设置了 6 个不同级别的 SI 值，分别为 1、0.75、0.50、0.25、0.10 和 0，并分别对应不同范围内的柔鱼捕捞努力量值（表 2-4）。三个环境因子 SI 值见表 2-5、表 2-6 及表 2-7。

表 2-4　中国鱿钓船西北太平洋柔鱼基于捕捞努力量的 SI 值的定义

SI 值	栖息地描述
1	最高捕捞努力量
0.75	通常出现或较高捕捞努力量（400<F<最高捕捞天数）
0.5	一般出现或平均捕捞天数（250<F≤400）
0.25	较少出现或低捕捞天数（100<F≤250）
0.1	极少出现或很低捕捞天数（0<F≤100）
0	捕捞努力量为 0

表 2-5　2003—2008 年第 1 周（W1）到第 13 周（W13）SST 的 SI 值的定义

SST（℃）	W1	W2	W3	W4	W5	W6	W7	W8	W9	W10	W11	W12	W13
11~12										0.1			0.1
12~13				0.25	0.1	0.1		0.1		0.5	0.5	0.1	0.5
13~14				0.1	0.25	0.1	0.1	0.1	0.1	0.1	0.1	0.1	0.25
14~15				0.1	0.1	0.25	0.1	0.25	0.25	0.25	0.75	1	0.5
15~16			0.1	0.1	0.25	0.25	1	0.75	1	1	0.75	0.5	1
16~17	0.1	0.1	0.1	0.5	1	0.75	0.75	1	0.75	0.75	1	0.75	0.25
17~18	0.25	0.25	0.5	1	0.5	0.25	0.5	0.25	0.5	0.5	0.5	0.25	0.5
18~19	0.25	0.25	0.75	0.75	0.25	1	0.25	0.75	0.1	0.1	0.1	0.1	0.1
19~20	1	1	0.75	0.5	0.25	0.5	0.5	0.25		0.1	0.1	0.1	
20~21	0.75	0.25	1	0.25	0.5	0.5	0.25				0.1		
21~22	0.1	0.75	0.1	0.1	0.25								
22~23	0.25	0.5	0.25	0.1							0.1		
23~24	0.1	0.1											
24~25		0.25											

表 2-6 2003—2008 年第 1 周（W1）到第 13 周（W13）GSST 的 SI 值的定义

GSST (℃/0.5°)	W1	W2	W3	W4	W5	W6	W7	W8	W9	W10	W11	W12	W13
0.0~0.5	0.5	0.25	0.25	0.5	0.25	0.25	0.75	0.75	0.25	0.25	0.5	0.5	0.25
0.5~1.0	0.5	1	1	0.75	1	1	1	0.75	0.75	0.5	1	1	0.25
1.0~1.5	1	0.75	0.75	1	0.75	0.75	0.5	1	0.75	1	0.25	0.5	0.75
1.5~2.0	0.25	0.25	0.75	0.5	0.5	0.5	0.25	0.25	0.5	0.5	0.75	0.5	1
2.0~2.5	0.5	0.25	0.25	0.75	0.5	0.25	0.25	0.25	1	0.75	0.25	0.5	0.5
2.5~3.0	0.1	0.1	0.25	0.25	0.25	0.25	0.25	0.25	0.25	0.25	0.25	0.25	0.25
3.0~3.5		0.1	0.1	0.25	0.1	0.1	0.1	0.1	0.25	0.25	0.1	0.1	0.1
3.5~4.0		0.1		0.1	0.1		0.25	0.1	0.1	0.1	0.5	0.25	0.1
4.0~4.5				0.1				0.1				0.1	
4.5~5.0													0.1

表 2-7 2003—2008 年第 1 周（W1）到第 13 周（W13）SSH 的 SI 值的定义

SSH (cm)	W1	W2	W3	W4	W5	W6	W7	W8	W9	W10	W11	W12	W13
-30~-25		0.1		0.1									
-25~-20	0.1		0.1	0.25	0.1		0.1	0.1					
-20~-15		0.1	0.1	0.1	0.25	0.1	0.25	0.25	0.1	0.1	0.1	0.1	0.1
-15~-10		0.1	0.25	0.1	0.25	1	0.5	0.5	0.5	0.25	0.25	0.1	0.1
-10~-5	0.1	0.25	0.25	0.25	0.1	0.25	0.75	0.5	0.5	0.75	0.5	0.25	0.25
-5~0	0.5	0.75	0.5	0.5	0.25	0.5	1	0.5	1	1	0.25	0.25	0.1
0~5	0.1	1	1	1	0.75	0.5	0.75	1	0.5	0.75	0.75	0.25	0.1
5~10	1	0.5	0.25	0.25	1	0.25	0.5	0.25	0.25	0.75	1	0.5	1
10~15	0.5	0.1	0.5	0.5	0.25	0.25	0.5	0.5	0.1	0.1	0.5	1	0.75
15~20	0.5	0.75	0.1	0.1	0.75	0.75	0.1	0.1	0.1	0.1	0.25	0.5	0.75
20~25	0.1	0.1	0.25	0.1	0.1	0.1		0.1			0.25	0.25	0.1
25~30	0.25	0.1		0.1		0.1	0.1	0.1		0.1	0.1	0.1	0.1
30~35			0.1									0.1	
35~40												0.1	

2）HSI 模型的建立

以往研究认为，在影响柔鱼空间分布的环境因子中，SST 为最重要的因子，GSST 与 SST 最为相关，SSH 重要性次之（Cao et al.，2009；Chen et al.，

2007；Gonzalez et al.，1997；陈新军等，2009；Vinagre et al.，2006；Legendre et al.，1989)。在本节中，我们提出 10 个不同的权重系列，以反映三个因子在影响柔鱼资源丰度分布时的不同（表2-8)。SST 赋予最高的权重，GSST 及 SSH 的权重随 SST 的权重的变化而变化。

表 2-8　HSI 模型中 SST（w_{sst}）、GSST（w_{gsst}）及 SSH（w_{ssh}）权值的序列设置

序列	SST 权值（w_{sst}）	GSST 权值（w_{gsst}）	SSH 权值（w_{ssh}）
1	0.33	0.33	0.33
2	0.4	0.4	0.2
3	0.4	0.3	0.3
4	0.5	0.4	0.1
5	0.5	0.3	0.2
6	0.5	0.25	0.25
7	0.6	0.3	0.1
8	0.6	0.2	0.2
9	0.7	0.2	0.1
10	0.7	0.15	0.15

赋予权重后的多因子 HSI 模型计算公式如下：

$$HSI_i = \sum_{i=1}^{n} SI_{i,j} w_{i,j} \qquad (2-5)$$

式中，HSI_i 为序列为 i 的 HSI 值，$SI_{i,j}$ 为序列为 i 环境因子 j 的 SI 值，$w_{i,j}$ 为序列为 i 因子为 j 的权值，以及 n 为环境因子数量。

4. 评价 HSI 模型中权重的影响

为了评价不同权重序列对 HSI 模型的影响，在 10 个不同权重序列下，计算每一个 HSI（HSI = 0.0～0.2；0.2～0.4；0.4～0.6；0.6～0.8；0.8～1.0）区间的捕捞努力量百分比。其计算公式如下：

$$F_{i,j} = \frac{f_{i,j}}{f_i} * 100 \qquad (2-6)$$

式中，$F_{i,j}$ 为序列为 i，HSI 区间为 j 的捕捞努力量百分比，$f_{i,j}$ 为序列为 i，HSI 区间为 j 的捕捞努力量，以及 f_i 序列为 i 的总捕捞努力量。

10 个不同权重序列中 HSI 值用相对差异指数（RD）来比较，RD 值计算公式如下：

$$RD_{i, j} = \frac{F_{i, j} - \overline{F_{i, j}} \mid_{i=1, 2, 3\cdots}}{\overline{F_{i, j}} \mid_{i=1, 2, 3\cdots}} * 100 \qquad (2-7)$$

式中，$RD_{i,j}$ 为序列为 i，HSI 区间为 j 的 RD 值，$F_{i,j}$ 为序列为 i，HSI 区间为 j 的捕捞努力量百分比，以及 $\overline{F_{i, j}} \mid_{i=1, 2, 3\cdots}$ 所有序列中 HSI 区间为 j 的平均捕捞努力量百分比。

为了给柔鱼 HSI 模型中各因子选择适宜的权重，我们假设 HSI 值与捕捞努力量之间存在线性正相关关系（Chen et al.，2010），其模型表达如下：

$$F_{i, j} = a_i + b_i HSI_{i, j} \qquad (2-8)$$

式中，$F_{i,j}$ 为序列为 i，HSI 区间为 j 的捕捞努力量百分比，$HSI_{i,j}$ 为序列为 i，HSI 区间为 j 的 HSI 值，以及 a_i 和 b_i 为序列为 i 的估计参数。

基于模型拟合结果的残差标准差（Residual Standard Error，RSR）评价和比较不同权重下 HSI 模型的差异，RSR 最小的 HSI 模型被认为是最适宜的模型。RSR 计算公式如下：

$$RSR_i = \frac{\sum_{j=1}^{n} (F_{i, j} - a_i - b_i HSI_{i, j})^2}{n - 2} \qquad (2-9)$$

式中，RSR_i 为序列为 i 的 RSR 值，$F_{i,j}$ 为序列为 i，HSI 区间为 j 的捕捞努力量百分比，a_i 和 b_i 为序列为 i 时运用公式（2-4、2-5）估算出的参数。$HSI_{i,j}$ 为序列为 i，HSI 区间为 j 的 HSI 值，以及 n 为 HSI 区间个数。

（二）结果

1. 比较不同权重序列下的捕捞努力量

研究认为，当 HSI 值在 0~0.8 时，捕捞努力量百分比随着 HSI 值增大而增大，但是当 HSI 高于 0.8 时，捕捞努力量百分比出现波动现象（图 2-17）。对于某一特定的 HSI 区间，捕捞努力量百分比因不同权重序列不同而不同。

2. 比较 RD 值

分析发现，在不同权重序列中，当 HSI 值在 0~0.2 时，RD 极差最大，最大值为 55.85%，最小值为-49.01%（表 2-9）。当 HSI 在 0.6~0.8 时，RD 极差最小，最大值为 17.17%，最小值为-14.44%（表 2-9）。

在不同 HSI 值时，RD 极差最大出现在序列 1 中，最大值为 45.95%，最小值为-40.26%。RD 极差值大于 50% 的有序列 3、5、9 和 10。RD 极差最小

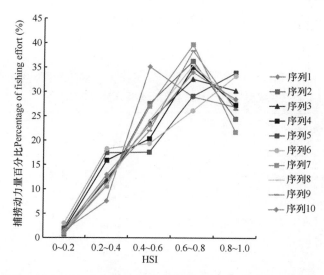

图 2-17　2003—2008 年西北太平洋柔鱼 10 个不同权重序列下
捕捞努力量百分比与 HSI 之间的关系

出现在序列 7 中，最大值为 2.37%，最小值为 -3.81%。RD 极差小于 20% 的
有序列 6（表 2-9）。

表 2-9　不同权重序列中各 HSI 范围内捕捞努力量百分比的相对差异（RD）

序列	HSI = 0~0.2	HSI = 0.2~0.4	HSI = 0.4~0.6	HSI = 0.6~0.8	HSI = 0.8~1.0
1	5.10	-40.26	45.93	-14.44	-4.03
2	-29.38	-16.35	12.27	17.17	-22.40
3	-49.01	-12.80	14.47	7.13	-12.79
4	9.41	-13.43	0.21	4.72	-0.27
5	-39.67	-2.46	-8.47	13.50	-5.92
6	4.86	-6.74	-0.91	-3.63	7.98
7	-0.89	2.37	-3.81	0.48	1.66
8	4.86	25.11	-15.50	3.49	-2.51
9	55.85	26.86	-17.30	-14.37	17.24
10	38.86	37.70	-26.89	-14.04	21.03

3. HSI 模型中变量权重的选择

三个因子 10 个不同权重序列的 HSI 模型评价结果见表 2-10。分析发现，

序列 6 中当 SST、GSST 及 SSH 分别赋予权重为 0.5、0.25 和 0.25 时，模型拟合结果最佳。

表 2-10　三个环境因子 10 个不同权重序列中捕捞努力量百分比与 HSI 值之间的线性模型参数及 HSI 模型残差标准差（RSR）值

序列	a	b	RSR
1	1.96	36.01	10.52
2	1.85	36.31	9.40
3	0.41	39.15	5.01
4	2.30	35.41	6.78
5	1.12	37.73	3.80
6	2.92	34.15	3.58
7	2.37	35.27	11.41
8	0.69	38.62	6.92
9	0.74	38.52	8.46
10	1.21	37.59	6.00

（三）讨论

当 HSI 值较低时，各因子权重变化影响较大，而当 HSI 较高时，影响较小。因此，如果 HSI 较低，即栖息地不适宜时，给各环境因子设定权重时就必须十分小心。RD 极值最大出现在序列 1 中，而序列 1 中各因子的权重相等，说明 HSI 模型中将各因子设置相等的权重来预测柔鱼中心渔场和评估柔鱼栖息地是不适合的。

西北太平洋柔鱼分布及洄游很大程度上受环境因子的影响（Chen et al.，2010；王尧耕等，2005；Ichii et al.，2009）。SST 作为最基本的输入变量，通常被用作 HSI 建模（Le Pape et al.，2003；Zagaglia et al.，2004；Zainuddin et al.，2006）。在以往的研究表明，SST 通常作为最重要的因子之一或作为独立的因子来解释柔鱼潜在渔场及适宜栖息地的位置（陈新军等，2005；Chen et al.，2006）。因此，本节中我们假设 SST 作为预测柔鱼资源丰度时起主导因子。黑潮和亲潮交汇处，等温线密集，为柔鱼提供了较高生产力的栖息地，大部分渔获量都在此海域获得（Cao et al.，2009；Chen et al.，2010；王尧耕等，2005），因此，GSST 被认为是另一个潜在的重要因子。SSH 作为冷暖水的指标，与柔鱼的分布密切相关（田思泉，2006），被认为是本节的另一重要因子。

所有权重序列中，最适宜的是序列 6，其中 SST、GSST 及 SSH 的权重分别为 0.5、0.25 和 0.25。相比于以往的研究，这一结果增加了 SST 的权重（Chen et al.，2010；Tian et al.，2009）。这意味着 SST 的重要性在预测柔鱼中心渔场或者资源丰度时相比于其他环境因子要高。其他环境因子，比如风、海洋表面盐度等因子由于数据有限，未能考虑进 HSI 建模中，我们推测当加入其他因子时，各因子权重可能会有所变化。

HSI 模型通常用来描述鱼类丰度与环境变量之间的关系，进而估计栖息地适宜性水平。CPUE 及捕捞努力量通常作为输入变量用来估算 SI 值。商业渔业 CPUE 并不一直与鱼类真实的丰度指数相吻合（Pedro，2006）。渔民作业海域是他们所了解到的鱼类已经分布区域。捕捞努力量是非随机分布的，因此渔船及相应渔获量的分布也集中在高鱼类丰度的区域，而很少出现在低丰度海区。因此，CPUE 值在指示鱼类时空分布时可能会产生偏差（Hilborn et al.，1992）。捕捞努力量的时空分布通常用来反映渔船的集中程度，及商业渔业中渔民对渔获率的满意度（Brown et al.，2000）。当生产力较低时，渔船很可能会离开。因此，一个海域有较多的渔船反映出该海域生产力较高，意味着该海域鱼类资源丰度较高。在这种情况下，捕捞努力量比 CPUE 可能更适合作为一个丰度指数（Brown et al.，2000；Gillis et al.，1993）。在各因子权重相同时，Tian 等（Tian et al.，2009）研究表明，基于 CPUE 的 HSI 模型趋于过高估计栖息地适宜范围及过低估计适宜栖息地空间分布的月变化，而基于捕捞努力量的 HSI 模型能较好的预测柔鱼适宜栖息地。

本节的研究目的是评价多因子权重对 HSI 建模的影响。研究表明，各因子权重的选择很大程度上影响柔鱼栖息地的评价。为此，我们建议 HSI 模型建立中应慎重考虑各因子的权重，类似研究应做进一步深入探讨。

四、基于 CPUE 和捕捞努力量的柔鱼栖息地指数比较研究

（一）材料与方法

1. 研究区域

冬春季柔鱼群的西部存量主要分布在西北太平洋 170°E 以西的海域（Bower 和 Ichii，2005）。然而由于黑潮分支对水平影响的差异（Wang 和 Chen，2005），165°E 以西海域的海洋环境不同于 165°E 以东海域。黑潮是西

北太平洋中一股较强的西边界流，它始于台湾东海岸，向西北方向流动经过日本，并在此处与北太平洋海流的东风漂移合并。

许多商业化鱿钓船只的渔获量来自165°E以西海域，所以研究区域设在沿经度方向145°E到165°E的海域。此外，亚热带锋面和亚北极锋面间存在着一个过渡带，柔鱼被认为是栖息于该过渡带中而非锋面以外的区域（Roden，1991）。过渡带决定了鱿鱼的分布集中在了一个很小的区域（纬度小于10°；Chen和Tian，2005）。因此，我们基于过渡带的分布，将研究区域沿纬度方向限定在38°N到45°N。该研究区域是冬春季柔鱼群西部存量在夏季的主要摄食场（Murata和Nakamura，1998；Yatsu et al.，1998）。

2. 商业化的渔业数据

在上述定义的研究区域内收集到1998年到2006年期间7月到9月柔鱼的商业化渔业数据。数据包括捕捞的时间，地点（经纬度），每日操作捕捞船的数量以及船只的日捕获量。中国远海渔业协会要求的最大数据报告的网格是0.5°×0.5°。一些船只记录并上报了其捕捞时间、地点以及日捕获量而另一些船只每日做记录，但只上报利用最大空间网格的每月记录。因此为了便于编辑不同时间和空间尺度的数据，在该项研究的分析中，将渔业数据以0.5°×0.5°的空间尺度和每月的时间尺度进行了分组。

3. 环境数据

之前的研究表明，柔鱼的丰度与海表面盐度（SSS）（Chen和Chiu，1999；Fan，2004）、海面高度（SLH）（Fan，2004）以及海表面温度（SST）（Yatsu和Watanabe，1996；Chen和Tian，2005）等海洋环境变量有关。此外，柔鱼会经历垂向的昼夜活动，夜间栖息在0~40米深的水中，而白天则会移动到150~350米水深处（Murata和Nakamura，1998；Tanaka，1999）。因此，SSS、SST、SLH和35米和317米水深处的温度（能分别反映主要鱿鱼栖息地的昼夜温度）被选为了环境变量。环境数据来源于IRI/LDEO气候数据库（http：//iridl. ldeo. columbia. edu），数据的空间尺度为0.5°×0.5°，时间尺度为每月。

4. 数据处理

在鱿钓网格为0.5°×0.5°中每月的CPUE可根据以下公式计算得出：

$$CPUE = \frac{\sum catch}{\sum fishing\ days} \tag{2-10}$$

其中，$\sum catch$ 是所有鱿钓渔船在一个网格内捕获量的总和，而 $\sum fishing\ days$ 是所有鱿钓渔船在一个网格内捕捞天数的总和。每月的捕捞努力量可通过在 0.5°×0.5°网格内总的渔船捕捞天数计算得出。

　　每月的环境数据根据 0.5°×0.5°的网格进行分组，这与渔业数据的时间和空间尺度相吻合。基于之前的研究（Gillis et al.，1993；Swain 和 Wade，2003；Maunder 和 Punt，2004）CPUE 和捕捞努力量在本节开发中的 HSI 模型里被当作丰度指标。因此，开发出了两个 HSI 模型：基于 CPUE 的 HSI 模型和基于捕捞努力量的 HSI 模型。这两个模型的效果通过确定柔鱼最佳栖息地中进行评估和比较。

　　5. 栖息地适宜性指数模型

　　针对每个栖息地变量（环境因素），我们先建立了两个模型来描述栖息地变量和 CPUE 间以及和捕捞努力量的关系。模型被转化为适宜性指数（SI），该指数是连续且取值范围在 0 到 1.0 之间。对于 SI 模型，反映变量是 CPUE 或捕捞努力量，这取决于哪个变量在 HSI 模型中用于表示鱿鱼的丰度指数，并且环境因素作为解释变量。CPUE 和捕捞努力量在所有 SI 模型中都假定为对数正态分布。样条平滑的回归分析法被应用于 SI 模型中。对基于 CPUE 的 HSI 模型，我们指定 CPUE 最高的区域为最优的栖息地，而与之相对应 CPUE 最低的区域为贫乏的栖息地。对基于捕捞努力量的 HSI 模型，捕捞努力量最高和最低的区域分别指定为最优和贫乏的栖息地。因此每个环境变量的 SI 可由下式计算得出：

$$SI = \frac{Y_{fit} - \min Y_{fit}}{\max Y_{fit} - \min Y_{fit}} \qquad (2-11)$$

　　其中，Y_{fit} 是 CPUE 或捕捞努力量的预测值，取决于在样条平滑的回归分析法中哪个指标被用于表示丰度指数，$\min Y_{fit}$ 和 $\max Y_{fit}$ 分别表示在所有 CPUE 或捕捞努力量预测值中的最大值和最小值。SI-CPUE 和 SI-捕捞努力量代表着 SI 的由来，在数据分析中分别使用 CPUE 和捕捞努力量作为丰度指数。每个环境变量所对应的大于 0.6 的 SI 值在分析 SI-CPUE 和 SI-捕捞努力量数据时被假定为柔鱼的最优范围。

　　每个变量的 SI 值都整合起来开发出了两种 HSI 模型。一种是使用 CPUE 作为丰度指数，被称为 HSI-CPUE 模型；另一种是使用捕捞努力量作为丰度指数，被称为 HSI-捕捞努力量模型。因为缺乏在大尺度柔鱼栖息地中不同环

境变量相对重要性的信息，我们选取了 HSI 经验模型——几何平均模型
（GMM；Chris et al.，2002），该模型为所有 HSI 模型中的变量给予相同的权
重。GGM 可表示为：

$$HSI = \sqrt[5]{\prod_{i=1}^{5} SI_i} \qquad\qquad (2-12)$$

其中，i 是包含 SST、35 米和 317 米水深处的温度、SSS 以及 SLH 在内的环境
变量（i = 1，2，…，5）。

6. 模型验证

从 1998 年到 2004 年的渔业和相关环境数据被应用于建立 HSI 模型（HSI-
CPUE 模型和 HSI-捕捞努力量模型）。2005 年和 2006 年的环境数据分别输入
HSI-CPUE 模型和 HSI-捕捞努力量模型来估计 HSI 的空间分布。模型预测的
HSI 值空间分布可映射不同的月份和年份。对比预测的 HSI 值与观测的渔获量
数据，以此来评估 HSI-CPUE 模型和 HSI-捕捞努力量模型的效果。

（二）结论

1. 每个环境变量的适宜性指数

对每个环境变量的 SI 统计分析显示于表 2-11。它们都具有显著的影响
（$P<0.01$）且其样条平滑相关回归系数的范围从 0.58 至 0.97。对每个环境变
量而言，SI-捕捞努力量模型的拟合比 SI-CPUE 模型要好（表 2-11）。

对于给定的环境变量，在使用 SI-CPUE 和 SI-捕捞努力量模型时可以识
别出不同的最优范围（图 2-18）。SI-CPUE 和 SI-捕捞努力量模型在 SST 上显
示出了相似的趋势（图 2-18a），但 SI-CPUE 模型得出的 SST 最优范围为
13.6℃ 至 22.8℃ 而 SI-捕捞努力量模型得出的 SST 最优范围为 16.6℃
至 19.6℃。

用 SI-CPUE 和 SI-捕捞努力量模型估计出的 35 米和 317 米水深处温度的
最优范围是不同的（图 2-18b 和图 2-18c）。SI-CPUE 和 SI-捕捞努力量模型
得到的 35 米水深处温度的最优范围分别是 0.2℃ 至 12℃ 和 5.8℃ 至 12℃（图
2-18b）。SI-CPUE 和 SI-捕捞努力量模型得到的 317 米水深处温度的最优范
围分别是 2.8℃ 至 5.2℃ 和 3.4℃ 至 4.8℃（图 2-18c）。

对于环境变量 SSS，SI 值也能反映出 SI-CPUE 和 SI-捕捞努力量模型的不
同（图 2-18d）。SI-CPUE 模型的 SSS 最优范围是从 32.70 psu 至 33.75 psu，
而 SI-捕捞努力量模型的 SSS 最优范围是从 33.10 psu 至 33.55 psu。对于

SLH，SI-CPUE 和 SI-捕捞努力量模型得到的最优范围分别是-34 cm 至-2 cm 和-20 cm 至-4cm（图 2-18e）。

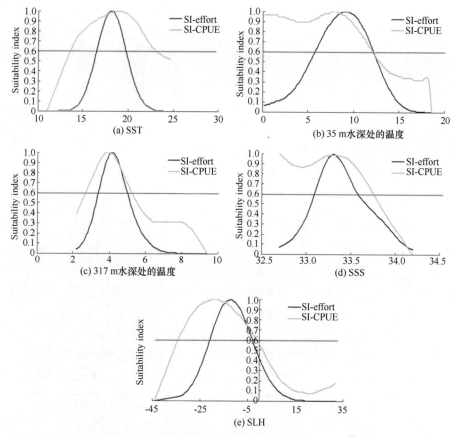

图 2-18　对不同环境变量进行样条平滑的回归方法所获得的
SI-CPUE 和 SI-捕捞努力量模型

2. HSI-CPUE 和 HSI-捕捞努力量模型的比较

基于每个环境变量的 SI 值，利用 GMM 可以计算出 1998 年到 2004 年每个网格的平均 HSI。HSI-CPUE 模型得到的 HSI 值往往比 HSI-捕捞努力量模型得到的值要大（图 2-19）。这就意味着 HSI-CPUE 模型得到的柔鱼适宜栖息地比 HSI-捕捞努力量模型得到的要大。这也可以从 2005 年和 2006 年 HSI-CPUE 和 HSI-捕捞努力量模型估计出的 HSI 图中看出（图 2-20a，图 2-20b，图 2-20c，图 2-20d）。HSI 值高于 0.6 的区域称之为最优区域，HSI-CPUE 模型得到最优区域面积要远大于 HSI-捕捞努力量模型得到面积。

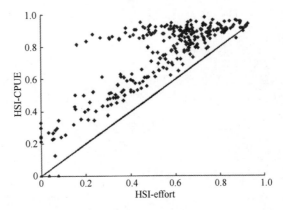

图 2-19　比较 HSI-CPUE 和 HSI-捕捞努力量模型间的预测值。实线的斜率为 1。

　　不同 HSI 值下的捕捞努力量、捕捞产量的比重以及平均 CPUE（以 0.1 为间隔）均列于表 2-11。渔获量和捕捞努力量均超过 90% 的情况发生在 HSI-CPUE 模型得出的 HSI 值大于 0.6 的海域，并且对应的 CPUE 在 1.55～2.55（吨/天）之间。与此相反，对于 HSI 值大于 0.6 的作业海域，其 CPUE 值在 0～1.67（吨/天）之间。

表 2-11　145°～165°E 海域 HSI-CPUE 模型及 HSI-捕捞努力量模型计算不同
HSI 值（间距 0.1）的捕捞努力量、总渔获量所占百分比以及平均 CPUE 值

HSI	HSI-CPUE 模型			HSI-捕捞努力量模型		
	捕捞努力量百分比	总渔获量百分比	平均 CPUE	捕捞努力量百分比	总渔获量百分比	平均 CPUE
0～0.1	0.22	0.05	0.56	1.02	0.61	1.35
0.1～0.2	0.00	0.00	0.00	3.39	2.87	1.89
0.2～0.3	0.52	0.34	1.45	5.47	3.72	1.52
0.3～0.4	1.23	0.86	1.55	7.58	6.59	1.94
0.4～0.5	3.96	1.94	1.10	11.94	11.13	2.08
0.5～0.6	4.26	3.19	1.67	9.76	7.85	1.8
0.6～0.7	4.33	3.00	1.55	14.72	14.20	2.15
0.7～0.8	11.29	9.57	1.89	19.19	22.59	2.63
0.8～0.9	26.78	26.84	2.24	18.08	19.75	2.44
0.9～1.0	47.42	54.20	2.55	8.85	10.69	2.7

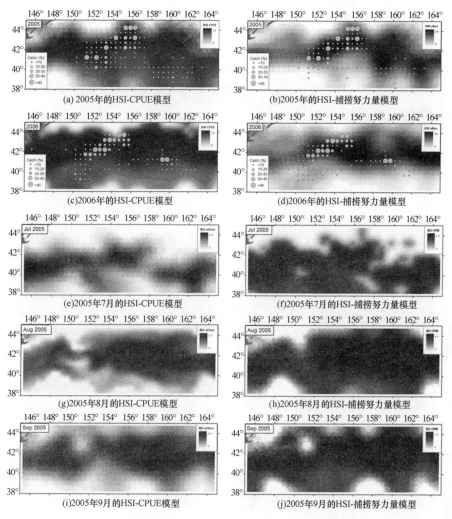

图 2-20　由 Kriging 插值法所得到的两个 HSI 模型在 2005 年和 2006 年的空间分布

根据 HSI-捕捞努力量模型，渔获量的 60%，捕捞努力量的 67.2% 发生在 HSI 值大于 0.6 的作业海域，且平均 CPUE 在 2.15~2.7（吨/天）之间。当 HSI-捕捞努力量模型得到的 HSI 值小于 0.6，平均 CPUE 在 1.35~2.08（吨/天）之间。对于 HSI 值小于 0.6 的作业海域，HSI-捕捞努力量模型得到的总渔获量和总捕捞努力量的百分比较 HSI-CPUE 模型来得多。

3. 验证栖息地适宜性模型

基于观测的环境数据，利用 Kriging 插值法（Arcgis 9.0 用于实现该分析）得到的 HSI-CPUE 和 HSI-捕捞努力量模型可估算出 2005 年和 2006 年夏季

（7—9 月）渔获量和 HSI 值的 GIS 图（图 2-20）。渔获量和 HSI 值间关系的检测揭示了主要渔获量发生在 HSI-CPUE 和 HSI-捕捞努力量模型得到高 HSI 值的区域。根据 HSI-CPUE 模型，大部分研究区域被定义为柔鱼每月的最优区域。然而，根据 HSI-捕捞努力量模型，柔鱼的最优区域主要在沿纬度方向 41°—43°N 处（图 2-20）。

（三）讨论

HSI-CPUE 模型模拟结果显示了近 90% 的渔获量来自于 HSI 值大于 0.6 的区域，而根据 HSI-捕捞努力量模型仅 60% 的渔获量来自于 HSI 值大于 0.6 的区域。HSI-CPUE 模型在预测最优栖息地上似乎比 HSI-捕捞努力量模型更乐观。2005 年和 2006 年的季节性 HSI 值示意图表明了，基于 HSI-CPUE 模型，几乎所有研究区域都会归为最优栖息地。这可能是由于渔民在选择鱼时会在具有较高利润的区域。如果渔民对一个地方的捕获率不满意或者相信其他地方能很好地改善他们的捕获率，他们就会倾向于转移到另外的地方（Wang 和 Chen，2005）。因此，作业渔船的 CPUE 可能通过渔民们得到的利润而保持在一定水平之上（Wang 和 Chen，2005）。这就意味着 CPUE 不会随着种群的降低而成比例降低。事实上许多研究都表示 CPUE 可能会随着某些渔业种群下降而上升或保持不变（如：Mackinson et al.，1997；Rose 和 Kulka，1999）。因此，不意外地看到 HSI-CPUE 模型在本节研究关于最优栖息地时的结果更加乐观。

商业化渔业的 CPUE 通常可根据在特定时间段（如：每月）和捕捞网格内总捕获量和总努力量的比值计算得出。这就暗示着如果用 CPUE 表示鱼的丰度指数，捕捞努力量相对于鱼类在定义的空间网格内是随机分布的（Pedro，2006）。许多海洋鱼类例如本节中的柔鱼在 CPUE 计算所定义的时间尺度（如：月）内都趋向于移动而不是待在一个地方。渔船不可能在同一网格内长时间（如：一个月）进行捕捞。短时间的捕捞和渔场中鱼类丰度的变化可能会导致 CPUE 高估在捕捞天数较少的区域中的鱼类丰度。捕捞努力量的时空分布通常可以反映渔船的集中程度和渔民对自己在商业化渔业中的捕获率感到满意的事实（Pedro，2006）。当产量较低的时候，渔船就可能离开。因此具有更多的渔船的区域意味着较好的生产力，也暗示着该区域的高丰度。在这种情况下，捕捞努力量可能比 CPUE 更适合作为丰度指数（Gillis et al.，1993；Swain 和 Wade，2003）。由于用于渔获量采集的时间尺度（即：月）

和鱿鱼渔场的捕捞努力量数据，本节中的研究应该是真实的。但是如果我们使用天作为时间的单位，CPUE 可能是一个合适的丰度指数因为使用短时间单位可以解决本节中关于鱿鱼和捕捞努力量变化的问题。然而，如同许多其他的研究，由于财政和人力资源的各种限制，用精细的时间尺度来收集数据是不可能的，所有我们不得不用月作为时间单位来收集商业化的渔业数据。对这样的渔业，捕捞努力度应被视为一个潜在的丰富度指数。

SI 模型一次仅考虑一个环境变量，可以得出本节中柔鱼的最优栖息地。从来源于 SI-捕捞努力量模型的最优栖息地与之前基于渔业独立调查数据的研究（如：Chen 1997；Chen 和 Chiu，1999；Fan，2004）所得出的结果相类似。然而，SI-CPUE 模型得到的最优栖息地比其他研究所定义的栖息地更乐观（Chen，1997；Fan，2004；Chen 和 Tian，2005）。这与文献（Hilborn 和 Walters，1992）中所得到的关于 CPUE 可能正偏于丰度指数的研究结果相一致，表明在鱿鱼栖息地分析中，CPUE 不是理想的丰度指数。SI 的取值来源于方程 2-11。根据这个方程，我们指定具有最高 CPUE 或捕捞努力量的区域（取决于哪个方法被用作丰度指标）为最优栖息地并将与之相对具有最低 CPUE 或捕捞努力量的区域指定为最差栖息地，他们的 SI 值分别为 1（最优）和 0（最差）。例如在 35 米处温度为 0℃ 的 SI 值将近为 1，这意味着最高的 CPUE 发生在 35 米处温度为 0℃ 时，同时其盐度为 32.5。一个较高的个体 SI 不是必然意味着较高的 HSI，该 HSI 中包含着 5 个个体 SI，且这些个体 SI 不平衡。

HSI 模型的输入取决于 SI 每个环境变量的结果。环境变量的 SI 模型通常基于影响鱼类丰度的统计数据、专家建议和/或经验知识来获得（Vincenzi et al.，2007）。用于处理 SI 模型的不同的方法可以导致从 HSI 建模中得到不同的结果（Chen et al.，2008）。此外，HSI 模型的不同结构也会增加不确定性。除了本节中使用的 GMM 模型，其他将 SI 整合成 HSI 的模型包括算术平均值模型（George et al.，2000）、均值模型（Chris et al.，2002）、最小值模型（Guda et al.，2006）和其他模型在 HSI 建模中给不同环境变量分配不同权重（Michael et al.，1987）。

本节的重点之一是在评估 HSI 时比较一个商业化渔业的 CPUE 和捕捞努力量，而不是比较不同形式的 HSI 模型。本节用 GGM 来作为 HSI 模型因为它普遍用于建立 HSI 模型（Chris et al.，2002）并且我们没有足够的信息来给不同环境变量分配不同权重。

　　HSI 建模中夹杂着关于环境变量类型和数量的选择，这是成功识别最优栖息地的关键。夹杂着的环境变量对鱼类空间分布的影响是微不足道的，并且夹杂太多变量可能会混淆 HSI 建模的结果。Terrell et al.（1982）表示对于这种类型的模型，较少的模型参数会更好。本节中，我们基于之前研究（Yatsu和 Watanabe，1996；Chen 和 Chiu，1999；Fan，2004；Chen 和 Tian，2005；Wang 和 Chen，2005），列入了 5 个对柔鱼空间分布具有重大影响的环境变量。然而，本节也可能存在其他对柔鱼时空分布有影响但没有列入 HSI 模型中的变量。

　　我们分析了柔鱼夏季的 HSI，此时研究区域对该物种而言是觅食地（Murata 和 Nakamura，1998）。由于这种鱿鱼的生命很短暂（仅一年）且会在南北方向进行季节性迁移（Yatsu et al.，1997；Bower 和 Ichii，2005），所以该物种丰度的时空分布在给定区域内不时地迅速变化。这就意味着丰度的时空分布在沿纬度方向的变化要大于沿经度方向的变化，并且每月的丰度也发生巨大的变化。此外，北大西洋亚热带锋面和亚北极锋面间存在着一个过渡带，柔鱼被认为是栖息于该过渡带中而非锋面以外的区域（Roden，1991）。过渡带也会季节性运动。柔鱼沿纬度方向的分布变化可能是由于过渡带中的季节性变化（Roden，1991）。因此，从之前的研究（Fan，2004；Chen 和 Tian，2005）就可以看出柔鱼栖息地的空间分布每月都会发生变化。从柔鱼 2005 年 7—9 月最优栖息地的 GIS 图中可以看出基于 7—8 月 HSI-捕捞努力量模型的每月最优栖息地都会沿着纬度方向发生明显变化（图 2-20e 左）。然而，这种月变化在来源于 HSI-CPUE 模型的 HSI 图中并不明显因为该模型得出的最优栖息地几乎覆盖了所有研究区域（图 2-20e 右）。HSI-捕捞努力量模型比 HSI-CPUE 模型更适合预测柔鱼的最优栖息地。

　　模型比基于 CPUE 的 HSI 模型中所定义的柔鱼最优栖息地要好。根据基于捕捞努力量的 HSI 模型，以下是主要栖息地变量所定义的最优范围：SST 是从 16.6℃至 19.6℃，水深 35 m 处的温度是从 5.8℃至 12℃，水深 317 m 处的温度是从 3.4℃至 4.8℃，SSS 是从 33.10 psu 至 33.55 psu，以及 SLH 是从 -20 cm 至 -4 cm。这些信息可以被用于识别柔鱼主要栖息地并帮助渔民找到最佳的渔场，这样就可以减少搜索时间。在这样的分析中使用捕捞努力量作为潜在丰度指标的建议也能为其他具有相似生物学性质和数据收集程序的渔业提供了一个新途径。

五、利用栖息地指数判别柔鱼中心渔场

（一）材料与方法

1. 渔业资源数据

经纬度为 39°—46°N 和 150°—165°E 的区域在 8—11 月期间是本地重要的柔鱼渔场（Chen 和 Tian，2005）。在过去 10 年里中国大陆鱿钓船队的捕获量占总渔获量的 75%~84%（Chen et al.，2008a）。1999 年至 2005 年该区域的渔业资源数据是按月编制的（上海海洋大学鱿钓技术组）。数据包括每个捕捞日的柔鱼渔获量和捕捞地点，并在 0.5°×0.5°的经纬度网格内进行分组。

我们假设在鱿钓渔业中没有副渔获物（Wang 和 Chen，2005），并且鱿钓船的单位努力渔获量（CPUE）（mt/d）是个能很好反映渔场资源丰度的指标（Chen et al.，2008c）。名义 CPUE 在一个 0.5°×0.5°捕捞单位内的计算如下：

$$CPUE_{ymi} = \frac{C_{ymi}}{F_{ymi}} \qquad (2-13)$$

式中，$CPUE_{ymi}$ 为在 y 年 m 月第 i 捕捞单位内每月的名义 CPUE（mt/d）；C_{ymi} 为在 y 年 m 月第 i 捕捞单位内的每月渔获量；F_{ymi} 为在 y 年 m 月第 i 捕捞单位内捕捞的天数。

2. 卫星遥感数据

生物物理环境数据被用于描述调查区域的水文条件包括 SSS、SST、SSHA 和叶绿素 a。每月分辨率为 0.5°×0.5°的 SST 数据可从美国国家航空航天局（NASA）的 PODAAC 网站获取（http：//poet. jpl. nasa. gov/ DATA_ CATALOG/ index. html，2008-10）。每月空间分辨率均为 0.5°×0.5°的 SSS 和 SSHA 数据集可从 IRI/LDEO 网站下载（http：//iridl. ldeo. columbia. edu，2008-10）。叶绿素数据从 NASA 的网站获取（http：//oceancolor. gsfc. nasa. gov/SeaWiFS/，2008-10）。

3. HSI 模型的建立

潜在的渔场可通过 SST、SSS、SSHA 和叶绿素 a 卫星数据所生成的栖息地模型进行可视化。捕捞努力量一直被认为是鱼类出现率和可用性的指数（Andrade 和 Garcia，1999），并且也成功地用于开发 HSI 模型（Gillis et al.，1993；Swain 和 Wade，2003；Zainuddin, et al.，2006；Tian et al.，2009）。因此，我们首先分析了与捕捞努力量相关的上述四个环境变量来确定柔鱼可

用性的概率。适合性指数（SI）所要表示的概率由捕捞努力量和环境变量间的关系来定义。最高的概率值（SI=1）与给定环境变量间隔的捕捞努力量密切相关，这表明具有最有利的环境条件（Brown et al.，2000）。最低的概率值（即 SI=0）表明在捕捞过程中具有最低的捕捞努力量（即等于0）。取值在0~1之间的 SI 值被赋值于对应的环境变量范围（表2-12；Brown et al.，2000）。

表 2-12 基于中国鱿钓渔业在西北太平洋一个捕捞单位经纬度 0.5°×0.5°内的捕捞努力量得出柔鱼适应性指数值的定义

适宜性指数值	栖息地描述
1	捕捞努力量最高
0.5	一般出现或平均捕捞努力量（2 000 个作业天数到最高捕捞努力量之间）
0.1	很少出现或捕捞努力量较低（少于 2 000 个作业天数）
0	捕捞努力量为 0（作业天数为 0）

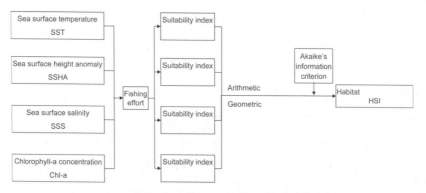

图 2-21　估算柔鱼栖息地适应性指数的过程

来源于每个变量的 SI 值随后结合成 HSI 的经验模型（图2-21）。算术平均模型（AMM）和几何平均模型（GMM）这两个 HSI 经验模型通常被用于估算栖息地的可用性（美国鱼类和野生动物管理局，1980a，1980b；Hess 和 Bay，2000；Lauver et al.，2002；Chen et al.，2009）。HSI 是个单一变量且其取值在0~1之间（Brooks，1997）。两个 HSI 的经验模型描述如下：

AMM（Hess 和 Bay，2000；Chen et al.，2009）：

$$HSI_{AMM} = \frac{1}{n} \sum_{i=1}^{n} SI_i \qquad (2-14)$$

GMM（Lauver et al.，2002；Chen et al.，2009）：

$$HSI_{GMM} = \left(\prod_{i=1}^{n} SI_i\right)^{1/n} \tag{2-15}$$

式中，SI_i 为第 i 个环境变量的 SI 值；n 为模型中所使用变量的数量；i 为 1、2、…、n。

基于环境变量与柔鱼渔获量间关系的先前研究，我们认为 SST 作为识别柔鱼栖息地的主要变量并且用于不同组合包括一个（SST）、两个（SST 和另一个变量）、三个（SST 和另两个变量）和四个（SST、SSS、SSHA 和叶绿素 a）的变量作为栖息地输入数据。源于栖息地变量不同组合的 SI 值最终组合得出 HSI 模型（图 2-21）。

4. HSI 模型的选择和模型的验证

在 1999 年至 2004 年的 8—10 月期间，HSI 的值可用上述方法估算得出。1999 年至 2004 年的总捕捞努力量百分比也可根据 HSI 所定义的范围（即 [0，0.2）、[0.2，0.4）、[0.4，0.6）、[0.6，0.8）和 [0.8，1.0]）计算得到。因此，我们认为 HSI 值与捕捞努力量间存在着正线性回归关系。该模型可表示为 $Y = a + bX$，其中 Y 是不同 HSI 值在同一时间所对应的捕捞努力量百分比，X 是 HSI 的值，a 和 b 是估算的参数。基于 Akaike 信息标准（AIC；Akaike，1981），评估并比较不同 HSI 模型（具有一个、两个、三个和四个变量）的性能来确定最合适的 HSI 模型。

能得出最小 AIC 值的模型被认为是最合适的模型，随后该模型将用作于模型的检测和验证。源于之前所选 HSI 模型多得到的 2005 年 HSI 空间分布，其图像已使用 Marine Explorer 4.0 版（日本埼玉县环境模拟实验室有限公司）进行绘制。该图像将用于预报潜在的渔场，并与中国鱿钓船队 2005 年的实际渔业数据进行比较。

（二）结论

1. 涉及环境变量的柔鱼渔获量

8 月期间，捕捞努力量在 SST 为 17~20℃ 的水域最高（图 2-22a），并且首选的 SST 倾向于在 19~20℃ 之间。与 SSS 相关的较高捕捞努力量（>2 000 天）发生在 SSS 为 33.1~33.5 psu 的区域（图 2-22b），并且首选的 SSS 位于 33.3~33.4 psu。我们还发现与 SSHA 和叶绿素 a 有关的较高捕捞努力量（>2 000天）发生在 SSHA 为-20~5 cm 且叶绿素 a 的值在 0.2~0.4 mg/m³ 之间。最优的 SSHA 和叶绿素 a 倾向于在-5~0 cm 和 0.3~0.4 mg/m³ 之间（图 2

-22c 和图 2-22d)。9 月和 10 月也得出相似的结论（图 2-23 和图 2-24）。

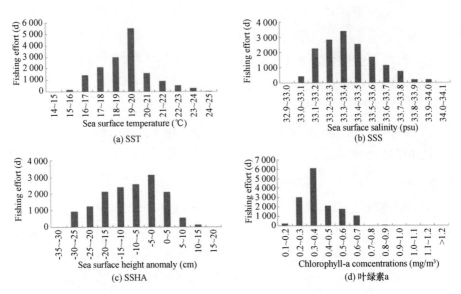

图 2-22　1999 年至 2004 年的 8 月总捕捞努力量与各参数的关系

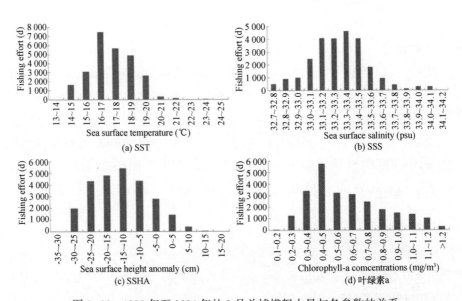

图 2-23　1999 年至 2004 年的 9 月总捕捞努力量与各参数的关系

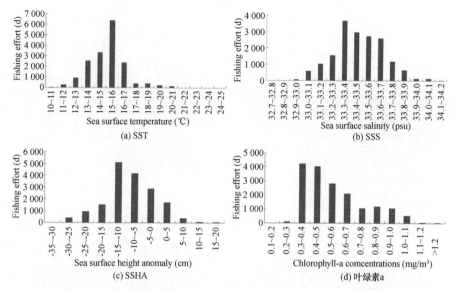

图 2-24　1999 年至 2004 年的 10 月总捕捞努力量与各参数的关系

　　2004 年 8 月柔鱼的捕捞努力量空间分布作为个例子呈现在图 2-25 中，以此来显示其与环境变量 SST、SSS、SSHA 和叶绿素 a 的关系。具有较高柔鱼聚集度的捕捞区域中心是在经纬度 42°—44°N 和 154°—157°E 的水域（图 2-25）。在 2004 年 8 月期间，四个变量的环境图像表明柔鱼大多聚集在 19℃ SST 等温线（图 2-25a）和 33.3 psu SSS 等盐度线（图 2-25b）附近的较暖的水域，位于 SSHA 为-5 cm（图 2-25c）附近的冷环流边缘处，且具有相对较高的叶绿素 a 浓度约 0.3 mg/m³（图 2-25d）。

　　由于这四个环境变量均与柔鱼的分布密切相关，所以我们基于柱状分布用范围在 0~1 间的 SI 值重新缩放了该分布（图 2-22、图 2-23 和图 2-24）。在 SI 定义（Brown et al.，2000；表 2-12）的基础上，最高捕捞努力量所赋予的 SI 值为 1，总捕捞努力量低于 2 000 天所赋予的 SI 值为 0.1，而总捕捞努力量在最高与 2 000 天之间所赋予的 SI 值为 0.5。四个变量 SI 值的定义如表 2-13 所示。

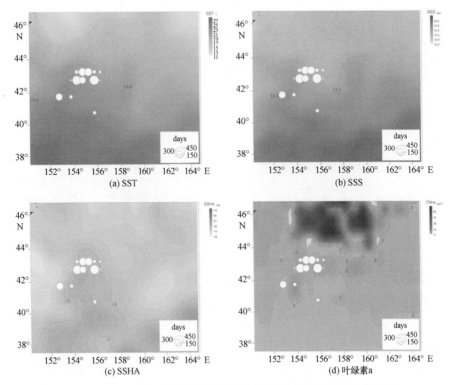

图 2-25　2004 年 8 月捕捞努力量空间分布与各参数图像的叠加图

表 2-13　海表面温度（SST）、海表面盐度（SSS）、海表面高度异常（SSHA）和
叶绿素 a 含量（Chl~a）这四个环境变量适应性指数（SI）值的
定义被用于开发模型来预测 8 月至 10 月柔鱼中心渔场

月	SI	SST（℃）	Chl-a（mg/m³）	SSHA（cm）	SSS（psu）
8 月	1	≥19 and <20	≥0.3 and <0.4	≥−5 and <0	≥33.3 and <33.4
	0.5	≥17 and <19	≥0.2 and <0.3	≥−20 and <−5	≥33.1 and <33.3
		≥20 and <21	≥0.4 and <0.6	≥0 and <5	≥33.4 and <33.6
	0.1	≥15 and <17	≥0.1 and <0.2	≥−30 and <−20	≥33.0 and <33.1
		≥21 and <25	≥0.6 and <0.9	≥5 and <15	≥33.6 and <34.0
	0	<15 and ≥25	<0.1 and ≥0.9	<−30 and ≥15	<33.0 and ≥34.0

续表

月	SI	SST（℃）	Chl-a（mg/m³）	SSHA（cm）	SSS（psu）
9月	1	≥16 and <17	≥0.4 and <0.5	≥-15 and <-10	≥33.3 and <33.4
	0.5	≥15 and 16	≥0.3 and <0.4	≥-25 and <-15	≥33.0 and <33.3
		≥19 and <20	≥0.5 and <0.8	≥-10 and <0	≥33.4 and <33.5
	0.1	≥14 and <15	≥0.1 and <0.3	≥-30 and <-25	≥32.7 and <33.0
		≥20 and <23	≥0.8 and <1.3	≥0 and <15	≥33.5 and <34.1
	0	<14 and ≥23	<0.1 and ≥1.3	<-30 and ≥15	<32.7 and ≥34.1
10月	1	≥15 and <16	≥0.3 and <0.4	≥-15 and <-10	≥33.3 and <33.4
	0.5	≥13 and <15	≥0.4 and <0.7	≥-10 and <5	≥33.4 and <33.7
		≥16 and <17			
	0.1	≥10 and <13	≥0.2 and <0.3	≥-30 and <-15	≥32.9 and <33.3
		≥17 and <21	≥0.7 and <1.3	≥5 and <20	≥33.7 and <34.1
	0	<10 and ≥21	<0.2 and ≥1.3	<-30 and ≥20	<32.9 and ≥34.1

2. HSI 模型的选择

具有一个、两个、三个和四个环境变量的不同 HSI 模型被评估为最简约的 HSI 模型。当应用 GMM 时只有一个变量（SST）的 HSI 模型能最好地预测某区域的捕捞努力量百分比（表 2-14），而当应用 AMM 时具有三个变量（SST、SSHA 和叶绿素 a）的 HSI 模型是最好的（表 2-14）。当相同的环境变量分别运用于两种经验 HSI 模型中时，AMM 模型能得出更好的结果来预测捕捞努力量由于其得到的 AIC 值要小于 GMM 模型所得到的。因此，我们断定具有 SST、SSHA 和叶绿素 a 这三个变量的 AMM 模型是最简约的 HSI 模型（表 2-14）。

表 2-14　不同环境组合下算术平均模型（AMM）和几何平均模型（GMM）比较
[线性回归模型可表示为 $Y = a + bX$，其中 Y 和 X 分别代表捕捞努力量百分比和 HSI。
ΔAIC 是该模型与最优模型间 Akaike 信息标准（AIC）值的差异]

环境因子	GMM				AMM			
	a	b	AIC	ΔAIC	a	b	AIC	ΔAIC
SST	7.01	44.97	64.78	0	7.01	44.97	64.78	3.81
SST，SSS	13.05	13.47	71.06	6.28	8.64	15.68	76.65	15.68
SST，SSHA	6.19	27.62	76.54	11.76	4.26	31.47	75.77	14.8

环境因子	GMM				AMM			
	a	b	AIC	△AIC	a	b	AIC	△AIC
SST, Chl-a	17.42	5.17	75.99	11.21	11.80	16.41	68.61	7.64
SST, SSHA, Chl-a	19.57	0.87	80.03	15.25	6.53	26.94	60.97	0
SST, SSS, SSHA	11.18	17.64	84.64	19.86	-2.01	44.03	77.24	16.27
SST, SSS, Chl-a	19.08	1.84	77.16	12.38	2.58	34.85	62.26	1.29
SST, SSS, SSHA, Chl-a	18.39	3.23	71.60	6.82	1.11	37.78	70.00	9.03

为了进一步比较 AMM 和 GMM 的性能，我们根据 1999 年至 2004 年 8—10 月期间来自具有 SST、SSHA 和叶绿素 a 这三个变量的 AMM 和 GMM 的分组 HSI 值，估算了柔鱼的实际捕捞渔获量百分比平均值、实际捕捞努力量百分比平均值和 CPUE 平均值。在 8 月至 10 月期间，在 HSI 值大于 0.6 的区域，AMM 模型得出其拥有总渔获量的 58.8% 和总捕捞努力量的 56.63%（图 2-26a 和图 2-26b），而 GMM 模型得出其拥有总渔获量的 51.46% 和总捕捞努力量的 46.56%（图 2-26a 和图 2-26b）。在 HSI 值小于 0.4 的区域，使用 AMM 和 GMM 模型可分别得出其拥有总渔获量的 15.48% 和 38.58%（图 2-26a）以及总捕捞努力量的 16.02% 和 41.39%（图 2-26b）。

此外，1999 年至 2004 年的月 CPUE 根据三个环境变量（SST、SSHA 和叶绿素 a）估算得出基于 AMM 和基于 GMM 分组的 HSI 值进行了编译和计算。由此可发现 CPUE 值会随着基于 AMM 的 HSI 值的增加而增加，但却与基于 GMM 的 HSI 值间没有相同的关系（图 2-26c）。当某区域基于 AMM 的 HSI 值范围在 0~0.2 时，CPUE 平均值仅为 (1.44±0.34) t/d（平均值±标准差）。当某区域 HSI 值在 0.6~0.8 或高于 0.8 时，CPUE 平均值分别为 (2.50±0.26) t/d 和 (3.01±0.59) t/d（图 2-26c）。所有 1999 年至 2004 年渔业资源数据所得到的结果均表明 AMM 模型更适合用于估算柔鱼的 HSI，这就与我们的假设相吻合。

3. HSI 模型的验证

根据 2005 年 AMM 模型估算出的 HSI 值，每月 HSI 值、捕捞地点和 CPUE 的空间分布图可被绘制（图 2-27）。HSI 值大于 0.6 主要发现在经纬度为 152°30′—156°30′E 和 42°30′—44°00′N 以及 156°—159°E 和 40°30′—42°30′N 的区域（图 2-27a），这些区域 8 月份的渔获量和捕捞努力量分别占总渔获量

(a) 实际渔获量百分比　(b) 实际捕捞努力量百分比　(c) CPUE

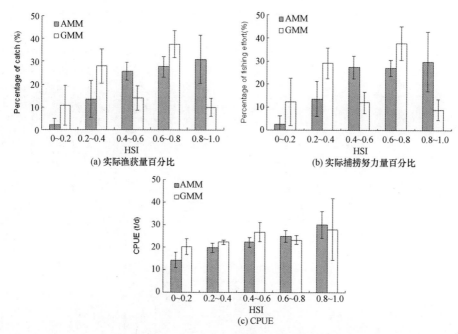

图2-26　由算术平均模型（AMM）和几何平均模型（GMM）所估算出的HSI值与1999年至2004年柔鱼实际生产之间的关系

和努力量的78.17%和65.17%（图2-28a和图2-28b），且CPUE的平均值为3.51 t/d（图2-28c）。9月份，HSI值大于0.6大多分布于经纬度为150°30′—151°30′E和40°30′—41°30′N以及152°—165°E和40°30′—43°30′N的水域（图2-27b），这些区域的渔获量和捕捞努力量分别占总渔获量和努力量的96.36%和93.19%（图2-28a和图2-28b），且CPUE的平均值为3.77 t/d（图2-28c）。然而，在经纬度为156°—160°E和40°30′—42°N以及160°—165°E和40°30′—43°30′N的区域没有捕捞活动（图2-27b）。10月份，HSI值大于0.6位于经纬度为152°30′—156°E和42°30′—44°30′N、156°—157°45′E和42°—43°N、158°—160°E和41°—43°N以及162°—163°30′E和43°—44°30′N的区域（图2-27c），这些区域的渔获量和捕捞努力量分别占总渔获量和努力量的68.90%和68.16%（图2-28a和图2-28b），且CPUE的平均值为3.10 t/d（图2-28c）。这表明AMM可以得出柔鱼潜在渔场的可靠预测。

（三）讨论

北太平洋过渡区的生物物理环境已假设会影响柔鱼的迁徙、分布和丰度

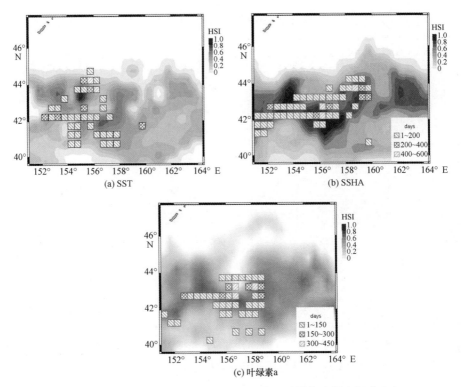

图 2-27　2005 年 8 月至 10 月所捕获柔鱼的捕捞努力量空间分布与
具有三个环境变量的算术平均模型所生成的 HSI 图像间的叠加

（Tian，2006；Ichii et al.，2009）。在更具体的范围内，最高密度的柔鱼被发现于 SST、SSS、SSHA 和叶绿素 a 处于适宜范围的水域（表 2-13）。这些范围被认为是最可能发现柔鱼区域的指标。最高的柔鱼丰度或最优栖息地主要集中在 8 月 19~20℃的 SST 等温线、33.3~33.4 psu 的 SSS 等盐度线和 0.3 mg/m³叶绿素 a 等值线；9 月 16~17℃的 SST 等温线、33.3~33.4 psu 的 SSS 等盐度线和 0.4~0.5mg/m³叶绿素 a 等值线；以及 10 月 15~16℃的 SST 等温线、33.3~33.4 psu 的 SSS 等盐度线和 0.3~0.4 mg/m³叶绿素 a 等值线。结果与之前的发现相一致（Chen 和 Chiu，1999；Chen，1997；Tian，2006）。这表明柔鱼高密度聚集的动力学受到季节性冷却（温度和盐度锋面）过程的影响，并且叶绿素 a 锋面的移动可用特定级别的代理变量来进行预测。这些代理的指标似乎在制定和模仿潜在柔鱼栖息地和迁徙路径方面起着关键作用。

　　SSHA 的领域被耦合到上层海洋动力学（海流）和热力学（热收支平衡）。海水表层质量输送的辐聚辐散可分别导致正和负的海平面异常

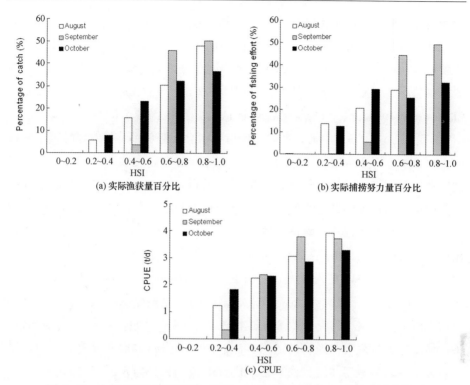

图 2-28 由具有三个环境变量（SST、SSHA 和叶绿素 a）的算术平均模型
所估算出的 HSI 值与 2005 年 8 月至 10 月柔鱼实际生产之间的关系

（Zagaglia et al.，2004）。水体密度的变化主要由温度或蓄热的变化（混合层深度或其温度的变化）所控制，这也会导致海平面异常（Polito et al.，2000）。因此认为 SSHA 的变化可以与 CPUE 和柔鱼分布的变化相关联是很自然的。每一物种均有盐度偏好并且在垂直盐度断层处聚集，如同水平盐度的"锋面"（Chen，2004）。我们发现柔鱼的分布与环境变量 SST、SSS、SSHA 和叶绿素 a 密切相关。本节中所考虑的四个环境变量中的 SST、SSHA 和叶绿素 a 可以很容易地从遥感获得近实时数据，并且在预测柔鱼栖息地时比 SSS 更为重要。虽然从遥感获得的叶绿素 a 和 SST 数据有一定的局限性（Arrigo et al.，1998；Santos，2000）且多云天气频繁的地区可能会存在误差，但是这些环境数据在海洋渔业中广泛被使用（Santos，2000；Wang et al.，2003；Zagaglia et al.，2004；Zainuddin et al.，2006；Chen et al.，2008b）。此外，由于柔鱼进行垂直昼夜活动，晚上栖息在水深 0~40 m 的水域，而白天则栖息于水深 150~350 m 处（Wang 和 Chen，2005），所以需要在未来的分析中考虑其他环

境变量如不同深度的水温以及水温的垂直结构。

　　捕捞努力量是使用商业化渔业数据来估算 SI 值时的最好指标。在北太平洋鱿钓渔业中，中国大陆的渔民在遥感的近实时 SST 和 SSHA 数据和使用回声测探仪随后定位捕捞地点的帮助首次识别了捕捞区域（Chen，2004；Wang 和 Chen，2005）。因此，捕捞努力量可被认为是柔鱼出现率的指数。然而名义 CPUE 受到商业化渔业中捕捞渔船、捕捞技术、光照功率及其他环境因子的影响，故 CPUE 不适合用于估算 SI 值。Tian 等（2009）也表明基于捕捞努力量的 HSI 模型在定义柔鱼的最优栖息地时表现得更好，而基于 CPUE 的 HSI 模型倾向于高估最优栖息地的范围并低估最优栖息地空间分布的月变化。

　　显然，我们发现与环境条件相关的柔鱼分布不是随机的。HSI 建模得到的输出结果可以预测柔鱼栖息地条件的时空分布。许多鱼类栖息地模型使用经验和基于 GIS 的空间建模技术进行开发（Rubec et al.，1999；Brown et al.，2000；Feng et al.，2007；Chen et al.，2008b）。这些方法的假设，输入和输出均有所不同。这项研究表明 HSI 建模的方法相对简单且直接，可能是查明最优栖息地和柔鱼潜在渔场的适当方法。由于几乎每种商业上重要的海洋种类对 SST 和较为敏感并具有季节性最优 SST 范围，且由于近实时的 SST 数据可从遥感中获取，所以 SST 在开发 HSI 模型时通常被认为是基本的输入变量（Eastwood et al.，2001；Le Pape et al.，2003；Zagaglia et al.，2004；Zainuddin et al.，2006）。

　　具有一个至四个变量的不同 HSI 模型往往会得到不同的结果。对于相同的环境变量，AMM 模型由于其 AIC 更小，所以比 GMM 模型表现得更好（表 2-14）。具有 SST、SSHA 和叶绿素 a 三个变量的 AMM 模型具有对捕捞努力量而言最小的 AIC 值。为了进一步评估 AMM 模型的性能，其所得到的输出结果将于对应的丰度密度（CPUE）进行比较。我们发现在 1999 年至 2004 年 8 月至 10 月期间，随着 HSI 的改进，柔鱼 CPUE 的平均值从 1.44 mt/d（HSI 的 0~0.2）增长至 3.01 mt/d（HSI 的 0.8~1.0）。但是该方法不等同于在预测一个物种栖息地质量时 HSI 准确度的检测（Wakeley，1988）。在评估栖息地质量时，物理环境和目标物种栖息地偏好间的联系对捕捉栖息地特征和栖息地选择有着重要作用，因为只有精确的 HSI 模型可以得出可靠的评估（Chen et al.，2008b）。然而，与 HSI 模型预测相关的不确定性通常会由 SI 曲线的可靠程度、输入数据和 HSI 模型的结构所导致（Chen，et al.，2009）。

　　当使用三种环境变量（SST、SSHA 和叶绿素 a）时，本节所使用的基于

AMM 的 HSI 建模方法在绘制栖息地图像并预报渔场的预期用途上普遍是成功的，然而当只使用一个环境变量（SST）时，GMM 可能适用于确定潜在的渔场。该结果表明 SST 是柔鱼 HSI 建模时最重要的环境变量。HSI 模型的不同结构会导致不同的结果，并且当考虑不同环境变量的组合时，最优的 HSI 是不同的。Chen 等（2009）在研究中国东海白腹鲭（*Scomber japonicus*）栖息地适应性时也选择 AMM 模型作为与四个环境变量（SST、SSHA、SSS 和叶绿素 a）相结合的最优 HSI 模型。其他不同的方法也可以被用于处理鱼类栖息地建模问题。Norcross 等（1997）使用回归树分析法建立了阿拉斯加比目鱼栖息地适应性的模型，而 Swartzman 等（1992）和 Stoner 等（2001）使用广义相加模型来分别建立白令海比目鱼分布和新泽西州冬季比目鱼的模型。Le Pape 等（2003）使用一般线性模型来描绘欧洲鳎分布的特征。Eastwood 等（2001）应用回归分位数和 GIS 程序来模拟欧洲鳎（*S. solea*）产卵栖息地适应性的空间变化。模型的输出能更好地反映在首选环境条件下物种应答时空性质的理论研究结果。具有三个环境变量（SST、SSHA 和叶绿素 a）AMM 模型被认为是本节中最简约模型。然而，我们可能需要进行更多的研究来使用其他方法估算 HSI。其中有些方法可能包括在开发 HSI 模型中不同的环境变量分配不同的权重并且考虑更多可能影响柔鱼分布的环境变量，例如不同深度的水温、水温的垂直结构和海流。

HSI 模型可以应用于识别潜在的渔场，但对柔鱼渔民而言寻找渔场的最优策略是瞄准 AMM 模型所得出的具有较高栖息地适应性指数（>0.6）的区域。动态近实时的栖息地模型结合更多的环境变量（如：海流、锋面、风场和其他变量）可进一步加速识别潜在捕捞区域的过程。

六、北太平洋中部柔鱼东部秋生群体栖息地指数的建模

（一）材料与方法

1. 渔业资源数据

6—7 月间，38°—44°N 和 165°—180°E 的区域是东部秋生柔鱼群体的重要渔场（Chen et al.，2005）。该区域总渔获量的 80% 以上是自 1999 年以来由中国鱿钓船队捕获的。1999—2004 年生产统计数据来自上海海洋大学鱿钓技术组，并处理为 0.5°×0.5° 的分辨率。

在先前的研究中，鱿钓船的 CPUE（t/d）被发现是个能很好反映渔场资

源丰度的指标（Chen et al.，2007）。名义 CPUE 在第 i 个 0.5°×0.5°捕捞单位内的计算如下：

$$CPUE_{ymi} = \frac{C_{ymi}}{F_{ymi}} \qquad (2-16)$$

式中，$CPUE_{ymi}$、C_{ymi} 和 F_{ymi} 分别为在 y 年 m 月第 i 捕捞单位内每月的名义 CPUE、渔获量和对应的捕捞努力量。

2. 卫星遥感数据

海洋环境数据（包括 SST 和 SSHA）被用来描述 38°—44°N 和 165°—180°E 海域内的海洋水文条件。每月分辨率为 0.5°×0.5°的 SST 数据来自美国国家航空航天局（NASA）的 PODAAC 网站（http：//poet. jpl. nasa. gov/ DATA_CATALOG/index. html）。每月空间分辨率为 0.5°×0.5°的 SSHA 数据来自 IRI/LDEO 网站 http：//iridl. ldeo. columbia. edu。

3. SI 的计算

相对丰度指数（RAI）可由下式计算得出：

$$RAI_{ymi} = \frac{CPUE_{ymi}}{CPUE_{max}} \text{ 或 } = \frac{F_{ymi}}{F_{max}} \qquad (2-17)$$

式中，RAI_{ymi} 是在 y 年 m 月第 i 个捕捞单位内相对丰度指数，$CPUE_{max}$ 是 CPUE 的最大值，F_{max} 是 6—7 月期间每月 F 的最大值。RAI 的值被假定为栖息地概率的指标，也因此被认为是类似于实际的适应性指数（SI）（Chen et al.，2009a）。捕捞努力量在某些研究中被认为是鱼类出现率的指数（Andrade et al.，1999），而鱿钓船的 CPUE（t/d）是个能很好反映渔场储备丰度的指标（Maunder et al.，2004；Chen et al.，2008a）。因此，可用捕捞努力量或 CPUE 来评估东部秋生柔鱼（*O. bartramii.*）群体的栖息地偏好。SI 值表明在给定环境变量的间隔内捕捞努力量或 CPUE 的概率。最大的 SI 值（SI=1）表明最高的捕捞努力量或 CPUE 具有最有利的环境条件（Brown et al.，2000）。最小的 SI 值（SI=0）表明最低的捕捞努力量或 CPUE（例如：等于 0；Bayer and Porter，1988；Brown et al.，2000）。SI 可以基于公式（2-18）~（2-21）计算得出（Chen et al.，2009a）：

$$SI_{effort-SST} = \exp[\, a\, (x_{SST} - b)^2\,] \qquad (2-18)$$

$$SI_{CPUE-SST} = \exp[\, a\, (x_{SST} - b)^2\,] \qquad (2-19)$$

$$SI_{effort-SSHA} = \exp[\, a\, (x_{SSHA} - b)^2\,] \qquad (2-20)$$

$$SI_{CPUE-SSHA} = \exp[a (x_{SSHA} - b)^2] \qquad (2-21)$$

式中，SI 是适应性指数，包括基于 CPUE 的 SI 和基于捕捞努力量的 SI；x 代表不同环境变量（SST 和 SSHA）的值；a 和 b 是所需估算的两个参数（SAS 8.1 版）。SST 和 SSHA 的 SI 值可通过下式进行计算：

$$SI_{SST} = a_1 SI_{effort-SST} + (1 - a_1) SI_{CPUE-SST} \qquad (2-22)$$

$$SI_{SSHA} = a_1 SI_{effort-SSHA} + (1 - a_1) SI_{CPUE-SSHA} \qquad (2-23)$$

式中，a_1 可能的值为 0、0.3、0.5、0.7 和 1，对应于本节所考虑的两种环境变量的不同权重。

使用 Akaike 的信息标准（AIC；Akaike，1981）评估并比较了不同 SI 模型的性能，以此来确定最合适的 SI 模型。

4. HSI 模型的建立

在一般情况下，HSI 模型从一个或多个相关的栖息地变量中计算出一个 HSI 值。HSI 代表了模型的输出并且是个值在 0～1 之间的单一变量（Brooks，1997）。栖息地变量可被视为模型的输入，且对海洋鱼类而言，这些输入代表性地描述了环境条件。本节中的输入数据使用的是两个栖息地变量的不同组合，而来源于栖息地不同组合的 SI 值接着又可被组合成一个经验的 HSI 模型（图 2-29）。以下是本节中所使用的经验 HSI 模型：

（1）算术加权模型（AWM）

$$HSI_{AWM} = a_2 SI_{SST} + (1 - a_2) SI_{SSHA} \qquad (2-24)$$

式中，$a_2 = 0$、0.3、0.5、0.7 和 1.0，对应于本节所考虑的两种环境变量的不同权重。

（2）几何平均模型（GMM；Lauver et al.，2002）

$$HSI_{GMM} = \sqrt{SI_{SST} SI_{SSHA}} \qquad (2-25)$$

（3）最小值模型（MM；Guda et al.，2006）

$$HSI_{MM} = \mathrm{Min}(SI_{SST}, SI_{SSHA}) \qquad (2-26)$$

5. HSI 模型的选择和模型的验证

1999 年至 2003 年的 6—7 月期间，HSI 的值可用之前所描述的方法估算得出。1999 年至 2003 年捕捞努力量的百分比或 CPUE 也可根据 HSI 所定义的范围（[0，0.2]、[0.2，0.4]、[0.4，0.6]、[0.6，0.8] 和 [0.8，1.0]）计算得到。我们认为 HSI 值与 CPUE 和捕捞努力量间存在正线性回归关系，并可用模型 $Y = c_1 + c_2 X$ 来表示（Chen et al.，2009b），其中 Y 是不同

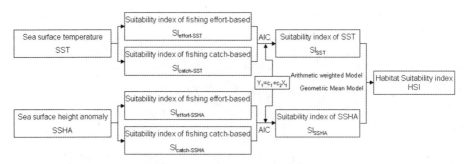

图 2-29　估算栖息地适应性指数的过程

HSI 值在同一时间所对应的捕捞努力量百分比或 CPUE，X 是 HSI 的值，c_1 和 c_2 是估算的参数。基于 Akaike 信息标准（AIC；Akaike，1981），评估并比较不同 HSI 模型的性能来确定最合适的 HSI 模型。

最小 AIC 值的模型被认为是最合适的模型，并用 2004 年生产数据进行验证。同时利用 Marine Explorer 4.0 版绘制 2004 年 HSI 值空间分布。

（二）结论

1. SI 曲线的建立

每年的 6—7 月，北太平洋 165°—180° 是中国鱿钓船队传统的渔场。由图 2-30 和图 2-31 可看出，6 月在 SST 为 14~18℃ 水域可获得较高的 CPUE（图 2-30b），主要集中在 15~17℃，占总捕捞努力量的 68.2%（图 2-30a）；在 SSHA 为 0~25 cm 的水域可获得较高的 CPUE（图 2-30d），主要分布在 5~20 cm，占了总捕捞努力量的 58.4%（图 2-30c）。

7 月，发现与 SST 和 SSHA 相关的高 CPUE 值出现在分别为 14~19℃（图 2-31b）且 -10~10 cm（图 2-31d）的水域，分别占总捕捞努力量的 89.7% 和 62.2%（图 2-31a 和图 2-31c）。

拟合的 SI 模型见表 2-15，它们具有显著的统计学意义（$P<0.05$；表 2-15）。

表 2-15　拟合的适应性指数（SI）模型及其参数估算

月份	SI 模型	t 值	P 值
6 月	$SI_{effort-SST} = \exp\left(-0.390\,7\,(X_{SST}-15.5)^2\right)$	5.134 1	0.001 3
	$SI_{CPUE-SST} = \exp\left(-0.401\,2\,(X_{SST}-16.5)^2\right)$	2.532 3	0.039 3
	$SI_{effort-SSHA} = \exp\left(-0.004\,6\,(X_{SSHA}-17.5)^2\right)$	2.587 6	0.025 2
	$SI_{CPUE-SSHA} = \exp\left(-0.007\,3\,(X_{SSHA}-12.5)^2\right)$	3.830 5	0.002 3

续表

月份	SI 模型	t 值	P 值
7 月	$SI_{effort-SST} = exp\ (-0.167\ 6\ (X_{SST}-16.5)^2)$	8.040 2	0.000 1
	$SI_{CPUE-SST} = exp\ (-0.143\ 3\ (X_{SST}-16.5)^2)$	7.645 0	0.000 1
	$SI_{effort-SSHA} = exp\ (-0.004\ 6\ (X_{SSHA}-7.5)^2)$	3.625 5	0.003 1
	$SI_{CPUE-SSHA} = exp\ (-0.003\ 7\ (X_{SSHA}-7.5)^2)$	3.410 6	0.004 5

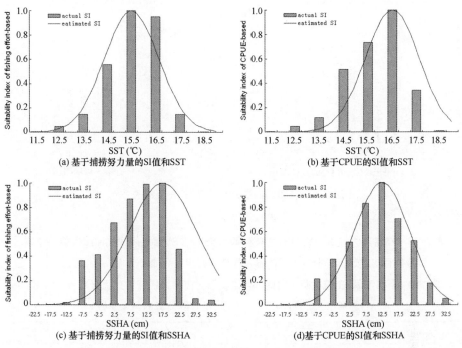

图 2-30　1999 年至 2003 年 6 月 SI 值的关系

2. SI 的选择

在 a_1 = 0、0.3、0.5、0.7 和 1 时，公式（2-21）和公式（2-22）得到的不同 SI 模型中评估最优的 SI 模型。发现基于 SST 的 SI 模型在 a_1 使用 0.7 时捕捞努力量的百分比和 CPUE 可得出最小 AIC 值（表 2-16），同时基于 SSHA 的 SI 模型在 a_1 使用 0.5 时捕捞努力量的百分比和 CPUE 可得出最小 AIC 值（表 2-17）。

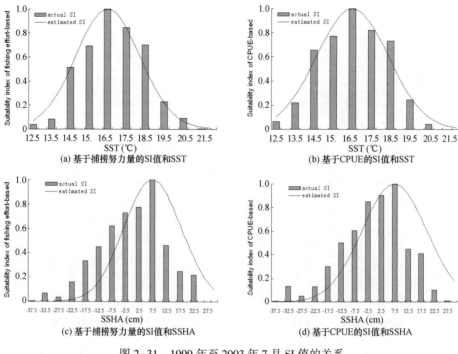

图 2-31　1999 年至 2003 年 7 月 SI 值的关系

表 2-16　捕捞努力量百分比和 CPUE 与基于 SST 的 SI 值之间线性回归模型的参数，
以及不同 SI 模型其对应的 AIC 值（线性回归模型可表示为 $Y_1 = c_1 + c_2 X_1$，
其中 Y_1 是与不同 SI 值在同一时间计算得出相对应的捕捞努力量百分比或 CPUE，
X_1 是基于 SST 的 SI 值，c_1 和 c_2 是需要估算的两个参数）

$SI_{SST}\ a_1 SI_{effort-SST} + (1 - a_1) SI_{CPUE-SST}$	参数	CPUE	捕捞努力量百分比
$a_1 = 0$	c_1	-2.468	-2.303
	c_2	44.923	44.607
	AIC	46.895	48.642
$a_1 = 0.3$	c_1	-4.125	-3.865
	c_2	48.310	47.730
	AIC	44.450	44.805
$a_1 = 0.5$	c_1	-5.739	-4.823
	c_2	50.979	49.646
	AIC	45.864	46.882

$SI_{SST} a_1 SI_{effort-SST} + (1 - a_1) SI_{CPUE-SST}$	参数	CPUE	捕捞努力量百分比
	c_1	−4.864	−3.843
$a_1 = 0.7$	c_2	49.512	47.686
	AIC	43.405	44.512
	c_1	−3.655	−2.335
$a_1 = 1.0$	c_2	46.403	44.671
	AIC	50.113	50.240

表 2-17　捕捞努力量百分比和 CPUE 与基于 SSHA 的 SI 值之间线性回归模型的参数，以及不同 SI 模型其对应的 AIC 值（线性回归模型可表示为 $Y_1 = c_1 + c_2 X_1$，其中 Y_1 是与不同 SI 值在同一时间计算得出相对应的捕捞努力量百分比或 CPUE，X_1 是基于 SSHA 的 SI 值，c_1 和 c_2 是需要估算的两个参数）

$SI_{SSHA} a_1 SI_{effort-SSHA} + (1 - a_1) SI_{CPUE-SSHA}$	参数	CPUE	捕捞努力量百分比
	c_1	5.861	5.684
$a_1 = 0$	c_2	28.226	28.631
	AIC	52.613	50.218
	c_1	5.324	4.995
$a_1 = 0.3$	c_2	28.614	30.010
	AIC	46.213	45.596
	c_1	5.217	4.721
$a_1 = 0.5$	c_2	28.718	30.557
	AIC	45.028	44.788
	c_1	4.318	3.685
$a_1 = 0.7$	c_2	30.718	32.630
	AIC	49.216	48.129
	c_1	4.151	3.071
$a_1 = 1.0$	c_2	31.021	33.859
	AIC	49.318	48.119

3. HSI 模型的选择

在公式（2-23）、（2-24）和（2-25）得到的不同 HSI 模型中评估最优的 HSI 模型。我们发现 $0.3SI_{SST} + 0.7SI_{SSHA}$ 的 HSI 模型在应用 AWM 时对捕捞

努力量的百分比和CPUE是最好的，因为其所对应的AIC值比本节中其他HSI模型所得到的值要来得小（表2-18）。

表2-18　渔获量或捕捞努力量百分比与算术加权模型（AWM, $a_1 SI_{SST} + (1 - a_1) SI_{SSHA}$）、几何平均模型（GMM）和最小值模型（MM）所得到的HSI值和不同SI模型所得到的AIC值之间线性回归模型的参数（线性回归模型可表示为 $Y_2 = c_3 + c_4 X_2$，其中 Y_2 是与不同HSI值在同一时间计算得出相对应的捕捞努力量百分比或CPUE，X_2 是HSI值，c_3 和 c_4 是需要估算的两个参数）

HSI 模型	参数	CPUE	捕捞努力量百分比
MM	c_3	19.39	20.01
	c_4	0.73	−0.01
	AIC	45.12	43.40
GMM	c_3	3.95	4.46
	c_4	32.02	31.08
	AIC	46.87	43.80
$0.0SI_{SST} + 1.0SI_{SSHA}$	c_3	5.31	4.72
	c_4	28.13	30.56
	AIC	45.48	44.79
$0.3SI_{SST} + 0.7SI_{SSHA}$	c_3	0.81	0.48
	c_4	38.12	39.04
	AIC	41.07	39.35
$0.5SI_{SST} + 0.5SI_{SSHA}$	c_3	−1.59	−1.59
	c_4	43.19	43.19
	AIC	47.22	45.44
$0.7SI_{SST} + 0.3SI_{SSHA}$	c_3	−2.76	−2.59
	c_4	45.94	45.18
	AIC	43.42	42.29
$1.0SI_{SST} + 0.0SI_{SSHA}$	c_3	−4.87	−3.84
	c_4	50.04	47.69
	AIC	43.65	44.51

为了进一步比较不同HSI模型的性能，根据1999年至2003年6—7月五个不同模型中分组的HSI值，计算了柔鱼捕捞努力量的平均百分比（表2-19）。在6月份，HSI值高于0.6的区域用AWM模型（$a_1 = 0.3$）计算出具有

总捕捞努力量的 75.98%，而 MM 模型的计算结果为 55.68%（表 2-19）。HSI 值低于 0.4 的区域用 AWM 模型（$a_1 = 0.3$）和 MM 模型分别计算出具有总捕捞努力量的 12.66% 和 27.87%（表 2-19）。

表 2-19　1999 年至 2003 年 6—7 月五个不同模型中分组的 HSI 值与捕捞努力量所占百分比之间的关系

月份	HSI	捕捞努力量百分比（%）				
		MM	GMM	AWM（$a_1 = 0.3$）	AWM（$a_1 = 0.5$）	AWM（$a_1 = 0.7$）
6 月	0~0.2	15.46	7.42	3.15	4.07	5.56
	0.2~0.4	12.41	12.49	9.51	11.35	12.03
	0.4~0.6	16.45	9.38	11.36	11.28	12.88
	0.6~0.8	35.36	24.55	29.97	25.64	21.81
	0.8~1.0	20.32	46.17	46.01	47.66	47.72
7 月	0~0.2	26.20	5.54	0.90	1.57	2.86
	0.2~0.4	26.75	22.02	12.12	6.72	18.22
	0.4~0.6	13.18	26.59	22.83	34.31	20.65
	0.6~0.8	21.31	23.81	39.87	33.65	30.53
	0.8~1.0	12.56	22.03	24.29	23.75	27.74

在 7 月份，HSI 值高于 0.6 的区域用 AWM 模型计算出具有总捕捞努力量的 64.16%，但 MM 模型的计算结果只有 55.68%（表 2-19）。HSI 值低于 0.4 的区域用 AWM 模型（$a_1 = 0.3$）和 MM 模型分别计算出具有总捕捞努力量的 13.02% 和 52.92%（表 2-19）。在 1999 年至 2003 年期间所观察到的渔业数据结果均表明 AWM 模型（$a_1 = 0.3$）更适合用于估算柔鱼的 HSI（表 2-18 和表 2-19）。

4. HSI 模型的验证

AWM 模型（$a_1 = 0.3$）估算得出的月 HSI 值的空间分布和 2004 年所观察到的捕捞地点和 CPUE 分布见图 2-32。6 月 HSI 高于 0.6 的区域主要发现在 168°30′—171°30′E 和 39°30′—41°30′N 以及 174°30′—179°30′E 和 39°30′—40°30′N（图 2-32a），其中渔获量和捕捞努力量分别占总量高达 90.8% 和 85.0%（图 2-33a 和图 2-33b），且 CPUE 的平均值超过 1.6 t/d（图 2-33c）。7 月 HSI 高于 0.6 的水域分布在 168°—170°E 和 40°30′—42°N、170°—172°E 和 40°30′—43°N、172°—176°30′E 和 41°—43°N 以及 175°30′—179°30′E 和

40°30′—43°30′N（图 2-32b），其中渔获量和捕捞努力量分别占总量的 75.3%和 65.4%（图 2-33a 和图 2-33b），且 CPUE 的平均值超过 1.7 t/d（图 2-33c）。然而，在区域 172°—176°30′E 和 41°—43°N 处有小型的捕捞活动（图 2-32b），这可能意味着 AWM（当 $a_1 = 0.3$）可以得到柔鱼潜在渔场的可靠预测。

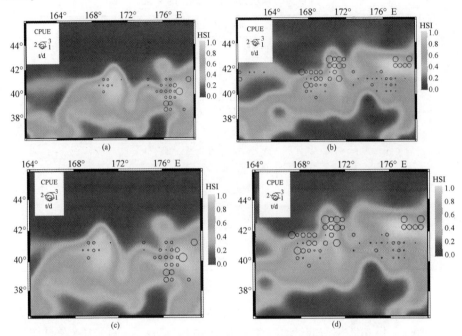

图 2-32　2004 年 6 月和 7 月 CPUE 和捕捞地点的空间分布与利用 $a_1 = 0.3$ 的算术加权模型（$HSI = a_1 SI_{SST} + (1 - a_1) SI_{SSHA}$）所生成的 HSI 图像间的叠加

（三）讨论

本节使用中国鱿钓船队 6 月和 7 月的渔业资源数据记录了在 165°—180°E 的捕捞区域内东部秋生柔鱼群体 HSI 值的空间分布。Bower 等（2005）记录了雌性柔鱼在 5 月会接近亚北极区的边界，在 6—7 月出现在亚北极锋区的南部，而 8—9 月又会出现在锋区的北部，并在 9 月开始其南向产卵迁徙。秋生群体的雄性被认为出现在夏季和秋季的亚热带水域中，但没有雌性向北迁徙得那么远（Yatsu et al., 1997），并且 7 月就开始南向迁徙。此外，北太平洋存在着一个位于亚热带锋面和亚极地锋面间的过渡区（Roden, 1991），且柔鱼被认为栖息于此区域并不超过锋面（Ichii et al., 2004）。

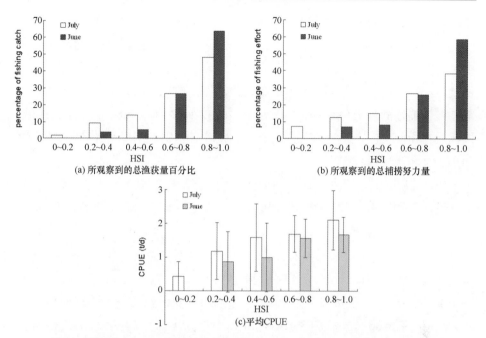

图 2-33　利用 $a_1 = 0.3$ 的算术加权模型（$HSI = a_1 SI_{SST} + (1 - a_1) SI_{SSHA}$）
所估算出的 HSI 值与 2004 年 6 月和 7 月实际观察值之间的关系

　　在 6 月和 7 月期间，柔鱼从南至北进行索饵迁徙并且其时空分布会随之发生相应的变化。柔鱼的分布变化可能会导致过渡区 SST 的季节性变化（Roden，1991）。因此，柔鱼适宜栖息地的空间分布可能每月都会发生改变。本节研究表明，秋生柔鱼群体偏好栖息于 6 月 SST 在 15~17℃而 7 月 SST 在 14~19℃的区域。在 1999 年至 2003 年的 6 月和 7 月，该栖息地分别得到了总渔获量的 67.8%和 82.5%。Chen 等（1999）认为北太平洋中部柔鱼的分布和丰度很大程度上受到水温和盐度的影响，其温度也具有较高的预测能力来估算丰度。Yatsu 等（1996）也认为在 11℃和 15℃的 SST 等温线间具有很强梯度的年份，7 月近亚北极边界流网渔业的高 CPUE。这也表明柔鱼在向北迁徙时会聚集在该梯度附近。Ichii 等（2004）也检测了与 SST 锋面、叶绿素 a 和过渡区叶绿素锋面（TZCF）、亚北极锋面以及亚北极边界相关渔场柔鱼的分布。因此，SST 是个调节秋生柔鱼群体空间分布的重要环境变量。

　　SSHA 的领域被耦合到上层海洋动力学（海流）和热力学（热收支平衡）。海水表层质量输送的辐聚辐散可分别导致正和负的海平面异常（Polito et al.，2000）。这表明卫星测高得到的 SSHA 图像可有效预测对浮游生物及其捕食者（如：柔鱼）而言是潜在聚集机制的水质量锋面。海表面高度的下降（上升）也表明等温线的变浅（变深）。我们相信柔鱼的垂向觅食范围存在一个温度的下限，因此等温线变浅（变深）可增加（减少）柔鱼的密度。由此可预计 SSHA 的变化可与柔鱼聚集密度的变化相关联。本节中，我们发现秋生柔鱼群体偏好栖息于 SSHA 在 6 月为 5~20 cm 而 7 月为-10~10 cm 的区域。该区域在 1999 年至 2003 年 6 月和 7 月期间可分别获得总渔获量的 59.9% 和 71.1%。

　　HSI 模型的输入取决于每个环境变量的 SI 结果（Tian et al.，2009）。环境变量通常被识别为基于对鱼类丰度和分布有重大影响以及专家意见和/或经验知识/观测的 SI 模型（Vincenzi et al.，2007）。本节中，我们分别利用 CPUE 和捕捞努力量定义了环境变量的 SI 值，这就导致了不用的结果和 SI 模型（表 2-15）。因此，组合的 SI 模型被认为是基于 $SI_{effort-SST}$ 和 $SI_{CPUE-SST}$（公式 2-21）以及 $SI_{effort-SSHA}$ 和 $SI_{CPUE-SSHA}$（公式 2-22）。我们发现 SST 的 SI 模型（ $SI = 0.7SI_{effort} + 0.3SI_{CPUE}$ ）和 SSHA 的 SI 模型（ $SI = 0.5SI_{effort} + 0.5SI_{CPUE}$ ）具有最小的 AIC 值，故是最优模型（表 2-16 和表 2-17）。这表明在定义基于 SST 的 SI 值时捕捞努力量比 CPUE 更重要，而在定义基于 SSHA 的 SI 值时捕捞努力量和 CPUE 同等重要。Tian 等（2009）也表明在使用商业化渔业数据定义柔鱼最优栖息地时基于捕捞努力量的 HSI 模型倾向于比基于 CPUE 的 HSI 模型表现得好。用于处理 SI 模型的不同方法可导致在 HSI 建模时的不同结果（Chen et al.，2008b）。因此，使用不同的渔业资源数据是必须的，并且在建立 SI 模型时需要考虑其权重。

　　HSI 模型的选择在成功识别最优栖息地中起到了关键作用。除了本节中使用的 GMM 模型，可将 SI 整合成 HSI 模型的其他模型包括算术平均模型（Hess et al.，2000）、最小值模型（Guda et al.，2006）以及在 HSI 建模时不同环境变量分配不同权重的其他模型（Michael et al.，1987）。我们比较了上述 7 个使用环境变量 SST 和 SSHA 得到的 HSI 模型。这项研究表明 GMM 可能不适合用于建立柔鱼栖息地模型，因为其具有较高的 AIC 值（表 2-20）。我们发现 AWM（ $0.3SI_{SST} + 0.7SI_{SSHA}$ ）具有最小的 AIC 值（表 2-20），故其是最优的模型。最优 HSI 模型显示在估算北大西洋中部柔鱼东部秋生群体的 HSI 值时 SSHA 比 SST 更重要。

表 2-20　渔获量百分比或捕捞努力量百分比与不同模型估算的
HSI 值之间线性回归模型参数及 AIC 值

HSI 模型	参数	渔获量百分比	捕捞努力量百分比
MM	c_1	19.65	20.01
	c_2	0.71	-0.01
	AIC	44.71	43.40
GMM	c_1	4.02	4.46
	c_2	31.96	31.08
	AIC	46.16	43.80
$0.0SI_{SST}+1.0SI_{SSHA}$	c_1	5.39	4.72
	c_2	29.23	30.56
	AIC	45.15	44.79
$0.3SI_{SST}+0.7SI_{SSHA}$	c_1	0.80	0.48
	c_2	38.39	39.04
	AIC	42.68	39.35
$0.5SI_{SST}+0.5SI_{SSHA}$	c_1	-1.59	-1.59
	c_2	43.19	43.19
	AIC	46.92	45.44
$0.7SI_{SST}+0.3SI_{SSHA}$	c_1	-2.86	-2.59
	c_2	45.72	45.18
	AIC	42.91	42.29
$1.0SI_{SST}+0.0SI_{SSHA}$	c_1	-4.85	-3.84
	c_2	49.71	47.69
	AIC	43.72	44.51

　　在其他研究中，不同的方法被用于建立鱼类栖息地模型。Chen 等
（2009a）选择 AWM 作为最优 HSI 模型来研究中国东海白腹鲭（*Scomber ja-ponicus*）的栖息地适应性。利用回归树分析，Norcross 等（1997）建立了阿拉斯加比目鱼栖息地适应性的模型，而 Stoner 等（2001）使用广义相加模型来模拟新泽西州冬季比目鱼的分布。Eastwood 等（2001）应用回归分位数和 GIS 程序来模拟欧洲鳎（*S. solea*）产卵栖息地适应性的空间变化。本节中，我们使用简单的 AWM 模型来描述柔鱼的栖息地并利用 AWM 所得到的高栖息地适应性指数（超过 0.6）来预测渔场。这项研究表明在确定最优 HSI 模型时模型比较的重要性。

虽然该模型在分析北太平洋中部水域柔鱼栖息地时只包含了两个环境变量，但是取决于我们对目标物种生活史和生态过程的理解，模型可轻易扩展至包含更多环境变量。本节所使用的方法也可以应用到其他鱼类来鉴定其主要栖息地和空间分布。

第二节　栖息地指数在东南太平洋茎柔鱼资源渔场中的研究

一、利用栖息地指数模型预测秘鲁外海茎柔鱼热点区

根据 2008—2010 年 1—12 月期间我国鱿钓渔船在秘鲁外海的生产数据，结合实时的海表温及海表面高度数据，分别建立以作业次数、单位捕捞努力量渔获量为基础的适应性指数。利用算术平均数模型建立基于海表温和海表面高度的栖息地指数模型，并利用 2011 年生产及环境数据对栖息地指数模型进行验证。结果表明，以作业次数为基础的适应性指数符合正态分布，而以单位捕捞努力量渔获量为基础的适应性指数显著性检验不显著，因此，我们只建立以作业次数为基础的模型。然而，以作业次数为基础的栖息地指数模型都高估了茎柔鱼热点区的范围，但大体范围基本一致，这说明其能较好地预测茎柔鱼的热点区。

（一）材料与方法

1. 数据来源

（1）生产数据采用 2008—2011 年间的中国鱿钓船在东南太平洋的茎柔鱼年生产数据，主要作业海域为 71°—90°W，1°—20°S，数据字段包括日期、船名、经度、纬度、产量、作业次数。其时间分辨率为天。其中，2008—2010 年的数据用于建模，2011 年的数据用于验证。

（2）海洋环境 SST 和 SSH 数据来自美国 OceanWatch 网站，空间分辨率为 0.25°×0.25°，时间分辨率为月。

2. 数据处理

（1）首先对生产数据按月进行分类，然后将分类后的 SST 数据按组距为 1℃进行分组；同样，将分类后的 SSH 数据按组距为 3 cm 进行分组。

（2）作业次数（捕捞努力量）通常被作为代表鱼类出现频率或鱼类利用

情况的指标（Andrade et al.，1999）。CPUE 被作为表示资源密度的指标（Berrand et al.，2002）。因此，利用作业次数、CPUE 分别与 SST、SSH 建立适应性指数（Suitablity index，SI）模型。假设最高作业次数或 CPUE 为茎柔鱼丰度分布最高的海域，并认为其适应性指数 SI 为 1；作业次数或 CPUE 为 0 时，通常被认为是茎柔鱼丰度分布最不适宜的海域，并认定其 SI 为 0。SI 计算公式如下：

$$SI_{ij,\ Net} = \frac{Net_{ij}}{Net_{i,\ max}} \qquad\qquad (2-27)$$

$$SI_{ij,\ CPUE} = \frac{CPUE_{ij}}{CPUE_{i,\ max}} \qquad\qquad (2-28)$$

式中：$SI_{ij,\ Net}$ 为 i 月以作业次数为基础获得的适应性指数；$Net_{i,\ max}$ 为 i 月的最大作业次数（网次）；$SI_{ij,\ CPUE}$ 为 i 月以 CPUE 为基础获得的适应性指数；$CPUE_{i,\ max}$ 为 i 月的最大 CPUE（t/d）。

（3）根据上述公式求出的 SI，计算每月以作业次数和 CPUE 为基础的最适 SST、SSH 的置信区间。公式如下：

$$\overline{SST}_{i,\ Net} = \frac{\sum (SST_i \times SI_i)}{\sum SI_i} \qquad\qquad (2-29)$$

$$s_{i,\ Net} = \sqrt{\frac{\sum [(SST_i - \overline{SST}_{i,\ Net})^2 \times SI_i]}{\sum SI_i}} \qquad\qquad (2-30)$$

其 95% 置信区间为：

$$\left(\overline{SST}_{i,\ Net} - 1.96 \times \frac{s_{i,\ Net}}{\sum SI_i},\ \overline{SST}_{i,\ Net} + 1.96 \times \frac{s_{i,\ Net}}{\sum SI_i}\right) \qquad (2-31)$$

式中：$\overline{SST}_{i,\ Net}$ 为 i 月以作业次数为基础的平均 SST；SST_i 为各温度范围的中间值；SI_i 为各温度范围的适应性指数；$s_{i,\ Net}$ 为 i 月以作业次数为基础的温度的标准差。同样的，我们也可以求出其他 3 种情况下的 95% 置信区间。

（4）利用正态函数建立 SST、SSH 和 SI 之间的关系模型，并利用 DPS 软件求解。通过模型将 SST、SSH 和 SI 的离散变量关系转化为连续随机变量关系。

（5）利用算术平均法模型（Arithmetic Mean Model）计算得到栖息地综合指数 HSI。HSI 值在 0（不适宜）到 1（最适宜）之间变化。计算公式如下：

$$HSI = \frac{1}{2}(SI_{SST} + SI_{SSH}) \qquad (2-32)$$

式中：SI_{SST} 和 SI_{SSH} 分别为 SI 与 SST、SI 与 SSH 的适应性指数。

（6）比较以 CPUE 为基础的 HSI 和以作业次数为基础的 HSI 之间的不同，并利用 2011 年 1—12 月 HSI 值与实际作业渔场比较验证，探讨预测热点区的可行性。其技术路线见图 2-34。

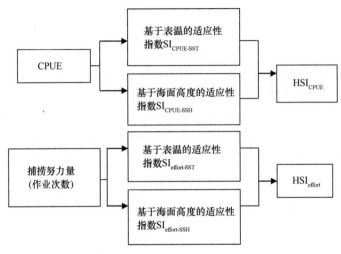

图 2-34　HSI 计算示意图

（二）结果

1. 作业次数、CPUE 与 SST、SSH 的关系

1 月份，作业次数主要分布在 SST 为 22~25℃ 和 SSH 为 22~31 cm 的海域，分别占总作业次数的 82.3% 和 78.9%，其对应的 CPUE 范围分别是 4.72~6.35 t/d 和 5.27~5.76 t/d（图 2-35 和图 2-36）；2 月份，作业次数主要分布在 SST 为 24~26℃ 和 SSH 为 22~28 cm 的海域，分别占总作业次数的 84.0% 和 77.0%，其对应的 CPUE 范围分别是 4.30~4.68 t/d 和 4.52~4.75 t/d（图 2-35 和图 2-36）；3 月份，作业次数主要分布在 SST 为 25~27℃ 和 SSH 为 25~31 cm 的海域，分别占总作业次数的 63.2% 和 80.6%，其对应的 CPUE 范围分别是 3.91~4.48 t/d 和 3.22~4.54 t/d（图 2-35 和图 2-36）；4 月份，作业次数主要分布在 SST 为 23~25℃ 和 SSH 为 22~28 cm 的海域，分别占总作业次数的 75.3% 和 72.2%，其对应的 CPUE 范围分别是 4.32~4.99 t/d 和 3.13~4.26 t/d（图 2-35 和图 2-36）；5 月份，作业次数主要分布在 SST 为 21~23℃ 和 SSH

为 16~25 cm 的海域，分别占总作业次数的 87.5% 和 68.8%，其对应的 CPUE 范围分别是 3.46~4.41 t/d 和 3.38~3.52 t/d（图 2-35 和图 2-36）；6 月份，作业次数主要分布在 SST 为 19~21℃ 和 SSH 为 25~31 cm 的海域，分别占总作业次数的 75.3% 和 68.9%，其对应的 CPUE 范围分别是 5.05~5.55 t/d 和 5.45~5.93 t/d（图 2-35 和图 2-36）；7 月份，作业次数主要分布在 SST 为 17~19℃ 和 SSH 为 25~34 cm 的海域，分别占总作业次数的 80.0% 和 60.0%，其对应的 CPUE 范围分别是 4.75~5.80 t/d 和 3.89~5.90 t/d（图2-35和图2-

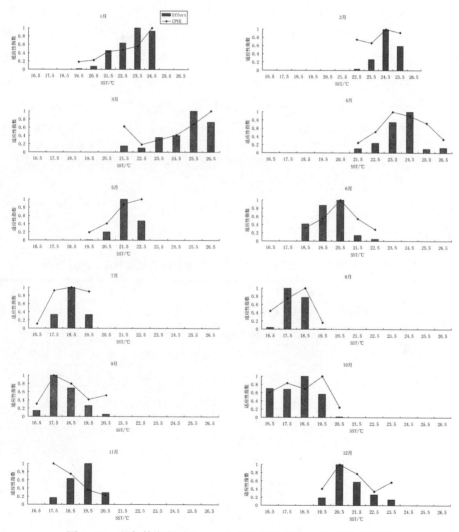

图 2-35　秘鲁外海茎柔鱼 1—12 月以作业次数、CPUE 为基础的
适应性指数各自与 SST 的关系

36）；8月份，作业次数主要分布在 SST 为 17~19℃和 SSH 为 22~31 cm 的海域，分别占总作业次数的 97.2%和 91.4%，其对应的 CPUE 范围分别是 5.08~6.02 t/d 和 4.88~6.43 t/d（图 2-35 和图 2-36）；9月份，作业次数主要分布在 SST 为 17~19℃和 SSH 为 22~28 cm 的海域，分别占总作业次数的 78.5%和 72.4%，其对应的 CPUE 范围分别是 4.62~6.24 t/d 和 5.34~5.41 t/d（图 2-35 和图 2-36）；10月份，作业次数主要分布在 SST 为 16~19℃和 SSH 为 22~28 cm 的海域，分别占总作业次数的 80.2%和 95.9%，其对应的 CPUE 范围分别是 4.77~7.80 t/d 和 5.75~6.65 t/d（图 2-35 和图 2-36）；11月份，作业次数主要分布在 SST 为 18~20℃和 SSH 为 19~25 cm 的海域，分别占总作业次数的 78.2%和 80.0%，其对应的 CPUE 范围分别是 4.50~5.33 t/d 和 4.78~5.33 t/d（图 2-35 和图 2-36）；12月份，作业次数主要分布在 SST 为 20~22℃和 SSH 为 25~34 cm 的海域，分别占总作业次数的 72.8%和 65.9%，其对应的 CPUE 范围分别是 5.51~8.93 t/d 和 4.95~7.19 t/d（图 2-35 和图 2-36）。

2. 利用 SI 计算最适 SST 和 SSH

根据求出的 SI，计算每月以 CPUE、作业次数的适应性指数为基础的最适 SST、SSH 的范围，见表 2-21。

表 2-21　以 CPUE、作业次数的适应性指数为基础的最适 SST、SSH 范围

	SST 最适范围/℃		SSH 最适范围/cm	
	作业次数	CPUE	作业次数	CPUE
1月	21.9~24.5	21.1~24.7	21.5~29.2	20.9~31.6
2月	23.6~25.6	22.9~25.3	22.7~30.1	21.5~29.5
3月	23.4~~26.7	22.5~26.6	23.8~31.5	22.9~32.8
4月	22.6~25.5	22.8~25.9	20.8~30.3	20.4~32.3
5月	20.7~22.6	20.4~22.7	18.8~28.8	21.7~34.5
6月	18.8~21.0	19.1~21.8	22.8~30.6	23.0~31.4
7月	17.5~19.5	17.4~19.4	20.5~30.8	18.1~31.3
8月	17.1~18.7	16.8~19.0	23.6~30.3	23.9~31.8
9月	16.8~19.3	16.5~19.7	20.8~27.7	20.7~29.6
10月	16.8~19.2	17.0~19.7	22.3~27.4	22.3~29.0
11月	18.1~20.3	17.2~19.7	20.0~25.9	19.0~28.2
12月	19.8~22.5	19.9~22.8	21.4~31.5	16.5~27.7

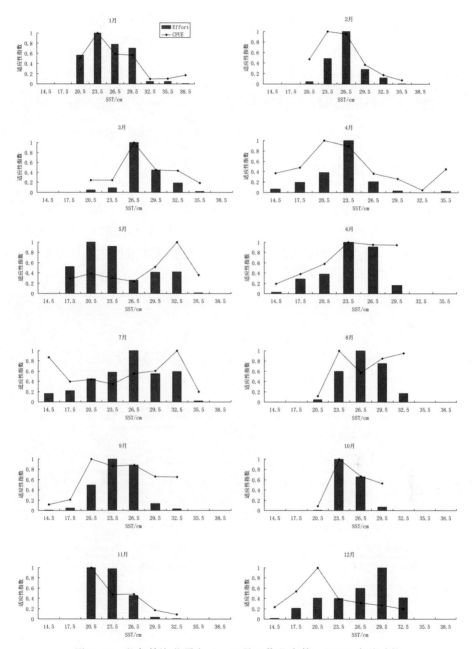

图 2-36　秘鲁外海茎柔鱼 1—12 月以作业次数、CPUE 为基础的
适应性指数各自与 SSH 的关系

3. SI 曲线拟合及其模型建立

利用正态和偏正态曲线模型分别对以作业次数和 CPUE 为基础的 SI 与 SST、SSH 进行拟合（图 2-35 和图 2-36）。我们发现，以作业次数为基础的 SI 与 SST、SSH 拟合的方程全部通过了显著性检验（$P<0.05$），而以 CPUE 为基础的 SI 与 SST、SSH 拟合的方程只有部分通过了显著性检验（$P<0.05$）（表 2-22）。

表 2-22　以作业次数、CPUE 为基础的茎柔鱼适应性指数

	作业次数为基础		CPUE 为基础	
	适应性指数方程	P 值	适应性指数方程	P 值
1 月	$SI_{SST}=exp\ (-0.176\ 1\ (X_{SST}-23.90)^2)$	0.000 2	$SI_{SST}=exp\ (-0.040\ 5\ (X_{SST}-26.49)^2)$	0.004 9
	$SI_{SSH}=exp\ (-0.028\ 6\ (X_{SSH}-24.82)^2)$	0.000 5	$SI_{SSH}=exp\ (-0.034\ 1\ (X_{SSH}-24.4)^2)$	0.008 8
2 月	$SI_{SST}=exp\ (-0.863\ 2\ (X_{SST}-24.71)^2)$	0.001 8	$SI_{SST}=exp\ (-0.016\ 1\ (X_{SST}-27.24)^2)$	0.277 1
	$SI_{SSH}=exp\ (-0.105\ 3\ (X_{SSH}-26.1)^2)$	0.000 1	$SI_{SSH}=exp\ (-0.038\ 3\ (X_{SSH}-24.8)^2)$	0.000 3
3 月	$SI_{SST}=exp\ (-0.370\ 9\ (X_{SST}-25.72)^2)$	0.000 5	$SI_{SST}=exp\ (-0.019\ 4\ (X_{SST}-29.90)^2)$	0.153 1
	$SI_{SSH}=exp\ (-0.144\ 9\ (X_{SSH}-27.16)^2)$	0.001 2	$SI_{SSH}=exp\ (-0.067\ 8\ (X_{SSH}-27.16)^2)$	0.130 6
4 月	$SI_{SST}=exp\ (-0.733\ 5\ (X_{SST}-24.08)^2)$	0.010 8	$SI_{SST}=exp\ (-0.180\ 7\ (X_{SST}-24.22)^2)$	0.000 8
	$SI_{SSH}=exp\ (-0.132\ (X_{SSH}-26.12)^2)$	0.000 1	$SI_{SSH}=exp\ (-0.029\ 1\ (X_{SSH}-24.49)^2)$	0.019 8
5 月	$SI_{SST}=exp\ (-1.118\ 6\ (X_{SST}-21.68)^2)$	0.001 3	$SI_{SST}=exp\ (-0.241\ 7\ (X_{SST}-22.31)^2)$	0.006 4
	$SI_{SSH}=exp\ (-0.026\ 5\ (X_{SSH}-21.72)^2)$	0.034 9	$SI_{SSH}=exp\ (-0.079\ (X_{SSH}-32.07)^2)$	0.386 5
6 月	$SI_{SST}=exp\ (-0.518\ 5\ (X_{SST}-19.93)^2)$	0.007 7	$SI_{SST}=exp\ (-0.399\ 3\ (X_{SST}-20.47)^2)$	0.028 9
	$SI_{SSH}=exp\ (-0.050\ 8\ (X_{SSH}-27.43)^2)$	0.002 9	$SI_{SSH}=exp\ (-0.011\ 6\ (X_{SSH}-29.68)^2)$	0.000 4
7 月	$SI_{SST}=exp\ (-1.099\ (X_{SST}-18.50)^2)$	0.000 1	$SI_{SST}=exp\ (-0.267\ 4\ (X_{SST}-18.64)^2)$	0.089 3
	$SI_{SSH}=exp\ (-0.024\ 8\ (X_{SSH}-26.49)^2)$	0.007 2	—	—
8 月	$SI_{SST}=exp\ (-1.002\ 7\ (X_{SST}-17.89)^2)$	0.027 7	$SI_{SST}=exp\ (-0.527\ 1\ (X_{SST}-17.98)^2)$	0.092 3
	$SI_{SSH}=exp\ (-0.051\ 3\ (X_{SSH}-26.92)^2)$	0.000 9	$SI_{SSH}=exp\ (-0.005\ (X_{SSH}-34.26)^2)$	0.219 1
9 月	$SI_{SST}=exp\ (-0.741\ 4\ (X_{SST}-17.88)^2)$	0.001 2	$SI_{SST}=exp\ (-0.219\ 7\ (X_{SST}-18.06)^2)$	0.279
	$SI_{SSH}=exp\ (-0.054\ 1\ (X_{SSH}-24.31)^2)$	0.000 1	$SI_{SSH}=exp\ (-0.014\ 1\ (X_{SSH}-25.39)^2)$	0.014 4
10 月	$SI_{SST}=exp\ (-0.268\ 2\ (X_{SST}-17.96)^2)$	0.050 6	$SI_{SST}=exp\ (-0.185\ 1\ (X_{SST}-18.29)^2)$	0.215 6
	$SI_{SSH}=exp\ (-0.126\ 5\ (X_{SSH}-24.55)^2)$	0.025 1	$SI_{SSH}=exp\ (-0.056\ 9\ (X_{SSH}-25.24)^2)$	0.198 1
11 月	$SI_{SST}=exp\ (-0.739\ (X_{SST}-19.25)^2)$	0.008 8	$SI_{SST}=exp\ (-0.152\ 9\ (X_{SST}-17.09)^2)$	0.008 6
	$SI_{SSH}=exp\ (-0.038\ 3\ (X_{SSH}-21.87)^2)$	0.001	$SI_{SSH}=exp\ (-0.011\ 1\ (X_{SSH}-17.18)^2)$	0.014 1
12 月	$SI_{SST}=exp\ (-0.852\ 2\ (X_{SST}-20.78)^2)$	0.020 6	$SI_{SST}=exp\ (-0.264\ 5\ (X_{SST}-21.02)^2)$	0.450 6
	$SI_{SSH}=exp\ (-0.035\ 2\ (X_{SSH}-28.36)^2)$	0.041 9	$SI_{SSH}=exp\ (-0.058\ 2\ (X_{SSH}-20.25)^2)$	0.042 3

4. HSI 模型分析及验证

由于 CPUE 存在不显著的模型，因此我们只建立作业次数为基础的模型。根据拟合的以作业次数为基础的适应性指数方程，我们以 AMM 模型计算了

2011 年 1—12 月 HSI（表 2-23）。由计算可知，当 HSI 在 0.6 以上时，产量比重占 48%，作业次数占 46%，CPUE 为 5.23~5.76 t/d。

表 2-23　基于 HSI 的 2011 年 1—12 月产量比重、作业次数比重和 CPUE 统计分布

栖息地指数	HSI-Effort		
	产量比重/%	作业次数比重/%	CPUE/（t/d）
0~0.1	0.06	0.05	7.21
0.1~0.2	0.06	0.06	4.94
0.2~0.3	0.06	0.06	4.66
0.3~0.4	0.07	0.07	4.69
0.4~0.5	0.13	0.14	5.06
0.5~0.6	0.14	0.15	5.98
0.6~0.7	0.14	0.13	5.76
0.7~0.8	0.13	0.13	5.46
0.8~0.9	0.12	0.12	5.41
0.9~1.0	0.09	0.09	5.23

利用 HSI 模型，根据 2011 年 1—12 月 SST 和 SSH 值，分别计算各月的 HSI 值，然后找出茎柔鱼的热点区，并分别与实际渔获量情况进行比较（表 2-24）。结果表明，利用 HSI 值预测的热点区比实际热点区范围大。

表 2-24　模拟热点区与实际热点区的比较

	渔获量热点区	
	模拟热点区	实际热点区
1 月	78°—84°W，11°—18°S	79°—82°W，15°—18°S
2 月	78°—84°W，11°—18°S	79°—83°W，15°—18°S
3 月	78°—83°W，11°—18°S	79°—84°W，14°—19°S
4 月	79°—84°W，14°—17°S	79°—84°W，14°—18°S
5 月	76°—84°W，14°—19°S	78°—83°W，14°—18°S
6 月	79°—84°W，11°—18°S	79°—83°W，14°—18°S
7 月	78°—84°W，14°—19°S	78°—82°W，14°—19°S
8 月	79°—84°W，10°—18°S	79°—82°W，14°—19°S
9 月	78°—86°W，10°—20°S	80°—83°W，15°—19°S
10 月	78°—89°W，9°—18°S	81°—83°W，10°—18°S
11 月	79°—84°W，10°—18°S	81°—83°W，10°—18°S
12 月	76°—84°W，10°—18°S	82°—84°W，16°—19°S

(三) 讨论

1. 茎柔鱼分布与海洋环境的关系

茎柔鱼资源分布主要受加利福尼亚海流、秘鲁海流和赤道逆流的影响，它主要分布在秘鲁海流的上升流区，在 SST 为 16~27℃、SSH 为 13~37 cm 的范围内的产量比较高，特别是在 SST 为 18~24℃、SSH 为 19~31 cm 的范围内更加密集。对温度的这一分析与 Taipe A 等 (2001) 分析的一致，但比陈新军等 (2005) 所分析的温度范围要偏高。这可能是不同年份数据的整合所造成的。7—11 月，最适 SST 范围在 17~20℃，其他月份，最适 SST 范围基本在 20℃ 以上 (表 2-21)。上述趋势在以 CPUE、作业次数为基础的模型中都存在，这可能与季节有关。但类似的趋势却没有在 SSH 的分析中发现，这说明 SSH 随季节变化的关系不大。目前，有关茎柔鱼与 SSH 关系的文章鲜有报道，根据本节的研究结果，我们可以基本认为 SST 不是影响茎柔鱼分布的主导因子。

2. 茎柔鱼适应性指数分析

根据 SI 模型，茎柔鱼的捕捞努力量与 SST、SSH 大都存在正态分布关系 ($P<0.05$)，而 CPUE 与 SST、SSH 没有明显的正态分布关系。与 SST 的这一正态关系在研究其他鱼类和柔鱼类时也得到证实 (Eastwood et al.，2001；Zainuddin et al.，2006；Chen et al.，2010)。另外，以作业次数为基础的 SI 值与以 CPUE 为基础的 SI 值有差异，产生的原因可能有 (陈新军等，2012)：1) 作业渔船分布多的海区，其资源量不一定是最高的，有可能渔船未在中心渔场作业；2) 作业渔船多的海区，由于渔船间的相互影响，导致平均日产量出现下降；反之，在作业渔船少的海区，其平均日产量则较高。因此，在本研究中我们要找到两种方法中更适合预测热点区的方法。我们将实际的茎柔鱼分布热点区与以作业次数为基础模拟的热点区进行对比，发现以作业次数为基础模拟的热点区比实际热点区的范围大，但能预测出茎柔鱼分布的大致范围。这与 Tian 等 (2009) 得到的结论一致。根据得到的适应性指数方程，我们发现以作业次数为基础的适应性指数方程均符合正态或偏正态分布，而以 CPUE 为基础的适应性指数方程只有部分符合正态或偏正态分布 (表 2-22)。这与陈新军等 (2012) 对大西洋阿根廷滑柔鱼的研究所得到的 CPUE 与 SST 间存在着正态分布关系的结论有所不同，可能是由于种类和分布区域的不同导致的。

3. HSI 模型的改善

本研究所建立的 HSI 模型只考虑到两个环境因子，这样得到的精确度可能是有限的，因此，今后需要将更多的因子考虑进去，来建立新的模型。茎柔鱼有昼夜垂直移动的现象（Taipe et al.，2001），深层水温和温跃层的有无也是今后寻找热点区的指标。此外，叶绿素浓度、盐度等也影响到茎柔鱼的资源分布，同时，可以根据实时海洋环境数据对茎柔鱼的实况进行模拟分析，为鱿钓渔业生产提供可靠的科学依据。

二、基于栖息地指数的智利外海茎柔鱼渔场预报模型优化

根据 2010—2013 年 3—5 月渔汛期间智利外海茎柔鱼生产统计数据以及海表面温度（SST）、海表面盐度（SSS）、海表面高度（SSH）、叶绿素浓度（Chl-a），以外包络法建立基于作业努力量和 CPUE 的各环境变量适应性指数（SI）。以 SST 作为建立 SI 的基准因子，采用算术平均法构建栖息地综合适应性指数模型（HSI），并选择最优栖息地指数模型，以用于茎柔鱼渔场预报，并利用 2013 年智利外海茎柔鱼生产数据进行验证。结果表明，以 SST 和 SSS 为因变量构建的 HSI 模型为最佳，且基于作业努力量的 HSI 模型要好于基于 CPUE 的 HSI 模型。以捕捞努力量为 SI 指标、基于 SST 和 SSS 为因子的 HSI 模型能较好预报智利外海茎柔鱼渔场。

（一）材料与方法

1. 数据来源

商业捕捞数据来源于上海海洋大学鱿钓技术组，时间为 2010—2013 年 3—5 月，数据信息包括作业经纬度、作业时间和渔获量，作业渔船共 14 条，总作业次数为 3 509 次，时间分辨率为天。

海洋环境数据包括海表面温度（SST），海表面叶绿素浓度（Chl-a），海表面高度（SSH），海表面盐度（SSS）。SST、SSH 和 Chl-a 的数据来源于 OCEANWATCH 网站（http：//oceanwatch. pifsc. noaa. gov/las/servlets/index），海表面盐度（SSS）数据来源于哥伦比亚大学网站（http：//iridl. ldeo. columbia. edu/SOURCES/. NO olumbia. edu/SOURCES/. NOAA/. NCEP/. EMC/. CMB/. GODAS/. monthly/. BelowSeaLevel/. SALTY/dataselection. html）。SST、SSS、SSH 和 Chl-a 数据的空间分辨率分别为 0. 1°×0. 1°，0. 33°×1°，0. 25°×0. 25°，0. 25°×0. 25°；时间分辨率均为月。

2. 数据处理

将生产数据和环境数据分别处理成时间分辨率为月，空间分辨率为 1°×1°的数据。计算单位捕捞努力量渔获量（CPUE），计算公式为：

$$CPUE = 总渔获量/作业总次数$$

3. 栖息地适应性指数建模

（1）作业次数可以代表鱼类出现或鱼类利用情况的指标（Andrade 和 Carlos，1999），单位捕捞努力量渔获量（CPUE）可作为渔业资源密度指标（Bertrand et al.，2002）。本研究分别利用作业次数和 CPUE 与 SST，SSS，SSH 和 Chl-a 建立适应性指数（SI）模型（SI-net 和 SI-cpue），并进行比较。

本研究假定每月中最高作业次数 N_{max} 和 C_{max} 为智利外海茎柔鱼资源分布最多的海域，SI 为 1；作业次数为 0 时，则认为茎柔鱼资源分布很少的海域，SI 为 0（Mohri，1999）。以作业次数和 CPUE 为基础分别与 SST，SSS，SSH 和 Chl-a 建立单因子的 SI 模型，计算公式为：

$$Is_{(i,NET)} = N_{ij}/N_{i,max}, \quad Is_{(i,CPUE)} = C_{ij}/C_{i,max} \qquad (2-33)$$

式中：$Is_{(i,NET)}$ 为 i 月以作业次数为基础获得的适应性指数；$N_{i,max}$ 为 i 月作业区中的最大作业次数；$Is_{(i,CPUE)}$ 为 i 月以 CPUE 为基础求得的适应性指数；$C_{i,max}$ 为 i 月的最大 CPUE。根据外包络法绘制作业次数对 SST，SSS，SSH 和 Chl-a 的 SI 曲线。

（2）由于水温是影响鱼类资源分布和渔场形成的重要因素之一（邵帼瑛和张敏，2006；Santos et al.，2006；陈新军，2004），故我们将 SST 的 SI 作为模型的保留项，与 SSH，SSS 和 Chl-a 的 SI 进行排列组合。利用算术平均法计算每月的栖息地适应性指数 HSI（陈新军等，2009），共得到 48 个模型，I_{hs} 在 0~1 之间变化，0 代表不适宜，1 代表最适宜。计算公式如下：

$$I_{hs} = \sum Is_{(x)}/n \qquad (2-34)$$

式中：$Is_{(x)}$ 分别代表 SST、SSS、SSH 和 Chl-a 的适应性指数，n 表示参与计算的 Isi 个数。

4. HSI 模型比较及验证

根据上述建立的栖息地适应性指数模型，分别求算 3—5 月份的 HSI 值，并将其划分为 0~0.2，0.2~0.4，0.4~0.6，0.6~0.8 和 0.8~1.0 五个等级（余为和陈新军，2012），分别统计各等级内的累积作业次数和累积产量，并计算其比率。利用 Marine Explorer 4.0 绘制 HSI 空间分布图，并与实际作业次数和产量进行叠加，以验证该模型在渔场预报中的可行性。假定认为，在 HSI 大于 0.6 的海域，被认为是鱼类较为适宜的栖息海域，也可认为是中心渔场的分布海区（余为和陈新军，2012）。

（二）结果

1. SI 曲线分布及最适环境范围

利用外包络法绘制 SI 曲线，其分布图见图 2-37。从图 2-37 可知，基于 CPUE 的茎柔鱼中心渔场各月环境因子的适宜范围为：3 月份的 SST、SSH、Chl-a 和 SSS 分别为 19.8～22℃，12～27 cm，0.15～0.19 mg/m³ 和 35.0～35.2；4 月份的 SST、SSH、Chl-a 和 SSS 分别为 17.5～20.5℃，11.5～20.5 cm，0.21~0.33 mg/m³和34.3~34.8；5 月份的 SST、SSH、Chl-a 和 SSS 分别为 16.8~18.5℃，16.5~20.8 cm，0.22~0.34 mg/m³和 34.2~34.8。基于作业次数的茎柔鱼中心渔场各月适宜环境因子范围为：3 月份的 SST、SSH、Chl-a 和 SSS 分别为 20~22℃，17~27 cm，0.15~0.23 mg/m³和 34.6~34.9；4 月份的 SST、SSH、Chl-a 和 SSS 分别为 18~20℃，14~22.5 cm，0.21~0.39 mg/m³和34.4~34.9；5 月份的 SST、SSH、Chl-a 和 SSS 分别为 16~19℃，17~22.5 cm，0.10~0.34 mg/m³和 34.6~35.1。

2. HSI 模型比较

通过对构建的 48 个 HSI 模型统计分析发现（表 2-25），在基于 CPUE 建立的 HSI 模型中，以 SST 和 SSS 为环境变量的 HSI 模型为最佳，栖息地指数大于 0.6 海区的产量和作业次数比率分别为总量的 69.70% 和 65.26%；在基于作业次数建立的 HSI 模型中，同样也是以 SST 和 SSS 为环境变量的 HSI 模型为最佳，栖息地指数大于 0.6 海区的产量和作业次数比率分别占总量的 69.51% 和 68.61%，但无论是哪个模型，基于作业次数的 HSI 模型中 HSI 大于 0.6 海区的平均 CPUE 都小于基于 CPUE 的 HSI 模型中的平均 CPUE。

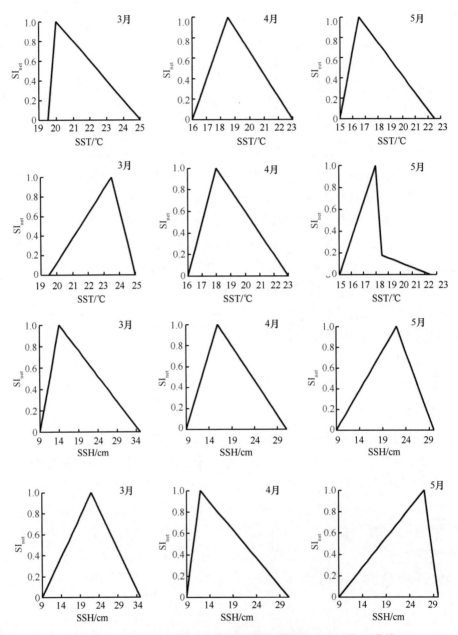

图2-37　2010—2012年3—5月基于作业次数和CPUE的SI曲线

(SST：17代表16.5~17.5；SSH：15代表14.5~15.5；Chl-a：25代表24.5~25.5；

SSS：34.4代表34.35~34.55)

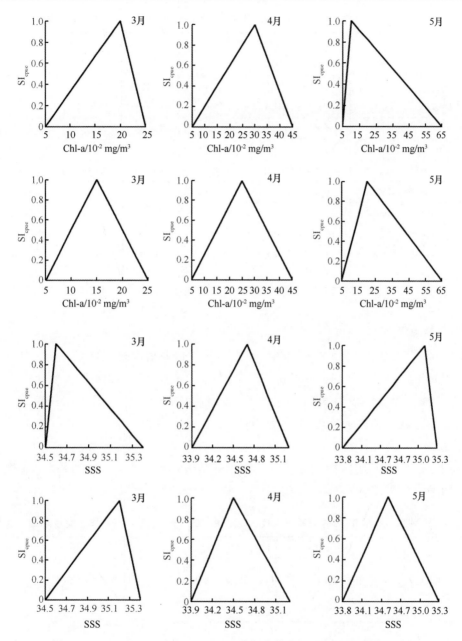

图 2-37　2010—2012 年 3—5 月基于作业次数和 CPUE 的 SI 曲线（续）

（SST：17 代表 16.5~17.5；SSH：15 代表 14.5~15.5；Chl-a：25 代表 24.5~25.5；

SSS：34.4 代表 34.35~34.55）

表 2-25　基于 SSS、SST、SSH 和 Chl-a 环境因子建立的不同 HSI 模型的比较

HSI 模型	基于 CPUE 的 HSI 模型 (HSI>0.6)			基于作业次数的 HSI 模型 (HSI>0.6)		
	产量比率 /%	作业次数 比率/%	平均 CPUE/t/d	产量比率 /%	作业次数 比率/%	平均 CPUE/t/d
SST	56.83	53.54	1.00	59.59	58.86	0.39
SST+SSH	67.47	66.74	1.75	63.06	66.20	0.49
SST+Chl-a	55.67	53.59	0.99	69.34	66.03	0.95
SST+SSS	69.70	65.26	1.02	69.51	68.61	0.34
SST+Chl-a+SSH	54.26	53.03	0.84	57.81	57.46	0.81
SST+SSS+SSH	69.51	65.72	1.43	65.48	66.53	0.37
SST+SSS+Chl-a	65.52	62.16	0.94	67.88	66.76	0.64
SST+SSS+SSH+Chl-a	63.91	60.69	1.62	65.76	63.29	0.32

3. 实证分析

计算 2013 年 3—5 月的 HSI 值，并与实际作业情况进行比较分析。从表 2-26 和图 2-38 可知，3 月份 HSI 值大于 0.6 海域，其作业次数比率为 67.34%，产量比率为 58.41%，平均 CPUE 为 2.91 t/d；4 月份 HSI 值大于 0.6 的海域，其作业次数比率为 100%，产量比率为 100%，平均 CPUE 为 1.83 t/d；5 月份作业渔场主要分布在 HSI 值为 0.4~0.6 的海域，平均 CPUE 为 4.54 t/d。从图 2-38 可知，3—5 月 HSI 值为 0~0.2 海域，鱿钓船基本上没有生产。

表 2-26　2013 年 3—5 月基于 SST 和 SSS 的 HSI 计算值及产量和作业次数比率

HSI	3 月			4 月			5 月		
	产量比率 /%	作业次数 比率/%	平均 CPUE /t/d	产量比率 /%	作业次数 比率/%	平均 CPUE /t/d	产量比率 /%	作业次数 比率/%	平均 CPUE /t/d
0~0.2	0.00	0.00	0	0.00	0.00	0	0.00	0.00	0
0.2~0.4	7.43	6.27	3.97	0.00	0.00	0	18.43	20.00	3.73
0.4~0.6	34.16	26.38	4.34	0.00	0.00	0	81.57	72.73	4.54
0.6~0.8	58.41	67.34	2.91	20.99	12.83	3	0.00	5.45	0
0.8~1	0.00	0.00	0	79.01	87.17	1.66	0.00	1.82	0

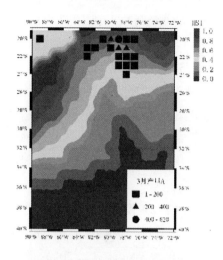
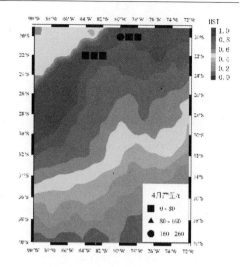
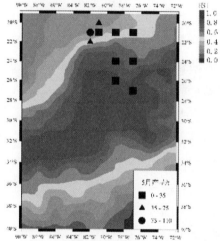

图 2-38　2013 年 3—5 月份 HSI 值与实际产量分布图

（三）讨论与分析

　　茎柔鱼是一种广适盐性和广适温性的海洋动物。从本研究中可以看出，智利外海茎柔鱼的分布范围大致为 20°S—40°S、74°W—84°W，主要是分布在秘鲁寒流的流经区域。秘鲁寒流在智利南端的 36°S 以北所产生的强大的上升流，将下层硝酸盐、磷酸盐类营养物质携带到上层，为浮游植物提供充足的无机盐，使其大量繁殖，从而为智利外海茎柔鱼摄食提供充足的饵料来源，有利于智利外海茎柔鱼在该海域范围内进行繁殖生长。

　　本研究利用算术平均法结合 SST、SSS、SSH 和 Chl-a 建立了基于作业次数和 CPUE 的 48 个 HSI 模型，通过比较发现，以 SST 和 SSS 为因变量的 HSI 模型为最优，这也充分证明了与秘鲁寒流息息相关的 SST 和 SSS 是影响智利外海茎柔鱼分布的主要因素。利用 2013 年 3—5 月遥感数据和生产渔获数据实证分析认为，3 月和 4 月在 HSI 值大于 0.6 的海域，其捕捞产量比率和作业次数比率均超过 55%，尤其是在 4 月份，其作业次数和产量的比率均达到 100%。但是在 5 月份，其渔获产量主要来自于 HSI 为 0.4~0.6 的海域，渔获量为 181.5 t，而 HSI 值大于 0.6 的海域比率则比较小，这说明我国鱿钓船的作业海域有可能不是分布在茎柔鱼高度密集的分布区。

　　本研究认为，基于作业次数和 CPUE 所建立的 HSI 模型（表 2-26）所获得的结果是有所差异的，这说明尽管作业次数和 CPUE 均可以作为表征栖息地指数的特征指标，但是不同的种类是有所差异的（Tian et al.，2009；陈新军等，2009；余为和陈新军，2012），同时在建模过程中发现，基于作业次数的 HSI 模型中 HSI 大于 0.6 海区的平均 CPUE 都小于基于 CPUE 的 HSI 模型中的平均 CPUE，这可能是跟茎柔鱼的快速游动有关，即使是在茎柔鱼集群区投网，由于其应激反应及游速较快，最终的捕捞产量并未是最大的，这也从侧面证明基于作业次数与环境因子建立栖息地适应性模型较 CPUE 更为准确。

　　以下问题需要在今后的模型建立过程中加以完善和考虑：1）茎柔鱼是一种短生命周期的种类，不同月份下所处生活史阶段会有所不同，不同的生活史阶段所适应的环境因子也会有所不同，为此后续研究需要考虑求解 HSI 值时根据不同月份赋予不同环境因子不同权重；2）月的时间分辨率和 1°×1° 的空间分辨率也许忽略了时空因子对栖息地指数的影响；3）智利外海的茎柔鱼分布区具有明显的区域差异，南部区域低温低盐，而北部区域则相对来说高温高盐，已有研究发现智利外海茎柔鱼的主要分布也是分为南北两个区域（钱卫国等，2008），今后需要根据海况特征，尝试分区域建立多个栖息地指数模型。总之，今后还需要结合基于长时间序列智利外海茎柔鱼数据，开发出一种不同月份下准确度较高的智利外海茎柔鱼渔场预报模型。

三、利用栖息地适宜指数分析秘鲁外海茎柔鱼渔场分布

（一）材料

1. 渔获数据

渔获数据来自上海海洋大学鱿钓技术组，时间为 2003 年 1 月—2007 年 12

月。作业范围为 6°—20°S 和 75°—87°W。

2. 环境数据

环境数据包括 SST、SSTA、SSS，以大地为基准面（指平均海平面通过大陆延伸勾画出的一个封闭连续的封闭曲面）的 SSH，Chl-a 和水温垂直结构。SST、SSTA、SSS、SSH 和水温垂直结构数据来自据来源为哥伦比亚大学网站（http：//iridl. ldeo. columbia. edu），SST、SSTA 数据空间分辨率为 1°×1°，SSS、SSH 数据空间分辨率为 1°×0. 33°，水温垂直结构分辨率为 1. 5°×1°。Chl-a 数据来源为 OceanWatch LAS 网站（http：//oceanwatch. pifsc. noaa. gov/las/servlets/constrain？var=10），空间分辨率为 0. 2°×0. 1°。

（二）方法

1. 数据预处理

1）渔获数据

将 1°×1°范围内的每天渔获量进行累加成月渔获量，再计算 1°×1°范围内单船平均日产量（CPUE），单位为 t/d。

2）环境数据

（1）SSS、SSH 和 Chl-a 处理成空间分辨率 1°×1°的数据。

（2）据 SST 计算 SST 水平梯度（用 Grad 表示，单位℃/°），渔区（i，j）的 Grad 采用以下 3 种模式计算：

差值绝对值的最大值（$Grad_{\max(i, j)}$）：

$$Grad_{\max(i, j)} = \mathrm{Max}(|T_{i+m, j+n} - T_{i, j}|)\ m,\ n = -1,\ 0,\ 1$$

差值绝对值的平均值（$D_{mean(i, j)}$）：

$$Grad_{mean(i, j)} = \frac{1}{8} \sum (|T_{i+m, j+n} - T_{i, j}|)\ m,\ n = -1,\ 0,\ 1$$

差值平方之和的平方根（$D_{square(i, j)}$）：

$$Grad_{square(i, j)} = \sqrt{\sum (T_{i+m, j+n} - T_{i, j})^2}\ \ \ \ m,\ n = -1,\ 0,\ 1$$

式中：$T_{i, j}$ 表示 3°×3°区域内中心点渔区的水温；$T_{i+m, j+n}$ 分别表示周围 8 个栅格的水温。

鱼类资源分布与海洋环境因子关系密切，通常认为渔获量与其对应的环境因子呈现出正态分布，文中利用正态函数来拟合 Grad 与产量的关系，利用相关系数来比较 3 种 Grad 与产量的拟合情况，从而获得最适的 Grad。

（3）用 Sufer8.0 绘制水温垂直剖面图，分析中心渔场的水温垂直结构。

3）CPUE 和时空及环境因子的关系

分析各月、经纬度、环境因子与产量、CPUE 的关系，绘制产量、CPUE 的时空分布图。

2. 主成分分析法

1）主成分分析法原理

主成分分析是利用数学上处理降维的思想，将实际问题中的多个指标设法重新组合成一组新的少数几个综合指标来代替原来指标的一种多元统计方法。通常把转化生成的综合指标称为主成分，其中每个主成分都是原始变量的线性组合，且各个主成分之间互不相关，还要尽可能多地反映原来指标的信息。这样在研究多指标统计分析中，就可以只考虑少数几个主成分同时也不会损失太多的信息，并从原始数据中进一步提取了某些新的信息，因此在实际问题的研究中，这种既减少了变量的数目又抓住了主要矛盾（赵海霞和武建，2009）。

假定有 n 个样本，每个样本共有 p 个指标（变量）描述，这样就构成了一个 $n \times p$ 阶的数据资料矩阵：

$$X = (X_1, \ X_2, \ \cdots, \ X_p) = \begin{bmatrix} X_{11} & X_{12} & \cdots & X_{1p} \\ X_{21} & X_{22} & \cdots & X_{2p} \\ \vdots & \vdots & \vdots & \vdots \\ X_{n1} & X_{n2} & & X_{np} \end{bmatrix}$$

其中：

$$X_1 = \begin{bmatrix} X_{11} \\ X_{12} \\ \vdots \\ X_{n1} \end{bmatrix}$$

作 X_1, X_2, $\cdots$, X_p 的线性组合即综合指标，记新变量指标为 Z_1, Z_2, $\cdots$, Z_p 则

$$\begin{cases} Z_1 = a_{11}X_1 + a_{21}X_2 + \cdots + a_{p1}X_p \\ Z_2 = a_{12}X_1 + a_{22}X_2 + \cdots + a_{p2}X_p \\ \qquad \cdots\cdots \\ Z_p = a_{1p}X_1 + a_{2p} + \cdots + a_{pp}X_p \end{cases}$$

在上述方程组中要求：

$$a_{11}^2 + a_{21}^2 + \cdots + a_{p1}^2 = 1, \; i = 1, \; 2, \; \cdots, \; p$$

且系数 a_{ij} 由下列原则来决定：

（1）Z_i 与 Z_j（$i \neq j$，i，$j = 1$，$\cdots$，p）不相关；

（2）Z_1 是 X_1，X_2，$\cdots$，X_p 的一切线性组合中方差最大者；Z_2 是与 Z_1 不相关的 X_1，X_2，$\cdots$，X_p 的所有线性组合中方差最大者；Z_p 是与 Z_1，Z_2，$\cdots$，Z_p 都不相关的 X_1，X_2，$\cdots$，X_p 的所有线性组合中方差最大者。这样决定的新变量指标 Z_1，Z_2，$\cdots$，Z_p 分别称为原变量指标 X_1，X_2，$\cdots$，X_p 的第一，第二，$\cdots$，第 p 主成分。

通过上述对主成分分析方法的基本思想及数学模型的介绍，可以把主成分分析方法的计算步骤归纳如下：

（1）将原始数据资料阵标准化。

（2）计算变量的相关系数矩阵：$R = (r_{ij})_{p \times p}$

其中 $r_{ij}(i, j = 1, 2, \cdots, p)$ 为原来变量 X_i 与 X_j 的相关系数。

（3）计算 R 的特征值及相应的特征向量。

首先解特征方程 $|\lambda_i - R| = 0$，求出特征值 $\lambda_i(i = 1, 2, \cdots, p)$，并使其按大小顺序排列，即 $\lambda_1 \geqslant \lambda_2 \geqslant, \cdots, \geqslant \lambda_p \geqslant 0$；然后分别求出对应于特征值 λ_i 的特征向量 $e_i(i = 1, 2, \cdots, p)$。

（4）写出主成分表达式

$$Z_i = a_{1i}X_1 + a_{2i}X_2 + \cdots + a_{pi}X_p, \; i = 1, \; 2, \; \cdots, \; p$$

2）使用方法

利用 SPSS15.0 软件中的主成分分析模块实现（李艳双等，1999；张丽艳，1994），具体操作如下：

（1）输入环境变量数据。

（2）依次执行 Analyze→Data Reduction→Factor 命令。

（3）在弹出的对话框中选择 Extract，决定提取因子的个数（系统默认提取特征根大于 1 的主成分），本节中选择提取 3 个主成分。

（4）在输出结果中得到初始因子载荷矩阵，将初始因子载荷矩阵中的数据除以主成分相对应的特征根开平方根便得到每个主成分中每个指标所对应的系数。

（5）将每个主成分中每个指标所对应的系数分别乘上相应主成分所对应的贡献率，将这些乘积取和，再除以所提取的主成分的贡献率之和，即：

$$F = \frac{\sum (系数 \times 贡献率)}{\sum 贡献率}$$

得到综合得分模型，综合得分模型中每个指标所对应的系数即每个指标的权重。

（6）将综合模型中的系数进行归一化处理，得到每个环境指标的权重。

3. HSI 模型

根据渔场学形成的一般原理（陈新军，2004），温度是影响渔场分布最重要的因子；在 SST 水平梯度较大的海区一般是水团交汇处，鱼类容易集群；盐度的显著变化则是支配鱼类行为的一个重要因素；海平面高度的变化可用来表现海洋锋的变化，而鱼类则多集聚在锋面附近（于杰和李永振，2007）；叶绿素 a 浓度高的海域通常成为鱼类重要的索饵场（于杰和李永振，2007）；而 SSTA 只表示了当地 SST 和常年平均值的差异，不是实际环境因子，故在 HSI 建模中不将 SSTA 列入。因此，本节选择 SST、Grad、SSS、SSH、Chl-a，5 个环境因子进行建模。秘鲁外海茎柔鱼呈现明显的季节性分布（Nigmatullin et al.，2001），故用权重求和法和几何平均法对其分别进行季节 HSI 建模，建模的海区范围为 70°—95°W，0°—25°S。假设在 HSI 值越高的海区产量越高。利用 ArcGIS9.0 软件中的空间分析模块进行数据重分类和栅格计算，借助其地理统计模块绘制 HSI 曲线分布图（汤国安和杨昕，2006）。分析比较权重求和法和几何平均法以及月 HSI 和季节 HSI 模型的差异，其中季节 HSI 中的环境指标为每个季节中环境因子的平均值。建模流程如图 2-39 所示。

（三）研究结果

1. 产量、CPUE 的时空分布

1）产量、CPUE 的空间分布

（1）2003—2007 年分布状况。

作业频率在东西方向上变化明显，在 80°—83°W 之间的作业频率累计占总作业次数的 73.5%；南北方向在 10°—13°S、14°—16°S 上作业频率较高，累计占总作业次数的 66.2%（图 2-40，图 2-41）。

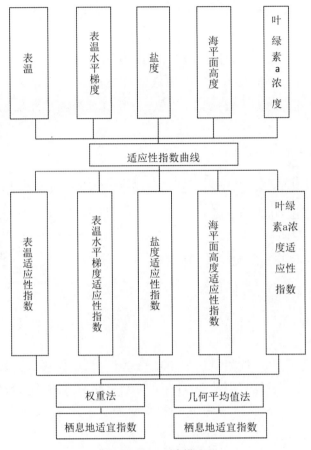

图 2-39 HSI 建模流程

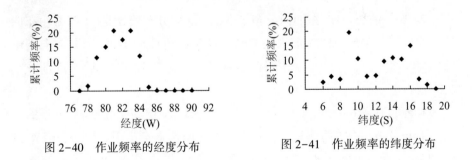

图 2-40 作业频率的经度分布　　　图 2-41 作业频率的纬度分布

产量主要集中在 80°—83°W, 10°—12°S、14°—16°S 的海区。东西向分布差异性十分显著, 在 81°—83°W 海域内集中了全部产量的 73.30%, 其中 81°—82°W 海域的产量最高为 72 581 t, 占总产量的 27.4%。南北分布上, 产量最高的为 14°—15°S 海域，为 60 256 t，占总产量的 22.8%（图 2-42、图 2-43）。

　　CPUE 在 81°—84°W 海区内较高，并向两侧递减，和产量分布情况基本吻合，最高 CPUE 位于 79°—80°W 海域为 6.25 t/d；在南北向上则呈现由低纬度向高纬度递减趋势，最高 CPUE 位于 8°—9°S 海域，为 6.44 t/d（图 2-42、图 2-43）。

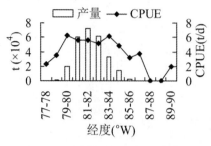

图 2-42　产量和 CPUE 的经度分布

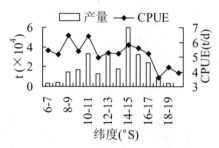

图 2-43　产量和 CPUE 的纬度分布

　　（2）每年分布状况。

　　从表 2-27 和图 2-44 可看出，2003—2007 年间，作业渔场范围基本呈现逐年缩小的趋势，经度范围从 2003 年的 75°—90°W 缩小至 2007 年的 79°—85°W，纬度范围从 6°—19°S 缩小至 2007 年的 9°—18°S。高产海区基本稳定在 81°—83°W，10°—12°S、14°—16°S 的区域。CPUE 的分布则不如产量明显。说明作业范围逐渐缩小，中心渔场更为集中。

　　2003 年，在 80°—84°W，8°—11°S、14°—17°S 海区产量较高，分别占总产量的 74.6% 和 75.8%。东西向分布集中，南北向分布较分散；CPUE 由东向西略有增加，在 81°—82°W 海区内 CPUE 最大达到 6.84 t/d。南北方向则由低纬向高纬增加，在 12°—13°S 海区达到最大，为 7.72 t/d，后又逐渐减小（图 2-44a）。

　　2004 年，在 80°—83°W，14°—16°S 海区产量较高，分别占总产量的 74.0% 和 49.1%，并向两侧递减；CPUE 由东向西逐渐上升，85°—86°W 内 CPUE 最高，为 10.68 t/d。南北向上则由低纬向高纬逐渐减小，最高为 8.06 t/d（图 2-44b）。

　　2005 年，产量明显集中在 81°—82°W，12°—15°S 海区，分别占总产量的 47.8% 和 67.2%，并向两侧递减；CPUE 由东向西逐渐下降，79°—80°W 海区 CPUE 最大为 8.33 t/d。在南北向上 CPUE 起伏变化大，最高 8.05 t/d，最低为 1.07 t/d（图 2-44c）。

2006 年，产量集中在 81°—83°W、12°—13°S 海区，分别占总产量的 67.8%和 53.3%，并向两侧递减；CPUE 则由东向西逐渐减小，在 80°—81°W 内最高，为 6.46 t/d。南北方向上先上升再下降，14°—15°S 海区内最高，为 5.96 t/d（图 2-44d）。

2007 年，东西向上产量集中在 82°—83°W，占总产量的 50.3%。南北向上分布特征不明显，在 10°—14°、15°—16°S 海区内产量较高，占总产量的 72.9%；CPUE 在 79°—84°W 海区内变化不大，在 84°—85°W 内则明显小于其他海区，最高 CPUE 在 82°—83°W 海区内，为 4.32 t/d。南北向上除 9°—10°S 海区外，其余海区的 CPUE 变化不大，最高 CPUE 出现在 13°—14°S 海区，为 4.62 t/d（图 2-44e）。

表 2-27　2003—2007 年茎柔鱼作业渔场空间分布

年份	经度（°W）		纬度（°S）		平均
	分布范围	高产海区	分布范围	高产海区	CPUE（t/d）
2003	75—86	80—84	6—19	8—11，14—17	5.02
2004	78—86	80—83	6—20	14—16	7.64
2005	79—87	81—82	10—19	12—15	4.41
2006	80—85	81—83	10—17	12—13	5.33
2007	79—85	82—83	9—18	10—14，15—16	4.04
合计	75—86	81—83	6—20	10—13，14—16	5.29

2）产量、CPUE 的时间分布

（1）2003—2007 年分布状况。

5 年累计产量约为 26×10⁴ t，主要集中在 6—11 月。每月累计产量都在 2.5×10⁴ t 以上，其中 6—11 月累计占 5 年总产量的 63.8%。8 月份的累计产量最高，约 3.4×10⁴ t。平均 CPUE 最高的月份为 11 月，为 7.84 t/d，最低为 3 月，为 3.68 t/d，除 1 月 CPUE 为 4.97 t/d 外，其余月份 CPUE 在 5~6 t/d 之间（图 2-45）。

2003—2007 年间，产量和 CPUE 的分布呈现明显的季节性变化，即南半球的春（9 月、10 月、11 月）、冬（6 月、7 月、8 月）季产量和 CPUE 高，夏（12 月、1 月、2 月）、秋（3 月、4 月、5 月）季产量和 CPUE 则较低。春冬两季累计产量占 5 年总产量的 63.8%，夏秋季各占 18.4%和 17.8%。春冬季的

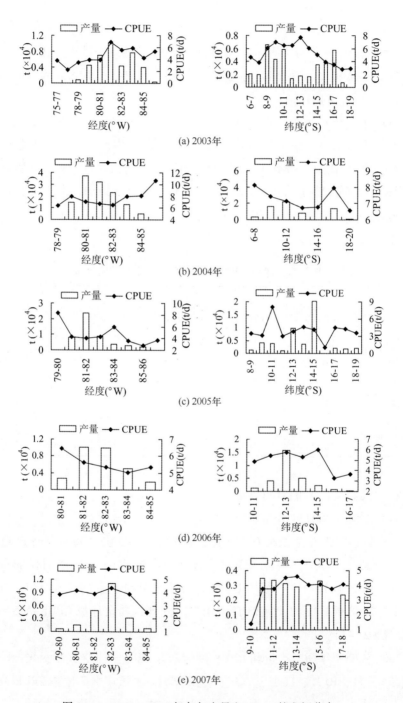

图 2-44 2003—2007 年各年产量和 CPUE 的空间分布

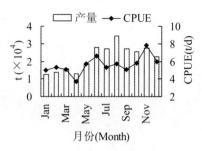

图 2-45　2003—2007 年产量和 CPUE 的累计月份分布

CPUE 分别为 6.12 t/d 和 5.91 t/d，夏秋季则为 5.44 t/d 和 4.91 t/d（图 2-46）。

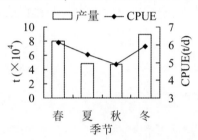

图 2-46　2003—2007 年产量和 CPUE 累计按季节分布

（2）每年分布状况。

2003 年、2004 年、2006 年产量集中在每年的 6—11 月，最高产量都出现在 8 月。2004 年由于西南大西洋阿根廷滑柔鱼产量欠佳，大量鱿钓船向秘鲁外海茎柔鱼渔场转移，使得 2004 年产量剧增，最高产量为 8 月，近 1.5×10^4 t；而 2005 年产量集中在 5—8 月份，最高产量 6 月，产量达 5 570 t；2007 年各月产量变化不明显，最高产量出现在 12 月，为 3 282 t（图 2-47）。

每年的 CPUE 变化特征并不明显：2003 年，CPUE 呈现每月递增的趋势，11 月 CPUE 最高，为 7.57 t/d；2004 年，CPUE 在 1—4 月下降，5—7 月上升，7 月的 CPUE 为全年最高的 8.86 t/d，之后又逐月减少；2005 年，1—9 月的 CPUE 较低，在 2~5 t/d 之间，之后 CPUE 猛增，在 10 月达到最高的 7.41 t/d；2006 年，8 月 CPUE 最高为 6.57 t/d，其次为 6 月，6.56 t/d，其余月份的 CPUE 均在 6 t/d 以下；2007 年 CPUE 变化幅度大，最低的为 4 月，为 2.52 t/d，最高为 12 月，为 5.41 t/d（图 2-47）。

2. SST 水平梯度拟合结果

利用 3 种方法分别计算 Grad，从中选择最优的计算方法，为后续 Grad 适

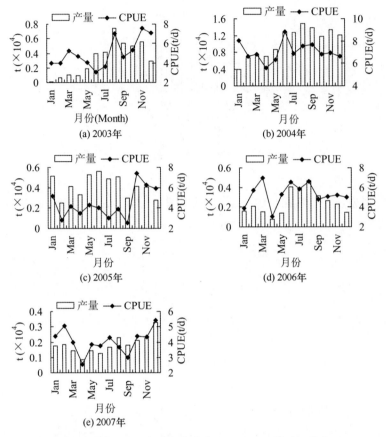

图 2-47　2003—2007 年各年产量和 CPUE 的时间分布

应性曲线的建立以及 HSI 建模提供依据。

　　本节以 2006 年 1—12 月的 Grad 拟合结果为例，利用 DPS 统计软件对其分布进行正态函数的拟合。3 种水平梯度计算方法中以 $Grad_{square}$ 拟合度最高（$P < 0.001$），可接受假设。函数拟合情况见表 2-28 和图 2-48。下文中以 $Grad_{square}$（均以 Grad 表示）进行适应性曲线分析和 HSI 建模。

表 2-28　利用正态函数对 3 种 SST 水平梯度的拟合度结果

名称	相关系数（R）	拟合度（R^2）	F 值	显著性水平
$Grad_{max}$	0.962 9	92.71%	32.069 82	0.001 56
$Grad_{square}$	0.978 6	95.76%	56.479 18	0.000 37
$Grad_{mean}$	0.733 3	53.77%	2.907 38	0.145 34

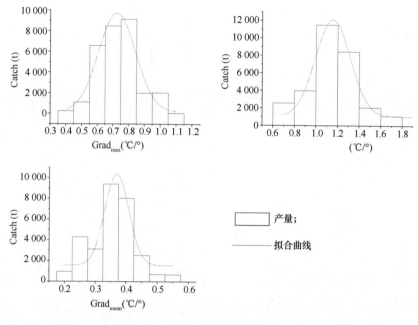

图 2-48　产量和温度相关指标的关系

3. 水温垂直结构和渔场的关系

以 2006 年为例，产量最高为 6—8 月（图 2-47d），高产区在 81°—83°W、12°—13°S 海区内（图 2-44d）。因此，对其高产区的水温垂直结构做一分析。以 13℃ 等温线作为上升流强度的指标，20℃ 等温线作为暖水团势力的指标（图 2-49）。

2006 年 6 月，渔场位于 81°—83°W 海区内，海区内有较为明显的上升流，13℃ 等温线弯曲明显，顶端最高达到约 80 m 水层，上升流较为强盛。渔场等温线密集区在 12°—13°S，40 m 水深处，倾斜度高。此时暖水势力达到 83°W 海域，20℃ 等温线达到 50 m 水层处。

2006 年 7 月，上升流强度有所减弱，13℃ 等温线顶端在 120 m 水层，弯曲度减小。暖水势力范围逐步扩大。渔场所在水域等温线密集区深度下降，位于 60 m 左右，且向东移动。渔场也随着等温线密集区而东移。

2006 年 8 月，暖水团厚度加大，在 82°W 以西，80 m 以上水域被广泛的暖水团占据。上升流强度和 7 月基本一致。渔场等温线密集区继续东移，位于 60 m 水深。

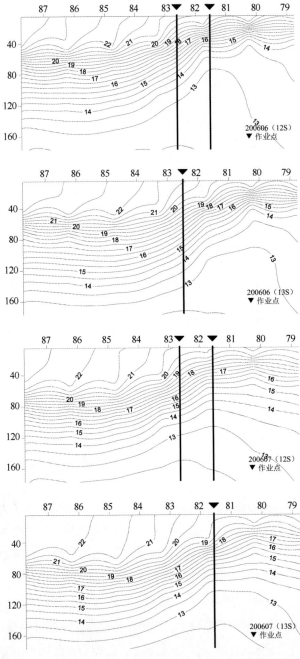

图2-49　2006年6—8月作业渔场和水温垂直结构的关系

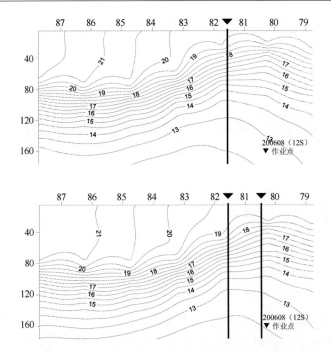

图 2-49　2006 年 6—8 月作业渔场和水温垂直结构的关系（续）

4. 各季节 SI 曲线

在此只列出春季的适应性曲线确定方法及步骤，其他季节的确定方法和春季相同，下文中不再赘述只将相关的图表列出。南半球的四季分布依次为：夏季（1 月—翌年 2 月），秋季（3—5 月），冬季（6—8 月），春季（9—11月）。

下文中的 Grad 为前文中所确定的用差值平方和的平方根方法计算的结果。

1）环境因子春季适宜性曲线（9—11 月）

SST 组距为 0.5℃，SSTA 组距为 0.5℃，Grad 组距为 0.2℃/°，SSS 组距为 0.05，SSH 组距为 1 cm，Chl-a 组距为 0.1 mg/m³，各环境因子的产量分布及适应性曲线见表 2-29 和图 2-50。

表 2-29　春季（9—11 月）渔场环境因子分布范围

环境因子	渔场范围	高产海区			
		最适环境	渔获频次（%）	产量（t）	占总产量比重（%）
SST（℃）	16～22	19～19.5	24.19	24 377	30.38
Grad（℃/°）	0.4～1.8	0.8～1.0	29.84	29 409	36.65
SSTA（℃）	−2.3～1.3	0～0.5	24.19	28 858	35.96
SSS	34.8～35.4	35.1～35.15	21.77	30 019	37.41
SSH（cm）	−7～7	2～3	12.90	15 926	19.85
Chl-a（mg/m³）	0.2～0.9	0.3～0.4	47.58	31 929	39.79

　　渔场 SST 范围为 16～22℃，最适 SST 为 19～19.5℃。最适 SST 海区的渔获频次占总渔获频次的 24.19%，累计产量占总产量的比重为 30.38%。在 SST 为 19～19.5℃的海区，渔获频次和产量最高，将该 SST 区间的适宜指数（SI）定为 1，即最适海区，将分布区间以外的 SI 定为 0，即不适合区域，具体 SST 适应性曲线见图 2-50a。

　　渔场 Grad 范围为 0.4～1.8℃/°，最适 Grad 为 0.8～1℃/°。最适 Grad 海区的渔获频次占总渔获频次的 29.84%，累计产量占总产量的比重为 56.65%。在 Grad 为 0.8～1.0℃/°的海区，渔获频次和产量最高，将该区间的 SI 定为 1，即最适海区，将分布区间以外的 SI 定为 0，即不适合区域，具体 Grad 适应性曲线见图 2-50b。

　　渔场 SSTA 范围为 −2.3～1.3℃，SSTA 适宜为 0～0.5℃。最适 SSTA 海区的渔获频次占总渔获频次的 24.19%，产量占总产量比重为 35.96%。最适 SSTA 为 0～0.5℃的海区，渔获频次和产量最高，将该区间的 SI 定为 1，即最适海区，将分布区间以外的 SI 定为 0，即不适合区域，具体 SSTA 适应性曲线见图 2-50c。

　　渔场 SSS 范围为 34.8～35.8，最适 SST 为 35.1～35.15。最适 SSS 海区的渔获频次占总渔获频次的 21.77%，产量占总产量比重为 37.41%。在 SSS 为 35.1～35.2 的海区，渔获频次和产量最高，将该 SSS 区间的 SI 定为 1，即最适海区，将分布区间以外的 SI 定为 0，即不适合区域，具体 SSS 适应性曲线见图 2-50d。

　　渔场 SSH 范围为 −7～7 cm，最适宜 SST 为 2～3 cm。适宜 SSH 海区的渔获频次占总渔获频次的 12.19%，产量占总产量比重为 19.85%。在 SSH 为 2~4 cm 的海区，渔获频次和产量最高，将该 SSH 区间的 SI 定为 1，即最适海区，将分布区间以外的 SI 定为 0，即不适合区域，具体 SSH 适应性曲线见图 2-50e。

渔场 Chl-a 范围为 0.2~0.9 mg/m³，最适 Chl-a 为 0.3~0.4 mg/m³。最适 Chl-a 海区的渔获频次占总渔获频次的 47.58%，累计产量占总产量比重为 39.79%。在 Chl-a 为 2~4 cm 的海区，渔获频次和产量最高，将该 Chl-a 区间的 SI 定为 1，即最适海区，将分布区间以外的 SI 定为 0，即不适合区域，具体 Chl-a 适应性曲线见图 2-50f。

2）环境因子夏季适宜性曲线（12 月—翌年 2 月）

SST 组距为 1℃，SSTA 组距为 0.2℃，Grad 组距为 0.2℃/°，SSS 组距为 0.1，SSH 组距为 2 cm，Chl-a 组距为 0.1 mg/m³，各环境因子的产量分布及适应性曲线见表 2-30 和图 2-51。

表 2-30　夏季（12 月—翌年 2 月）渔场环境因子分布范围

环境因子	渔场范围	高产海区			
		适宜环境	渔获频次 （%）	产量 （t）	占总产量比重 （%）
SST（℃）	19~26	21~22	20.25	11 382	23.31
Grad（℃/°）	-1.2~0.6	0~0.2	37.33	19 380	39.69
SSTA（℃）	0.4~1.8	1.0~1.4	51.90	33 626	68.87
SSS	35.0~35.8	35.3~35.4	32.91	17 648	36.14
SSH（cm）	-6~12	0~4	37.97	19 996	40.95
Chl-a（mg/m³）	0.1~0.6	0.25~0.3	35.44	19 080	39.08

3）环境因子秋季适宜性曲线（3—5 月）

SST 组距为 0.5℃，SSTA 组距为 0.2℃，Grad 组距为 0.2℃/°，SSS 组距为 0.1，SSH 组距为 2 cm，Chl-a 组距为 0.1 mg/m³，各环境因子的产量分布及适应性曲线见表 2-31 和图 2-52。

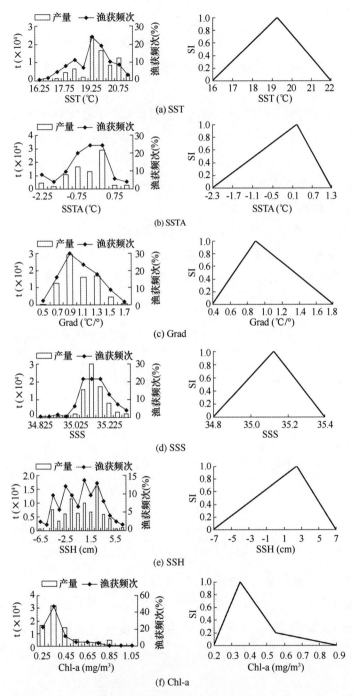

图 2-50　春季 SST、SSTA、Grad、SSS、SSH、Chl-a 和产量、
渔获频次的关系及适应性曲线

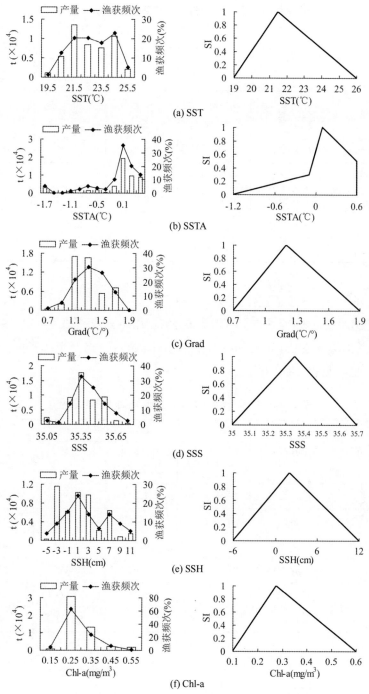

图 2-51　夏季 SST、SSTA、Grad、SSS、SSH、Chl-a 和产量、渔获频次的关系及适应性曲线

表 2-31　秋季（3—5 月）渔场环境因子分布范围

环境因子	渔场范围	高产海区			
		适宜环境	渔获频次（%）	产量（t）	占总产量比重（%）
SST（℃）	20~28	21~21.5，24~24.5	28.13	13 683	28.91
Grad（℃/°）	0.0~2.4	1.2~1.4	21.88	15 485	32.72
SSTA（℃）	-0.6~1.0	-0.4~-0.2	25.00	9 655	20.40
SSS	35.0~35.7	35.4~35.5	18.75	14 869	31.42
SSH（cm）	-4~17	2~4	20.83	13 567	28.67
Chl-a（mg/m³）	0.1~0.7	0.2~0.25	29.17	20 153	42.58

4）环境因子冬季适宜性曲线（6—8 月）

SST 组距为 0.5℃，SSTA 组距为 0.2℃，Grad 组距为 0.2℃/°，SSS 组距为 0.1，SSH 组距为 2 cm，Chl-a 组距为 0.1 mg/m³，各环境因子的产量分布及适应性曲线见表 2-32 和图 2-53。

表 2-32　冬季（6—8 月）渔场环境因子分布范围

环境因子	渔场范围	高产海区			
		适宜环境	渔获频次（%）	产量（t）	占总产量比重（%）
SST（℃）	16.5~22.5	18.0~19.0	31.21	40 002	44.81
Grad（℃/°）	0.2~2.0	0.8~1.2	45.39	44 467	49.81
SSTA（℃）	-1.7~0.7	-0.8~-0.4	39.01	36 919	41.36
SSS	34.8~35.4	35.0~35.1	32.62	33 863	37.94
SSH（cm）	-8~12	-4~-2	19.15	24 174	27.08
Chl-a（mg/m³）	0.1~0.8	0.3~0.35	54.61	59 613	66.78

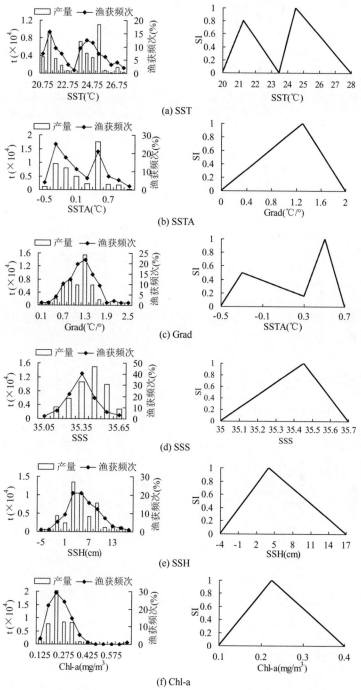

图 2-52 秋季 SST、SSTA、Grad、SSS、SSH、Chl-a 和产量、
渔获频次的关系及适应性曲线

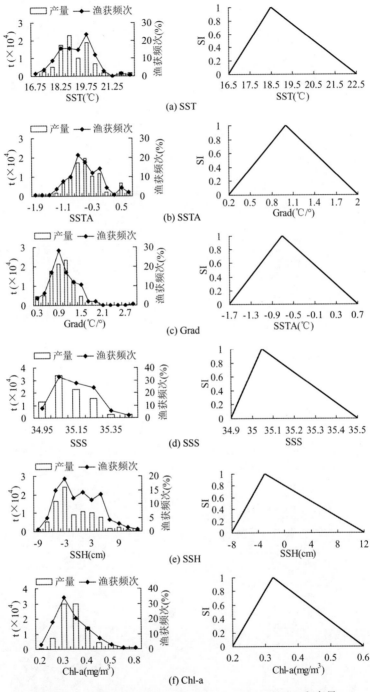

图 2-53　冬季 SST、SSTA、Grad、SSS、SSH、Chl-a 和产量、
渔获频次的关系及适应性曲线

5. 主成分分析结果

1) 主成分分析过程

将 2003—2007 年每个 CPUE 所对应的 5 个环境因子（SST、Grad、SSS、SSH、Chl-a）数据输入 SPSS15.0 统计软件中，执行主成分分析模块，输出结果如下。

（1）相关系数矩阵。由表 2-33 可知，SST 和 SSS 的相关性较高，达到 0.723；SSS 和 Chl-a 成中等程度的负相关，为-0.427；Grad 和 SSH 的相关性最低，为 0.030。

表 2-33　系数矩阵

指标	SST	Grad	SSS	Chl-a	SSH
SST	1.000	0.391	0.723	-0.272	0.309
Grad	0.391	1.000	0.100	0.127	0.030
SSS	0.723	0.100	1.000	-0.427	0.279
Chl-a	-0.272	0.127	-0.427	1.000	-0.143
SSH	0.309	0.030	0.279	-0.143	1.000

（2）信息提取。SSH 的信息提取率最高，达到了 97.3%，除了 Chl-a（76.1%）外，其余环境因子的信息提取率均达到了 80% 以上，见表 2-34。

表 2-34　信息提取率

指标	原始信息	提取率
SST	1.000	0.853
Grad	1.000	0.848
SSS	1.000	0.802
Chl-a	1.000	0.761
SSH	1.000	0.973

（3）主成分贡献率。第一主成分特征根为 2.196，贡献率为 43.91%，第二主成分特征根为 1.183，贡献率为 23.67%，第三主成分特征根为 0.858，贡献率为 17.16%，前 3 个主成分累计贡献率达到了 84.74%，前 3 个主成分基本反映了全部指标的信息，见表 2-35。

表 2-35　主成分贡献率

主成分	原始特征值			提取特征值		
	特征值	贡献率 （%）	累计贡献率 （%）	特征值	贡献率 （%）	累计贡献率 （%）
1	2.196	43.911	43.911	2.196	43.911	43.911
2	1.183	23.668	67.58	1.183	23.668	67.58
3	0.858	17.156	84.735	0.858	17.156	84.735
4	0.551	11.02	95.756			
5	0.212	4.244	100			

（4）初始因子载荷矩阵。第一主成分中，SST 和 SSS 有较高的载荷，代表了 SST 和 SSS 的信息；第二主成分中 Grad 和 Chl-a 有较高的载荷，代表了 Grad 和 Chl-a 的信息；第三主成分中 SSH 载荷较高，集中了 SSH 的信息。说明前 3 个主成分基本反映了全部的指标信息，见表 2-36。

表 2-36　初始因子载荷矩阵

指标	主成分		
	1	2	3
SST	0.886	0.247	-0.086
Grad	0.318	0.855	-0.123
SSS	0.873	-0.127	-0.154
Chl-a	-0.54	0.603	0.324
SSH	0.505	-0.106	0.841

2）环境因子权重的确定

（1）前 3 个主成分表达式。

将初始因子载荷矩阵中的数据除以主成分相对应的特征根开平方根便得到 3 主成分中每个指标所对应的系数。3 个主成分表达式如下：

$$F_1 = 0.598 \times X_1 + 0.215 \times X_2 + 0.589 \times X_3 - 0.365 \times X_4 + 0.341 \times X_5$$
$$(2-35)$$

$$F_2 = 0.227 \times X_1 + 0.786 \times X_2 - 0.118 \times X_3 + 0.555 \times X_4 - 0.098 \times X_5$$
$$(2-36)$$

$$F_1 = -0.093 \times X_1 + -0.132 \times X_2 - 0.167 \times X_3 + 0.350 \times X_4 + 0.907 \times X_5$$
$$(2-37)$$

式中 F_i 为主成分，$X_1 \cdots X_5$ 分别表示 SST、Grad、SSS、Chl-a、SSH。

（2）主成分综合模型。

利用公式（2-34）可得到综合得分模型：

$$F = 0.354 \times X_1 + 0.304 \times X_2 + 0.239 \times X_3 + 0.0375 \times X_4 + 0.333 \times X_5$$

$$(2 - 38)$$

综合得分模型中每个指标所对应的系数即每个指标的权重。

（3）确定权重。

将综合模型中的系数进行归一化处理，得到权重见表2-37。

表 2-37　环境指标的权重

指标	权重
SST	0.280
Grad	0.240
SSS	0.188
Chl-a	0.029
SSH	0.263
总和	1

6. HSI 模型分析

通过 ArcGIS9.0 软件的空间分析模块中的栅格计算功能分别计算出5个环境因子（SST、Grad、SSS、SSH、Chl-a）的各季节平均值（根据南半球的季节分布，按时间先后依次为：夏季12月—翌年2月，秋季3—5月，冬季6—8月，春季9—11月），然后将计算结果进行重分类赋相应的SI值，再进行栅格计算。栅格计算中，权重求和法计算公式为：

$$HSI = SI_{SST} \times 0.280 + SI_{Grad} \times 0.240 + SI_{Sal} \times 0.188 +$$
$$SI_{SSH} \times 0.263 + SI_{Ch-a} \times 0.029 \qquad (2 - 39)$$

几何平均法计算公式为：

$$HSI = (SI_{SST} SI_{Grad} SI_{Sal} SI_{SSH} SI_{Ch-a})^{\frac{1}{5}} \qquad (2 - 40)$$

利用 ArcGIS9.0 软件地理统计模块绘制并输出 2003—2007 年四季 HSI 分布图。

1）2003—2007 年四季 HSI 模型

（1）权重求和法。

各季节分布情况。

春季，整个海区 HSI≤0.9，渔场的 HSI 分布在 0.5~0.9 之间。

夏季，整个海区 HSI≤0.9，渔场的 HSI 分布在 0.6~0.8 之间。

秋季，除 2004 年外（HSI≤0.9），整个海区 HSI≤0.8，渔场的 HSI 分布在 0.5~0.8 之间。

冬季，海区 HSI≤0.9，除 2003 年外（HSI 在 0.5~0.8），渔场的 HSI 分布在 0.6~0.9 之间。

各年分布情况。

2003 年，夏、秋季的 HSI 等值线稀疏，春、冬季较为密集。全年没有出现高适宜海区。在秋季（3—5 月）出现 HSI≥0.8 海区，冬季（6—8 月）HSI≥0.8 海区扩大，随时间向西北偏北移动，渔场随 HSI=0.8 等值线由东南向西北移动。

2004 年，除春季（9—11 月）外，其他季节都出现了高适宜海区。夏季（12 月—翌年 2 月）高适宜海区出现在 80°W、18°S 附近，到了秋、冬季，高适宜海区向西北推移，范围扩大，渔场聚集在高适宜海区附近。春季（9—11 月）高适宜海区消退，渔场向南北分散。

2005 年，除秋季（3—5 月）外，其他季节都出现了高适宜海区。夏季高适宜海区出现在 82°W、16°S 附近，秋季消退。冬季高适宜海区再次出现，较夏季略靠冬，随时间向西北推移。春季，高适宜海区位于 86°W、12°S。

2006 年，除夏季外，其他季节都没有出现高适宜海区。夏季高适宜海区位于 80°W、18°S 附近，但作业海区在高适宜海区之外。全面作业海区基本在 HSI 等值线 0.7~0.8 的海区内。

2007 年，春、冬季出现高适宜海区。冬季高适宜海区在 81°W、14°S 附近，春季在 86°W、8°S 附近，呈现向西北推移的趋势。全年作业渔场均在高适宜海区之外。

（2）几何平均法。

每季分布情况。

春季，海区 HSI 差异大，2004 年，海区 HSI≤0.7；2003 年、2006 年，海区 HSI≤0.8；2005 年，2007 年≤0.9。

夏季，2004 年、2005 年整个海区 HSI≤0.9，2003 年、2006 年、2007 年

整个海区 HSI≤0.8。

秋季，2005 年、2007 年整个海区 HSI≤0.7，2003 年、2004 年、2006 年整个海区 HSI≤0.8。

冬季，海区 HSI 差异大，2006 年，海区 HSI≤0.7；2003 年、2005 年，海区 HSI≤0.8；2004 年，2007 年≤0.9。

每年分布情况。

2003 年，全年没有出现高适宜海区。从夏季到冬季，HSI 覆盖海区逐渐扩大，冬季到夏季又逐渐缩小。春冬季的作业渔场在 HSI=0.8 附近。

2004 年，冬季和夏季出现了高适宜海区。冬季，作业渔场位于高适宜海区内及周围，夏季的作业海区则位于高适宜海区西北面。春秋季的作业渔场的 HSI 为 0.5~0.8 之间。

2005 年，春夏季出现高适宜海区。春冬的作业渔场没有位于高适宜海区内。全年作业渔场主要集中在 HSI 为 0.6~0.8 之间。

2006 年，全年没有出现高适宜海区。除冬季作业渔场 HSI 在 0.6~0.7 之间，其他季节的作业渔场基本集中在 HSI 在 0.7~0.8 之间。

2007 年，春、冬季出现高适宜海区。冬季作业渔场位于高适宜海区附近，春季的作业渔场远离高适宜海区。夏季作业渔场的 HSI 在 0.7~0.8 之间，秋季作业海区的 HSI 都较低。

2）模型比较

计算各站位点的 HSI 值，然后将 HSI 分为 0~0.2，0.2~0.4，0.4~0.6，0.6~0.8，0.8~1.0 五个等级，分别统计 5 个 HSI 值下的总产量（t）、平均产量（t）、渔获频次（%）。平均产量为各等级下总产量除以渔获次数。

权重求和法中，HSI 为 0.6~0.8 海域内的产量最高，累计产量占总产量的 58.53%，渔获频次占总渔获次数的 58.53%。HSI≥0.6 的区域累计产量占总产量的 92.71%，渔获频次占总渔获次数的 84.95%。HSI<0.4 的区域累计产量仅占总产量的 0.03%。平均产量最高的在 HSI 为 0.8~1 的海域，为 1 380 t（表 2-38）。

表 2-38　权重求和法的产量分布

HSI	平均产量（t）	总产量（t）	产量比重（%）	渔获频次（%）
0~0.2	0	0	0.00	0.00
0.2~0.4	27	82	0.03	1.00

HSI	平均产量（t）	总产量（t）	产量比重（%）	渔获频次（%）
0.4~0.6	453	19 040	7.26	14.05
0.6~0.8	767	134 269	51.17	58.53
0.8~1	1 380	108 989	41.54	26.42

几何平均法中，HSI 为 0.6~0.8 的产量最高，产量占总产量的 50.39%，渔获频次占总渔获次数的 51.84%，HSI≥0.6 的区域累计产量占总产量的 81.61%，渔获频次占总渔获次数的 71.24%。HSI<0.4 区域的累计产量占总产量的 4.56%，远大于权重求和法的 0.03%。平均产量最高的在 HSI 为 0.8~1 的海域，为 1 412 t（表 2-39）。

表 2-39 几何平均法

HSI	平均产量（t）	总产量（t）	产量比重（%）	渔获频次（%）
0~0.2	178	3 020	1.15	5.69
0.2~0.4	526	8 948	3.41	5.69
0.4~0.6	698	36 294	13.83	17.39
0.6~0.8	853	132 215	50.39	51.84
0.8~1	1 412	81 903	31.22	19.40

权重求和法中，HSI 值为 0~0.2 的区域内没有生产，HSI 值为 0.2~0.4 的区域仅生产了 82 t。几何平均法中在 HSI 低水平上也获得了一定的产量，HSI 值为 0~0.2 的区域生产了 3 020 t，HSI 值为 0.2~0.4 的区域生产了 8 948 t（表 2-38、表 2-39）。两种模型中平均产量皆随 HSI 值升高而升高，符合本节的最初假设（图 2-54、图 2-55）。

利用二次函数对两种模型拟合，结果显示权重求和法的拟合度较高，显著性水平为 0.009 95（表 2-40、图 2-54、图 2-55）。因此在秘鲁外海可选择用权重求和法进行 HSI 建模，作为茎柔鱼适宜栖息地的动态变化模型。

表 2-40 利用二次函数对两种模型的拟合结果

名称	相关系数（R）	拟合度（R^2）	F 值	显著性水平
HSI（权重求和法）	0.995 0	0.99	99.458 5	0.009 95
HSI（几何平均法）	0.978 8	0.958 0	22.833 2	0.041 96

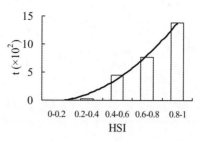

图 2-54　权重求和法平均产量分布

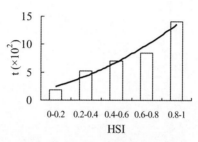

图 2-55　几何平均法平均产量分布

7. 实证分析

本节利用 2008 年 1—12 月的秘鲁外海茎柔鱼渔获数据进行实证分析。作业范围为 8°—18°S，79°—85°W。渔获数据来自上海海洋大学鱿钓技术组，环境数据为网上下载，网站同前。

1）时空分布

2008 年，东西分布上，产量最高的为 82°—83°W，向两侧递减。82°—83°W 海域累计产量为 3 221 t，占总产量的 25.6%；南北分布上，产量最高的为 13°—14°S，累计产量为 8 004 t，占总产量的 33.0%。CPUE 在由东向西略有减小，最高的位于 79°—80°W 海域为 6.06 t/d；南北分布上，最高 CPUE 位于 15°—16°S 海域为 5.34 t/d，由北向南先上升后下降（图 2-56、图 2-57）。

2008 年，产量最高的为 8 月，为 3 781 t，占总产量的 15.6%，产量集中在 1—3 月和 7—9 月，累计产量占总产量的 67.9%。CPUE 也是 8 月最高为 6.27 t/d，和产量的变化趋势相似（图 2-58）。

2）HSI 模型分析

通过 ArcGIS9.0 软件绘制 2008 年各个季节的 HSI 分布图（图 2-59），环

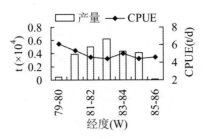

图 2-56　2008 年产量和 CPUE 的经度分布

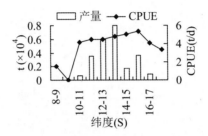

图 2-57　2008 年产量和 CPUE 的纬度分布

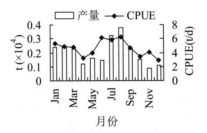

图 2-58　2008 年产量和 CPUE 的时间分布

境因子为每个季节的平均值，方法为权重求和法。各季节时间分布依次为：夏季 2007 年 12 月—2008 年 2 月，秋季 2008 年 3—5 月，冬季 2008 年 6—8 月，春季 2008 年 9—11 月。2007 年 12 月—2008 年 11 月间共生产了 25 524 t 茎柔鱼。

　　通过对 2008 年的实证分析，夏季，作业渔场基本位于 HSI = 0.8 等值线内，HSI ≥ 0.8 海域渔获频次占总渔获次数的 81.8%，累计产量占总产量的 94.6%；渔获海域的 HSI 均在 0.6 以上。秋季，作业渔场基本位于 HSI = 0.6 等值线内，HSI ≥ 0.8 海域渔获频次占总渔获次数的 53.5%，累计产量占总产量的 58.6%；HSI ≥ 0.6 海域渔获频次占总渔获次数的 83.9%，累计产量占总

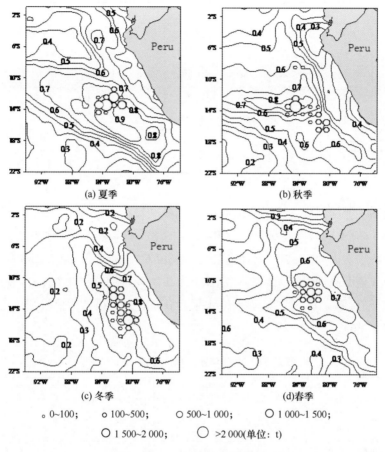

(a) 夏季　　(b) 秋季

(c) 冬季　　(d)春季

○ 0~100；　○ 100~500；　○ 500~1 000；　○ 1 000~1 500；

○ 1 500~2 000；　○ >2 000(单位: t)

图 2-59　2008 年 HSI 分布图

产量的 86.9%。冬季，作业渔场基本位于 HSI=0.6 等值线内，HSI≥0.8 海域渔获频次占总渔获次数的 7.0%，累计产量占总产量的 7.0%；HSI≥0.6 海域渔获频次占总渔获次数的 99.9%，累计产量占总产量的 99.9%。春季，作业渔场基本位于 HSI=0.6 等值线内，HSI≥0.8 海域渔获频次占总渔获次数的 3.1%，累计产量占总产量的 2.2%；HSI≥0.6 海域渔获频次占总渔获次数的 99.1%，累计产量占总产量的 99.1%（表 3-41）。

表 2-41　2008 年权重求和法的产量季节分布

季节	夏季		秋季		冬季		春季	
HSI	产量 （t）	渔获频次 （%）	产量 （t）	渔获频次 （%）	产量 （t）	渔获频次 （%）	产量 （t）	渔获频次 （%）
0~0.2	0	0	0	0	0	0	0	0
0.2~0.4	0	0	0	0	0	0	0	0
0.4~0.6	0	0	669	16.08	9	0.08	35	0.95
0.6~0.8	439	18.18	1 445	30.42	7 884	92.95	3 730	96.00
0.8~1	7 680	81.82	2 992	53.50	573	6.97	84	3.05

　　根据本节的假设，在 HSI 值越高的海域产量越高。2008 年，产量基本集中在 HSI≥0.6 的海域，在 HSI 为 0~0.4 的水平内没有生产。HSI≥0.6 海域累计渔获频次为 88.13%，累计产量为 24 812 t，占总产量的 97.21%。平均产量随 HSI 值升高而升高，最高的为 HSI 为 0.8~1 的海域，为 666 t。利用二次函数拟合后，$R^2 = 0.993\ 7$，显著性水平为 0.006 35，可认为假设成立（表 2-42、图 2-60）。

表 2-42　2008 年茎柔鱼产量的 HSI 分布

HSI	平均产量（t）	总产量（t）	产量比重（%）	渔获频次（%）
0~0.2	0	0	0	0
0.2~0.4	0	0	0	0
0.4~0.6	102	712	2.79	11.86
0.6~0.8	386	13 498	52.88	59.32
0.8~1	666	11 314	44.33	28.81

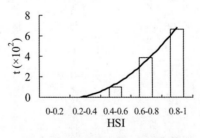

图 2-60　2008 年 HSI 产量分布

（四）讨论与分析

1. 渔场的时空分布

1）渔场的空间分布

2003—2007 年，产量在空间分布上差异显著。东西方向上，产量集中在80°—83°W 海区，南北方向上集中在 10°—16°S 海区。呈现出分布范围东西向较窄，南北较宽的分布格局。从表 2-27 可看出，通过每年生产经验的累积，作业海域在逐渐缩小，高产海区的范围也基本稳定。

秘鲁外海茎柔鱼产量最高的海域为 80°—81°W、14°—15°S，累计产量为26 759 t，占总产量的 10.10%。其次为 81°—82°W、14°—15°S 海域，占总产量的 6.91%。渔获频次最高的海域为 83°—84°W、8°—9°S，为 14.71%。渔获频次超过 5% 的海域有：79°—80°W、16°—17°S，80°—81°W、10°—11°S，80°—81°W、16°—17°S 和 80°—81°W、14°—15°S（图 2-61、图 2-62）。

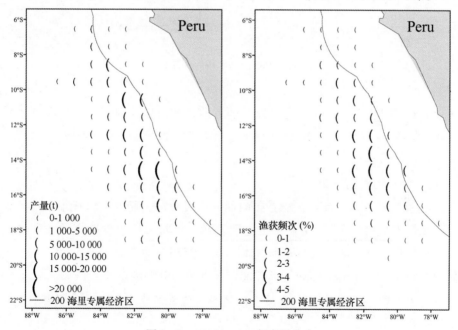

图 2-61　2003—2007 年产量分布

高产海区的分布可能和地理位置以及当地的水文环境有关。由图 2-63 可看出，高产海区基本分布在秘鲁 200 海里专属经济区外侧，呈东南—西北走向。200 海里专属经济区处在大陆架的边缘的外洋一侧，国外学者研究认为，

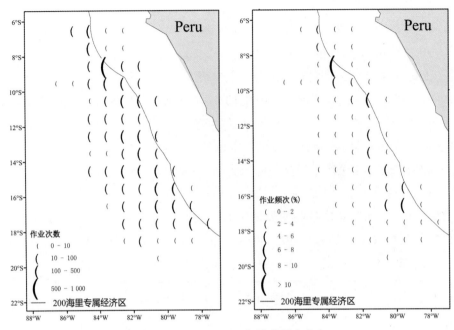

图 2-62　2003—2007 年渔获频次分布

茎柔鱼的产卵场位于大陆架边缘以及邻近的大洋海域，因此在这一海域茎柔鱼容易集群，产量较高。2003—2007 年茎柔鱼渔场分布和国外学者的结论基本一致。

2）渔场的时间分布

通过 2003—2007 年的渔获数据时间分布可看出，秘鲁外海茎柔鱼产量集中在每年的 6—11 月份，并在 8 月达到高峰。产量分布呈现明显的季节性差异，春冬两季的产量明显高于秋夏季。这可能和茎柔鱼的繁殖习性有关，国外学者研究认为（Ricardo et al.，2001），在秘鲁外海的茎柔鱼产卵高峰在 10 月—翌年 1 月，次高峰在 7—8 月。在茎柔鱼繁殖季节，鱼群大面积集中，使产量提高。

2. 渔场和环境因子的关系

各年作业渔场的分布范围以及对应的环境因子见表 2-43。

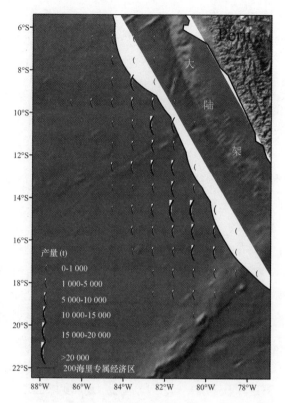

图 2-63 2003—2007 年秘鲁外海茎柔鱼产量分布和海底地形

表 2-43 各年作业渔场和环境因子范围

年份	2003	2004	2005	2006	2007
SST（℃）	16~25	17~26	18~25	18~28	16~27
SSTA（℃）	-1.4~0.5	-2~0.7	-1.3~0.5	-0.3~1.3	-2.2~0.6
Grad（℃/°）	0.2~2.2	0~2.2	0.3~1.7	0.6~2.0	0.2~2.0
SSS	34.8~35.6	34.9~35.7	35~35.6	35~35.5	35~35.5
SSH（cm）	-7~10	-8~12	-7~17	-2~9	-5~13
Chl-a（mg/m³）	0.1~0.8	0.1~0.9	0.2~0.5	0.1~0.5	0.1~0.5
Long（°W）	75—90	78—86	79—87	80—85	79—85
Lat（°S）	6—19	6—20	8—19	10—17	9—18

1）SST 和渔场的关系

2003—2007 年间，SST 范围在 16~28℃，最适 SST 为 19~20℃。2003—

2007 年，作业渔场范围逐渐缩小，东西和南北向趋向集中，由跨 15 个经度、13 个纬度（2003 年）缩小至只跨 6 个经度和 9 个纬度（2007 年），渔场范围虽然缩小了，但渔场的 SST 范围并没有发生巨大变化。国内外学者研究认为，秘鲁外海 SST 为 17~23℃ 的海区产量相对较高（Anatolio et al.，2001；Nesis 和 Dosidicus，1983；叶旭昌，2002；Cairistion et al.，2001；陈新军和赵小虎，2006），和本节的研究结果基本一致，说明 SST 是影响茎柔鱼渔场重要的环境因子。

2）Grad、水温垂直结构和渔场的关系

一般认为在 SST 水平梯度（Grad）大的区域，鱼群较为密集（陈新军，2004），但在秘鲁外海的茎柔鱼渔场并非在 Grad 大的海区获得高产。这可能还和水温的垂直结构有关，水温垂直结构在渔场形成中是极为重要和关键的（陈新军，2004）。在秘鲁沿岸有广泛的上升流，外海则存在南下的暖流，两股水团的交汇形成海洋锋，锋面由沿岸向外海一侧倾斜。根据海洋学原理，该类锋属于沿岸上升流锋，是前进锋的一种。沿岸上升流锋的向岸一侧存在高密度的上升流海水，向海侧则是低密度的表层水（唐逸民，1997）。在沿岸由于存在高密度上升流海水 Grad 大，温跃层深度浅。而在锋面向海侧则被低密度暖水占据，SST 水平梯度相对较小，温跃层深度增加。

秘鲁外海的高产海区位于 Grad 等值线密集区的边缘靠暖水一侧。根据图 3-12，在 Grad 较大的海区，垂直剖面上的水温等值线十分密集，且等值线基本水平，温跃层深度较浅（20~30 m）。而在高产海区的 Grad 相对适中，水温等值线会向暖水一侧倾斜，温跃层深度较 Grad 大的海区则有所下降（40~60 m）。

由此设想，茎柔鱼可能喜欢待在 Grad 度适中（0.8~1℃/°），垂直剖面水温等值线倾斜的海区。而在 Grad 大、垂直剖面水温等值线密集且水平的海区，由于温跃层深度浅，使适合茎柔鱼栖息的上层水层缩小，迫使其向 Grad 小的海区移动，寻求更为开阔的栖息水域，从而在 Grad 等值线密集区边缘形成良好的渔场。由此可见，秘鲁外海的海洋环境特征（尤其是上升流）对茎柔鱼渔场分布有重要影响。

3）SSTA 和渔场的关系

2003—2007 年，渔场 SSTA 范围为 -2.3~1.3℃，适宜 SSTA 范围为 -0.5~0.5℃。国外学者认为，在适温范围内，相对较高的水温更适合茎柔鱼的生长、繁殖（Anatolio et al.，2001）。东南太平洋茎柔鱼的产量与厄尔尼诺现象也有密切的联系，发生厄尔尼诺现象（SSTA 异常升高）时（Cairistion et al.，2001），可能会使其产量下降。通过对 2003—2007 年的数据分析可以发现，最适 SSTA 范围为 -0.5~0.5℃，即在 0℃ 附近，也就是说当地的 SST 接近常年平均值时，该海区则比较适宜茎柔鱼生长。是否可以认为，在一定范围内，SSTA 的大小对于茎柔鱼的生长、繁殖等的影响并不大，但这还有待进一步研究。

4）SSS 和渔场的关系

海区盐度分布呈现东北盐度低，西南盐度高的格局，HSI 图也呈现出东北和西南海区的 HSI 值偏低，中间较高的分布状态。在权重求和法和几何平均法得到的 HSI 分布图中，海区东北角即 84°W 以东、6°S 以北海域的 HSI 值较低或 HSI=0，这可能和其地理位置有关。在海区东北角有瓜亚基尔湾，存在地表径流，沿岸有大量淡水注入，使得港湾附近海区的盐度明显低于一般海水盐度（35）。在 SSS<34.8 的海区，SI_{SSS} 为 0，这使得几何平均法的 HSI 值也为 0，或权重求和法的 HSI 偏低。在海区西南的盐度值则较高，SSS 一般大于35.7，故而使海区的 HSI 值偏低或为 0。

盐度对大多数鱼类的直接影响较小（唐逸民，1997），就秘鲁外海茎柔鱼来说，一般在每年的 1—6 月海区高盐水所占比重较大，常位于海区西南和西面；7—12 月，高盐水向西后撤，海区盐度降低。6—10 月是茎柔鱼繁殖的阶段，产量也高。茎柔鱼分布广泛（王尧耕和陈新军，2005），其属于狭盐性还是广盐性则有待进一步研究。但从本节的研究结果可以推测，秘鲁外海的茎柔鱼在繁殖季节对盐度的适应性范围较窄。

5）SSH 和渔场的关系

SSH 值呈现近岸低，外海高分布格局。渔场的 SSH 等值线较为密集，且基本和沿岸平行。虽然 SSH 的最适值为 2~4 cm，但在 -4~4 cm 范围内集中了全部产量的 67%，表现出集中在 0 cm 附近的趋势。在 SSH 为 0 的海区可能是上升流冷水团的边缘，渔场处在水团交汇处，故而使茎柔鱼大面积集中。

6）Chl-a 和渔场的关系

秘鲁外海茎柔鱼的适宜 Chl-a 范围较小，且产量基本集中在 0.2~0.4 mg/m³。Chl-a 等值线基本和沿岸平行，近岸高，外海低。沿岸有陆地径流，营养盐充分，故而 Chl-a 高。一般上半年沿岸高 Chl-a 浓度的海区较大，下半年则较小。全年渔场的 Chl-a 变化不大，且在主成分分析中，Chl-a 的权重也最小，因此 Chl-a 对于茎柔鱼渔场的分布影响不大。

3. 主成分分析结果

1) 主成分运行过程分析

在利用 SPSS15.0 软件进行主成分分析过程中，若只保留特征根大于 1 的主成分，最后结果所保留的主成分只有 2 个，累计的贡献率小于 70%，还不能代表原始信息。故考虑保留 3 个主成分，最后结果比较理想，累计贡献率达到了 84% 以上，能基本反映原来的信息。而特征根小于 1 的主成分说明：该主成分的解释力度还不如直接引入一个原变量的平均解释力度大（张文霖，2005）。

2) 主要环境因子

（1）前 3 个主成分所反映的信息。

在第一主成分中，SST 和 SSS 的载荷较高，说明第一主成分基本反映了这 2 个环境的信息，而且通过相关系数矩阵可看出，两者的相关性也较高。可以将第一主成分认为代表了渔场的温盐变化。在第二主成分中，Grad 和 Chl-a 有较高的载荷，代表了 Grad 和 Chl-a 的信息。意味着这 2 个变量都趋向于大值，可能在 Grad 大的海域，叶绿素浓度高，也就是海流或水团交汇处，生产力较高。第三主成分主要代表了 SSH 的信息，但该主成分的贡献率较小，仅 17.16%。

（2）权重分析。

在权重分析中，SST 的权重最高，其次为 SSH、Chl-a 最小。且前 3 个指标的权重差别并不大（SST、SSH、Grad 的权重分别为 0.280、0.263 和 0.240），可能是因为这三者之间的相关性较为显著。Chl-a 的权重最小，而且在相关系数矩阵分析中，Chl-a 和其他环境因子的相关性也较小，除 SST 外和其他因子都呈负相关。

（3）主要环境因子。

通过主成分分析，可初步认为影响秘鲁外海茎柔鱼渔场的最主要的环境因子为 SST，而第一主成分中主要代表了 SST 和 SSS 的信息，因此在数据缺乏或者快捷的前提下，可考虑只用 SST 和 SSS 来反映渔场的环境。

4. HSI 模型

国外学者 Paul 等（2003）提出 HSI 模型在使用中存在一定的缺陷，其中一点就是没有考虑各环境变量的权重。在整个生态系统中，各环境变量有主次之分，之间又存在相互的联系，确定各变量权重之后再进行 HSI 建模能使预测结果的误差减小，更好的预报渔场。本节中尝试使用主成分分析法确定了环境变量的权重，其预测效果要优于不考虑权重的几何平均法。虽然两种模型的预测结果均符合本节的假设，但在几何平均法中，HSI 在低水平内仍获得了一定的产量（超过 1×10^4 t），相比较而言，权重求和法则更适合预报渔场。

通过 2008 年茎柔鱼渔场预报的实证分析，权重求和法能较为准确地预报渔场范围。但最适海区和实际作业海区仍存在一定的偏差（图 2-59），这可能和以下几种原因有关：SI 曲线的可靠性，SI 曲线来自对于渔获数据的分析，其准确性直接关系到 HSI 建模的预测结果；本节认为各个季节的环境因子权重相等，但在茎柔鱼的整个生命周期内，不同生活阶段的主要影响因子可能各有不同。

5. 存在的问题

（1）由于智利外海的茎柔鱼渔场开发晚于秘鲁外海，还没有形成大规模的商业性捕捞，鱿钓船仅在秘鲁外海和西南大西洋两个渔场之间转移途中会在智利外海进行捕捞，规模较小，也没有形成一定的渔汛。而东南太平洋茎柔鱼的分布范围从赤道一直到智利外海（45°—47°S），今后可更多地收集智利外海的茎柔鱼渔获数据，分析秘鲁外海和智利外海茎柔鱼渔场分布的异同点，建立东南太平洋的茎柔鱼栖息地指数模型，进行动态预测，从而更好地为生产服务。

（2）在进行渔场和水温垂直结构的关系分析中，只分析了 2006 年的例子，而且是定性分析，没有对 2003—2007 年这 5 年的渔场水温垂直结构进行定量分析。因为秘鲁外海存在发达的上升流，对于茎柔鱼的生长、繁殖等影响显著，今后应该增加研究的时间序列范围，重点对茎柔鱼渔场和温跃层关系进行探讨。

（3）根据渔场形成的原理，饵料生物、溶解氧浓度、海流这些生物及非生物因子对于渔场的分布也有重要的影响，本节中没有收集相关的数据，因此没有展开相关的分析研究，这也将是今后的一个研究方向。

（4）在进行季节 HSI 权重求和法建模中，权重系数用的是年平均的权重，而没有对每个季节进行分别求权重，因此对于 HSI 分布图可能产生一定的偏差。

第三节　栖息地指数在西南大西洋阿根廷滑柔鱼资源渔场中的应用

一、基于不同权重的栖息地指数模型预报阿根廷滑柔鱼中心渔场

本节根据 2003—2009 年 1—5 月和 2011 年 1—5 月西南大西洋海域阿根廷滑柔鱼（*Illex argentinus*）的生产数据，结合遥感获得的海表温度（SST）和海面高度（SSH）数据，采用外包络法，利用作业次数与 SST、SSH 建立适应性指数（HSI）模型，依据作业次数比重和产量比重来比较不同权重的算术加权模型（AWM），从而筛选出最佳模型，并对最佳模型进行验证。结果显示，通过对 2003—2009 年的生产数据和环境数据进行分析，确定 AWM（a=0.3）为最佳模型，当 HSI 大于 0.6 时，作业次数的比重为 93.23%，产量比重为 89.28%，当 HSI 小于 0.4 时，作业次数的比重为 2.12%，产量比重为 3.35%。利用 2011 年 1—5 月的生产数据和环境数据对 AWM（a=0.3）进行验证，结果显示，在 HSI 大于 0.6 的海域，各月作业次数比重均在 91% 以上，产量比重均在 95% 以上。研究表明，基于 SST 和 SSH 的 AWM（a=0.3）能够较好地预测西南大西洋阿根廷滑柔鱼的中心渔场。

（一）材料和方法

1. 数据来源

1）渔获数据

阿根廷滑柔鱼的渔获数据来源于上海海洋大学鱿钓技术组，时间为 2003—2009 年 1—5 月和 2011 年 1—5 月。海域为 50°—65°W、40°—55°S，时间分辨率为天，空间分辨率为 0.5°×0.5°。数据内容包括作业位置、作业时间、渔获量和作业次数。

2）环境数据

海表温度（SST）和海面高度（SSH）资料均来源于 Ocean Watch（http：//oceanwatch. pifsc. noaa. gov/las/servlets/dataset），时间分辨率为月，空间分辨率为 0.5°×0.5°。

2. 数据处理方法

1）适应性指数

作业次数通常被认为是代表鱼类出现或被利用情况的指标（Andrade 和 Garcia，1999），SST 和 SSH 是阿根廷滑柔鱼渔场形成的主要因子（冯波等，2010；高峰等，2011；陈新军等，2008）。因此，利用作业次数与 SST、SSH 建立适应性指数（Suitability index，SI）模型。假定最高作业次数 NET$_{max}$ 为阿根廷滑柔鱼资源分布最多的海域，其适应性指数 SI 为 1，而当作业次数为 0 时被认为阿根廷滑柔鱼资源量最少的海域，其适应性指数 SI 为 0（Mohri，1999）。采用外包络法，利用作业次数与 SST、SSH 建立适应性指数模型。

2）栖息地指数的建模

利用算术加权模型（arithmetic weighted model，AWM）计算栖息地适应性指数 HSI，HSI 在 0 到 1 之间变化，并认为 HSI 大于 0.6 的区域为渔业资源较为丰富的海域（Stoner et al.，2007；陈新军等，2012；高峰等，2011），技术路线示意图见图 2-64。计算公式如下：

AWM：$HSI = aSI_{SST} + (1-a) SI_{SSH}$

式中：权重 a 分别取 0、0.3、0.5、0.7 和 1；SI_{SST} 和 SI_{SSH} 分别为 SI 与 SST、SI 与 SSH 的适应性指数。

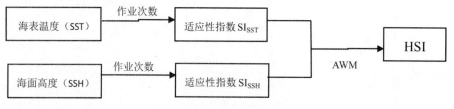

图 2-64　栖息地指数计算示意图

3）验证与实证分析

确定最佳 HSI 模型，利用最佳 HSI 模型计算 2011 年 1—5 月的 HSI 值，并对 HSI 值与实际作业情况进行分析比较，探讨预测中心渔场的可行性。

（二）结果

1. SST 和 SSH 的适应性指数曲线

采用外包络法，建立作业次数与 SST、SSH 之间适应性曲线（图 2-65）。由图 2-65 可知，1 月份高适应性指数的 SST 和 SSH 最适范围分别为 12.5～

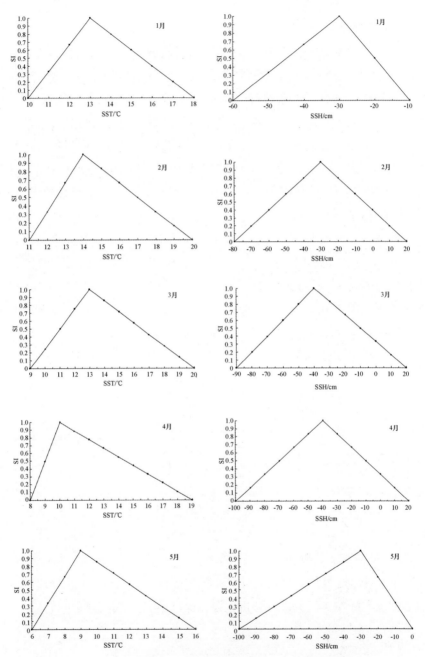

图 2-65　1—5 月份 SST 和 SSH 的适应性指数曲线（6℃代表 5.5~6.5℃，
-100 cm 代表-105~-95 cm，依此类推）

注：图中点为适应性指数的外包络点

13.5℃和-35～-25 cm；2月份分别为13.5～14.5℃和-35～-25 cm；3月份分别为12.5～13.5℃和-45～-35 cm；4月份分别为9.5～10.5℃和-45～-35 cm；5月份分别为8.5～9.5℃和-35～-25 cm。

2. 最佳HSI模型的选择

由表2-44可知，权重a=0的AWM，HSI大于0.6的作业次数比重为92.49%，产量比重为89.12%；权重a=0.3的AWM，HSI大于0.6的作业次数比重为93.23%，产量比重为89.28%；权重a=0.5的AWM，HSI大于0.6的作业次数比重为90.62%，产量比重为85.12%；权重a=0.7和a=1的AWM，HSI大于0.6的作业次数的比重和产量比重均小于90%。分析认为，权重a=0.3的AWM为最佳模型。

表2-44　不同模型计算的HSI所对应的作业次数比重和产量比重

HSI	AWM (a=0)		AWM (a=0.3)		AWM (a=0.5)		AWM (a=0.7)		AWM (a=1)	
	作业次数比重/%	产量比重/%	作业次数比重/%	产量比重/%	作业次数比重/%	产量比重/%	作业次数比重/%	产量比重/%	作业次数比重/%	产量比重/%
[0, 0.2]	0.80	2.30	0.24	0.29	0.39	0.26	0.64	0.35	3.54	3.67
[0.2, 0.4]	2.35	3.28	1.88	3.06	1.38	1.60	3.03	3.81	3.37	5.23
[0.4, 0.6]	4.36	5.22	4.66	7.37	7.61	13.02	9.96	15.60	14.94	15.20
[0.6, 0.8]	23.75	23.36	30.97	31.82	34.62	30.06	35.07	26.55	29.91	25.52
[0.8, 1.0]	68.74	65.83	62.26	57.46	56.00	55.06	51.30	53.69	48.23	50.37

3. HSI模型的验证

根据最优栖息地指数模型AWM（a=0.3），分别计算2011年1—5月各月的HSI值，并与实际作业情况比较（表2-45、图2-66）。分析发现，1月份，HSI大于0.6的海域，其作业次数和产量比重分别为91.26%和100%；2月份，HSI大于0.6的海域，其作业次数和产量比重分别为100%和100%；3月份，HSI大于0.6的海域，其作业次数和产量比重分别为99.44%和99.90%；4月份，HSI大于0.6的海域，其作业次数和产量比重分别为100%和100%；5月份，HSI大于0.6的海域，其作业次数和产量比重分别为95.78%和95.53%。

表 2-45　　2011 年 1—5 月不同 HSI 值下作业次数比重和产量比重

HSI	1 月		2 月		3 月		4 月		5 月	
	作业次数比重/%	产量比重/%	作业次数比重/%	产量比重/%	作业次数比重/%	产量比重/%	作业次数比重/%	产量比重/%	作业次数比重/%	产量比重/%
[0, 0.2]	0	0	0	0	0	0	0	0	0	0
[0.2, 0.4]	0	0	0	0	0	0	0	0	0	0
[0.4, 0.6]	8.74	0	0	0	0.56	0.10	0	0	4.23	4.47
[0.6, 0.8]	1.94	0	17.47	24.23	35.39	39.02	6.82	11.65	56.34	75.26
[0.8, 1.0]	89.32	100	82.53	75.77	64.05	60.88	93.18	88.35	39.44	20.28

(三) 讨论

西南大西洋阿根廷滑柔鱼渔场形成于福克兰寒流与巴西暖流的交汇区,大陆架水域和福克兰海流之间边境有一陆架坡折 (shelf-break) 锋面,整个春季和夏季有较高的浮游植物生物量。渔场和资源量极易受到 SST、SSH 等海洋环境因子的影响 (王尧耕和陈新军,2005;Waluda et al.,2001)。已有研究认为,各月份作业渔场的适宜 SST 有所差异,但主要集中在 8~12℃ (陈新军和赵小虎,2005;陈新军和刘金立,2004),这与本研究的结果基本相同。陆化杰和陈新军 (2008) 研究认为,(阿根廷滑柔鱼) 作业渔场分布在海面高度距平值接近于 0 附近的区域,本研究结果显示,各月适宜 SSH 基本在 -30~-40 cm,最适 SSH 在平均值 -35 cm 附近。一般认为,海面高度小于平均海面高度值意味着海流的辐散或涌升,从而使该海域营养盐丰富,初级生产力高,容易形成良好的渔场。因此,本节以 SST 和 SSH 作为环境因子,研究其与渔场分布的关系是可行的。

本研究利用作业次数与 SST、SSH 建立适应型指数模型。虽然单位日产量 (CPUE) 可作为表征资源密度的指标 (Bertrand et al.,2002),但商业性渔业的 CPUE 作为资源丰度的指标并不一定可靠,因为商业性渔业渔民总是趋向于在有鱼的地方生产,这样会有大量的渔船聚集,虽然该海域的渔业资源丰富,但 CPUE 却不高,渔民一旦发现没鱼或产量较低,即刻转移生产地或停止生产,因此,与 CPUE 相比,捕捞努力量 (作业船次) 作为资源丰度的指标更为合适 (Gillis et al.,1993;Stoner et al.,2007)。

在进行 HSI 的建模时,本研究利用了算术加权模型,对不同的环境因子

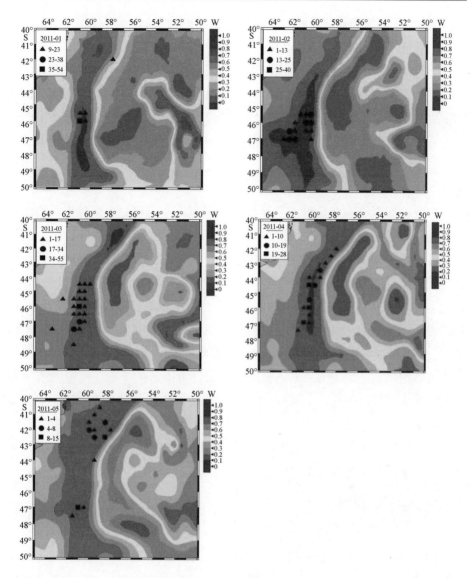

图 2-66　2011 年 1—5 月 HSI 和作业次数分布

赋予权重，试图探讨不同环境因子影响阿根廷滑柔鱼栖息地指数分布的差异。结果显示，不同的加权模型对 HSI 产生很大的影响。SST 通常被认为是影响鱼类渔场分布最重要的环境因子（Le Pape et al.，2003；Zagaglia et al.，2004；Zainuddin et al.，2006），然而，本研究发现，权重 a = 0.3 的 AWM 为最佳 HSI 模型，即 SST 的权重为 0.3、SSH 的权重为 0.7，SSH 比 SST 更为重要。

　　虽然本研究确定了最佳 HSI 模型为 AWM（a = 0.3），并利用该模型对

2011 年 1—5 月渔场进行预测，取得较好的效果。但鱿鱼具有昼夜垂直运动的现象，通常其深层温度以及温跃层有无也是寻找中心渔场的指标之一（陈新军，2004）。此外，海流和叶绿素浓度等对渔场分布也产生很大的影响（陈新军等，2012；Waluda et al.，1999）。在今后的研究中，应对渔场形成机制、生活史过程以及种群状况进行更深入的研究，考虑更多的、合适的环境因子研究阿根廷滑柔鱼栖息地分布，为渔业资源的合理开发和保护提供科学依据。

二、基于最大熵模型分析西南大西洋阿根廷滑柔鱼栖息地分布

本节根据 2008—2010 年三年我国鱿钓船在该海域得到生产数据及海洋环境数据（海表面温度，SST；海面高度 SSH 和叶绿素-a 浓度，Chl-a），利用最大熵模型（MaxEnt）分析了三年捕捞主渔汛期间（1—4 月份）阿根廷滑柔鱼的潜在栖息地分布，并结合海洋环境因子分析了不同年份分布差异的原因。模型运算结果表明，2008 年和 2009 年阿根廷滑柔鱼的分布区域较为广泛，而 2010 年的分布区域较为狭窄，且主要分布在 45°S 以南的区域。Jackknife 检验表明，SST 是影响阿根廷滑柔鱼分布的首要环境因子。研究表明，SST 等温线分布可以用来表征海流的强弱进而影响阿根廷滑柔鱼的分布，其中 12℃ 等温线可以作为寻找渔场的一个指标；2010 年捕捞群体的差异可能对模型运算结果有影响；SSH 等高线分布表征的涡的变化也会影响到阿根廷滑柔鱼的分布；Chl-a 只能间接地反映阿根廷滑柔鱼渔场的分布，不能很好地作为表征其分布的环境因子。阿根廷滑柔鱼的渔场找寻主要应观察 SST 和 SSH 的变化。

（一）材料与方法

1. 数据来源

生产数据为 2008—2010 年我国鱿钓船的生产统计数据，包括各艘渔船每日的渔获量和作业位置，来自于上海海洋大学鱿钓技术组。本研究仅分析阿根廷滑柔鱼主渔汛 1—4 月份的变化。各年间变化均以月份为单位进行建模分析。研究表明，海表面温度（陆化杰等，2010；Waluda et al.，2001）、海面高度（张炜和张健，2008）和叶绿素-a（张炜和张健，2008；郑丽丽等，2011）浓度均与阿根廷滑柔鱼的分布存在关系。因此选取这三个海洋环境因子进行分析。海洋环境数据均来源于美国 NOAA 的 OceanWatch 网站（http：//oceanwatch. pifsc. noaa. gov/las/servlets/dataset），时间分辨率均为月，空间分辨率分别为 0.1°×0.1°，0.25°×0.25° 和 0.05°×0.05°，在 Arcgis 10.2

中进行栅格叠加并求平均值全部转换成 0.25°×0.25°的空间分辨率。数据的空间范围为：35°—55°S，50°—70°W。

2. 数据分析方法

1）产量重心分析

渔获量的空间分布可以用来表达作业渔场的时空分布。因此，首先利用重心分析法按年度和月份分别算出作业渔场的产量重心，其公式为（陈新军等，2003）：

$$X = \sum_{i=1}^{j} (C_i \times X_i) / \sum_{i=1}^{j} C_i, \quad Y = \sum_{i=1}^{j} (C_i \times Y_i) / \sum_{i=1}^{j} C_i$$

其中，X、Y 分别为某一年度的产量重心位置，分别是经度和纬度；C_i 为渔区 i 的产量；X_i 为某一年度或月份渔区 i 中心点的经度；Y_i 为某一年度或月份渔区 i 中心点的纬度；j 为某一年度渔区的总个数。

对两年份之间经度和纬度的产量重心的变动规律进行相关分析（Person 法）（汤银财，2008），以探寻渔场年间时空变化的差异。

2）最大熵模型

最大熵模型（MaxEnt）是一种只基于"当前存在"（presence-only）的机器学习方法（柳生吉和杨健，2013）。模型的原理为熵最大原则，即根据不完全信息（包括物种的分布数据和环境图层），从符合限制条件的分布中选择熵最大的分布作为最优分布，作为物种潜在栖息地分布的预测（Phillips et al.，2006；Phillips 和 Dudik，2008）。具体的计算方法见文献（Phillips et al.，2006）。模型的运算使用软件 MAXENT3.3.3k（http：//www.cs.princeton.edu/~sch-apire/maxent）输入层中的物种分布数据为捕捞当月各船每日的渔获位置所在的经纬度（不包括渔获为零的点）；环境图层为由 Arcgis10.2 输出的捕捞当月 SST、SSH 和 Chl-a 的 0.25°×0.25°空间分辨率的 ASCII 栅格格式数据。此外，运算过程中输入的渔获数据中有 20%被随机提取出来用于模型的测试。

3）模型的评价

使用受试者工作特征曲线（receiver operating characteristiccurve，ROC 曲线）分析方法来评价模型的精度。原理为[13]，以预测结果的每一个值作为可能的判断阈值，从而计算得到相应的灵敏度和特异度，再以假阳性率（1-特异度）为横坐标，以真阳性率（灵敏度）为纵坐标绘制而成，其曲线下面积（area under curve，AUC）的大小作为模型预测准确度的衡量指标，值越接近于 1 表示模型判断力越强。

4）环境因子重要性的评价

通过模型中的 Jackknife 检验模块分析各月环境因子对阿根廷滑柔鱼潜在分布的贡献率，通过仅存在此环境因子和不存在此环境因子的得分大小来评估环境因子对阿根廷滑柔鱼栖息地分布的重要性。

5）栖息地分布图的绘制

模型以 ASCII 格式文件输出每个栅格点上阿根廷滑柔鱼存在的概率。将该文件导入 Arcgis10.2 中进行栖息地分布图的绘制，并与环境因子等值线叠加探究阿根廷滑柔鱼栖息地分布与海洋环境要素的关系。各环境因子等值线的计算使用 Arcgis10.2 中的空间分析工具（Spatial Analyst Tools）中的 Kriging 差值模块。

（二）结果

1. 产量重心变动状况分析

由图 2-67 可知，经度方向上，2008 年的月间产量重心变动与 2009 年（$\gamma = -0.09$，$P = 0.91$）和 2010 年（$\gamma = 0.03$，$P = 0.97$）都不存在着显著的相关关系；2009 年的月间产量重心变动与 2010 年（$\gamma = -0.95$，$P = 0.045$）存在显著的负相关关系。同样，纬度方向上，2008 年的月间产量重心变动与 2009 年（$\gamma = -0.44$，$P = 0.56$）和 2010 年（$\gamma = 0.19$，$P = 0.81$）都不存在着显著的相关关系；2009 年的月间产量重心变动与 2010 年（$\gamma = -0.96$，$P = 0.036$）存在显著的负相关关系。

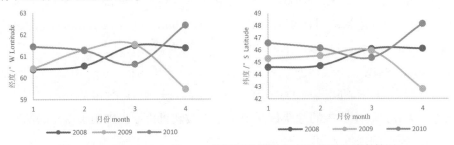

图 2-67   2008—2010 年 1—4 月阿根廷滑柔鱼产量月重心分布情况

2. 模型计算结果

从最大熵模型的运算结果可以看出（表 2-46、图 2-68），2008 年 1—2月，阿根廷滑柔鱼主要分布在阿根廷大陆架的外延，3 月份以后，部分朝西南方向近岸方向移动；2009 年 1—3 月，阿根廷滑柔鱼分布广泛，直至 4 月份才

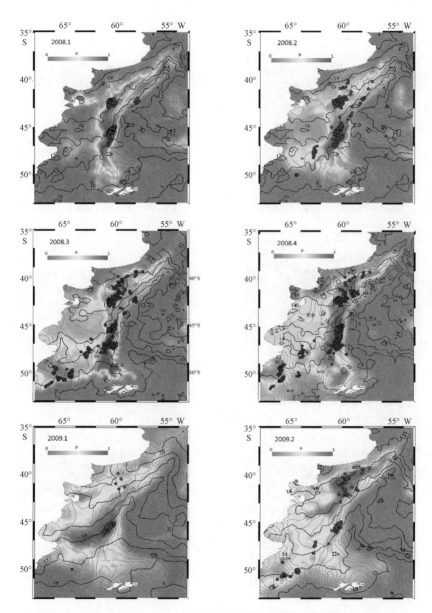

图 2-68　2008—2010 年 1—4 月西南大西洋阿根廷滑柔鱼潜在分布区域

注：图中颜色区域显示的是最大熵模型计算出的阿根廷滑柔鱼出现的概率（P）；圆点为实际捕捞作业的位置；黑色线为海表面温度（SST）等温线；红色线为海表面高度（SSH）等高线

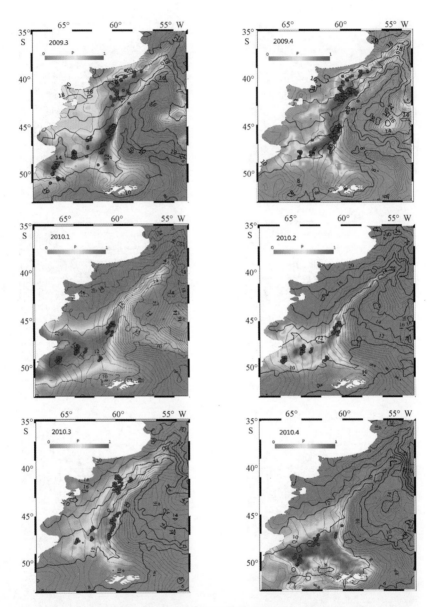

图 2-68　2008—2010 年 1—4 月西南大西洋阿根廷滑柔鱼潜在分布区域（续）

注：图中颜色区域显示的是最大熵模型计算出的阿根廷滑柔鱼出现的概率（P）；圆点为实际捕捞作业的位置；黑色线为海表面温度（SST）等温线；红色线为海表面高度（SSH）等高线

移动至大陆架的外延；而 2010 年的分布与其他两年呈现明显不同的状况，分布区域较为狭窄，且主要分布在 45°S 以南的区域。

利用 ROC 曲线获得的 AUC 值对模型精度进行验证，由表 2-46 可知：除了 2009 年 2 月的 AUC 值低于 0.9 以外，其他各月的训练数据和预测数据的 AUC 值都很高甚至接近于 1，表明最大熵模型对阿根廷滑柔鱼分布的分析结果可靠。此外，2010 年各月的 AUC 值比另外两年同期都要高，即 2010 年各月的模型精度最高。

表 2-46　对阿根廷滑柔鱼分布最大熵模型的 AUC 值

月份	2008.1	2008.2	2008.3	2008.4	2009.1	2009.2	2009.3	2009.4	2010.1	2010.2	2010.3	2010.4
训练数据	0.95	0.93	0.92	0.92	0.92	0.93	0.92	0.94	0.96	0.97	0.94	0.97
测试数据	0.92	0.90	0.92	0.90	0.99	0.83	0.92	0.95	0.90	0.96	0.93	0.96

3. 环境因子对阿根廷滑柔鱼分布的影响

根据 Jackknife 检验的分析结果（表 2-47），在不包含某个环境因子的得分上，不包含 Chl-a 的得分比不包含 SSH 和不包含 SST 显著地要高（t 检验，$P_{SSH-Chl-a}=0.02$；$P_{SST-Chl-a}<0.01$）；不包含 SSH 的得分与不包含 SST 的得分没有显著性差异（t 检验，$P_{SSH-SST}=0.55$）。而在只包含某个环境因子的得分上，只包含 SST 的得分比只包含 SSH 和只包含 Chl-a 显著地要高（t 检验，$P_{SST-SSH}=0.01$；$P_{SST-Chl-a}=0.03$）；只包含 SSH 的得分与只包含 Chl-a 的得分没有显著性差异（t 检验，$P_{SSH-Chl-a}=0.73$）。因此，在 2008—2010 年的 1—4 月，SST 是影响阿根廷滑柔鱼分布的首要因子。

表 2-47　Jackknife 检验结果

月份	不包含 SSH	不包含 SST	不包含 Chl-a	只包含 SSH	只包含 SST	只包含 Chl-a
2008.1	0.911 2	1.369 3	1.539	0.756 4	0.575 3	0.632
2008.2	0.797 7	0.662 3	1.313 5	0.394 9	0.654 8	0.339 5
2008.3	0.806 9	0.671 9	1.098 8	0.339 7	0.651	0.407 2
2008.4	0.923	0.966 1	1.019 2	0.446 9	0.580 9	0.696 3
2009.1	0.499 8	0.678 4	1.048 7	0.489 2	0.444 7	0.213 8
2009.2	0.750 3	0.713 7	0.871 1	0.373	0.511 8	0.390 4
2009.3	0.601 3	0.609 9	1.023 6	0.377 1	0.548 7	0.250 7

月份	不包含 SSH	不包含 SST	不包含 Chl-a	只包含 SSH	只包含 SST	只包含 Chl-a
2009.4	0.793 8	1.029 7	1.31	0.501 1	0.627 5	0.533 4
2010.1	1.132 5	0.620 8	1.342 5	0.306 8	0.993 2	0.489 6
2010.2	1.812 4	1.085 2	1.786	0.449 1	1.399 4	0.859 4
2010.3	1.045	1.086 4	1.532 8	0.678 4	0.736 7	0.654 7
2010.4	1.311 4	1.010 3	1.594 8	0.600 4	1.057 5	0.535 6

(三) 讨论

1. SST 与阿根廷滑柔鱼分布的关系

阿根廷滑柔鱼渔场的变动是海洋环境变化的间接反映 (Waluda et al., 2001; 张炜和张健, 2008)。阿根廷滑柔鱼栖息于巴西暖流和福克兰寒流的交汇处。海流的交汇与变化通常会形成良好的渔场 (陈新军, 2004)。Severovd 等 (2012) 研究发现, 西南大西洋 SST 的等温线的分布可以用来表征海流锋面进而表示海流强度的变化。由表 2-46 和图 2-68 可知, 2008 年和 2009 年前 3 个月模型分析出的阿根廷滑柔鱼的分布范围较广, 渔场重心偏北, 而 2010 年较窄, 渔场重心偏南。比较于 2008 年前两个月, 3 月, 在 50°S 附近也存在着阿根廷滑柔鱼的分布, 从等温线的分布状况看, 12℃ 等温线也较前两个月向南偏移, 同样的情况也出现在 2009 年的 2 月。而在 2010 年, 除了 1 月份, 12℃ 等温线都比前两年同期靠北, 当年阿根廷滑柔鱼的分布范围则变得较小。分析可知, 阿根廷滑柔鱼作为一种暖水性种类, 巴西暖流强的年份给予了其更广泛的生长及索饵的范围。而 12℃ 等温线可以作为寻找渔场的一个指标。

捕捞的群体其不同的洄游特性可能对模型结果产生影响。Brunetti 等 (1998) 将西南大西洋阿根廷滑柔鱼分成了南巴塔哥尼亚群 (South Patagonic Stock, SPS)、布宜诺斯艾利斯—巴塔哥尼亚群 (Bonaerensis-Northpatagonic Stock, BNS)、夏季产卵群 (Summer-Spawning Stock, SSS) 和春季产卵群 (Spring-Spawning Stock, SpSS) 4 个种群, 依照其洄游特性可知, 与每年 1—4 月份捕捞活动相关的主要是 SPS 和 SSS 种群。SPS 种群其产卵和孵化在 28°—38°S 海域, 随后仔稚鱼被巴西暖流向南输送进行觅食 (Parfeniuk et al., 1993; Santos 和 Haimovici, 1997), 3—4 月可到达 49°—53°S 海域 (陆化杰等, 2010), 5—6 月成熟之后向北洄游产卵 (王尧耕和陈新军, 2005;

Arkhipkin, 1993)。而 SSS 在 12 月到翌年 2 月主要分布在 42°—46°S 的布宜诺斯艾利斯-北巴塔哥尼亚的中部和外部大陆架海域，3 月份之前产卵后的个体已经出现（王尧耕和陈新军，2005）。2008 年和 2009 年，不管是渔场南北范围还是模型预测出的分布范围都很大，推测是对这两个群体都有进行捕捞造成的；而 2010 年，结合前面等温线（海流强弱）与阿根廷滑柔鱼分布的关系的解释，推测当年捕捞较多的为 SPS 群体，巴西暖流过早地减弱南撤导致 SSS 群体洄游分布至更北的区域内，这同时导致了当年的捕捞产量较低。陆化杰和陈新军（2012）也曾通过耳石微结构推算孵化日期判定 2010 年主要捕捞的是 SPS 群体，这与本节的研究结果一致。2010 年各月模型的精度比其他两个年份同期的模型精度都要高（表 2-46），估计也是由于只对一个群体进行建模导致的。

2. SSH 和 Chl-a 与阿根廷滑柔鱼分布的关系

在 Jackknife 检验得出的只包含环境因子的得分中（表 2-47），2008 年 1 月和 2009 年 1 月只包含 SSH 的得分比另外两个环境因子都高。由图 2-68 的 SSH 等高线分布可知，模型分析出的阿根廷滑柔鱼分布区域的北部、南部和东部都有涡的出现。而在 2010 年 1 月海域中的涡较少，北部海域没有涡的产生。涡能引起上下层水的混合，促进了饵料生物的大量繁殖，因此成为浮游植物及海洋中上层捕食者聚集的场所（陈新军，2004；Bakun，2006）。宋婷婷等（2013）也认为，涡的边缘过渡区域形成的锋面，海流流速较大，促使鱼类集群形成渔场。在其他头足类与海洋环境的研究中，也有发现涡的变化对其分布的影响：有研究发现（陈芃等，2015），在冷暖水涡的中间点附近捕捞的菱鳍乌贼（*Thysanoteuthis rhombus*）比在其他地方捕捞渔获量更多；Irene 等（2015）在对西北太平洋柔鱼（*Ommastrephes bartramii*）的栖息地研究中，加入了通过海流计算出的涡动能（eddy kinetic energy，EKE）因子，结果也表明柔鱼鱿钓渔场的形成与涡也有很大的关系。因此，在今后的研究可以采用时间分辨率更高的捕捞数据和 SSH 数据（如周，旬等），具体地分析涡的变动与阿根廷滑柔鱼渔场分布变化的关系。

Jackknife 检验中，不包含 Chl-a 的得分比不包含 SSH 和不包含 SST 显著地要高。说明 Chl-a 不能很好地作为表征其分布的环境因子。并且 Chl-a 的变化与海洋的环境要素如海流，涡及沿岸河流的冲淡水有关。虽然叶绿素 a 是估算海洋生产力的基本指标，其含量通常用于表征浮游植物生物量（沈新强等，2004），但是它只能间接地反映渔场分布，因此，笔者认为，对于阿根廷滑柔鱼的渔场找寻主要应观察 SST 和 SSH 的变化。

3. 存在的问题和展望

本研究利用最大熵模型分析了阿根廷滑柔鱼栖息地分布与海洋环境要素的关系。但是最大熵模型是探索在满足一定限制条件（能够代表物种分布的不完整的环境信息）的情况下，找到熵最大的概率分布（最均匀的分布）作为最优分布（马松梅等，2010）。所以作为环境因子的限制条件的选取必然对模型的准确度存在影响。本节只选取了 SST、SSH 和 Chl-a 进行分析。有研究发现，海表面盐度（SSS）　（张炜和张健，2008）、水深（Gaston et al.，2005）、月象和天气（Portelaj et al.，2005）等都会影响到阿根廷滑柔鱼的分布。今后可以将这些环境因子量化代入模型中进行综合分析阿根廷滑柔鱼分布的空间变化。

三、基于分位数回归的西南太平洋阿根廷滑柔鱼栖息地模型研究

本节利用分位数回归方法对表温（5 m）、表层盐度（5 m）、57 m 盐度及其盐度差、海面高度、叶绿素与阿根廷滑柔鱼钓获率进行回归分析，在中位数和高位数 2 种情况下分别建立阿根廷滑柔鱼的栖息地指数（HSI）模型，从而揭示西南大西洋阿根廷滑柔鱼栖息地的分布模式。研究表明，本节建立的各分位数回归方程均能较好地解释自变量与应变量的关系（$P < 0.05$）。1—5月在 60°W 以西、42°—53°S 阿根廷沿海的大部分海域，其 HSI 值基本上在 0.7 以上；而 58°W 以东海域的 HSI 在 0.4 以下。阿根廷滑柔鱼适宜栖息地分布（HSI 大于 0.6）有明显的季节变化。

（一）材料与方法

1. 商业性鱿钓渔业数据

2000—2004 年 1—6 月我国鱿钓船在西南大西洋的生产统计数据来自上海水产大学鱿钓技术组，数据包括日期、作业位置、产量，1—6 月为阿根廷滑柔鱼主渔汛。

2. 环境数据

表层温度（5 m）、表层盐度（5 m）和 57 m 层盐度、海表面高度 SLH 来自美国哥伦比亚大学网站（http：//iridl.ldeo.columbia.edu），叶绿素浓度

（Chl-a）来自美国 NASA 网站（http：//oceancolor. gsfc. nasa. gov）。空间范围为 49. 25°—66. 75°W、37. 25°—54. 75°S，分辨率为 0. 5°×0. 5°方格。时间为 2000—2004 年 1—6 月。

3. 数据处理

1）钓获率的定义。文中将各月每一渔区（0. 5°×0. 5°）的渔获量除以作业次数，称为钓获率（JR），即单位日产量（t/d）。

2）表层盐差由表层 5 m 盐度与 57 m 盐度相减而得。

4. 分位数回归法

分位数回归法是根据 x 估计 y 的分位数（Quantile）的 1 种方法（季莘和陈锋，1998）。其模型为：$\hat{y}_Q = a_Q + b_Q x$，与一般直线回归不同的是，这里 y_Q 表示给定 x 的条件下，y 的 Q 分位数的估计值。$0<Q<1$。参数估计一般用加权最小一乘（Weightedleastabsolute，WLA）准则，即使 $\sum | \hat{y}_Q - a_Q - b_Q x_i | h_i q$ 达到最小。这里，

$$h_{iQ} = \begin{cases} 2Q \text{ 若} y_i Q > a_Q + b_Q x_i \\ 2(1 - Q) \text{ 若} y_i Q \leq a_Q + b_Q x_i \end{cases}$$

即在回归线上方的点（残差为正），权重为 $2Q$，在回归线下方的点（残差为负），权重为 $2(1-Q)$。通常可通过线性规划迭代求解，其初值用加权最小二乘估计值。

5. 基于分位数回归的单因素栖息地建模分析

HSI 模型可用简单数值模拟生物体对其周围栖息环境要素反映。构建 HSI 模型的过程中，最重要的一个步骤是如何把鱼类对栖息水域中各环境要素的反映用 1 个合适的适应性指数（Index of suitability，SI）来表示。其次计算出生物对各环境要素的 SI，然后通过一定的数学方法把各种的 SI 关联在一起形成最后的 HSI 模型。最常见的关联算法有：几何平均值算法和算术平均值算法。

此外，为保证 HSI 模型的可靠性，还要求进行关联的各 SI 数值具有相对的一致性。基于分位数回归的阿根廷滑柔鱼栖息地模型建立过程如图 2-69 所示。

首先，利用分位数回归方法分别对 5 m 水温、5 m 盐度、57 m 盐度、SLH、Chl-a、表层盐差与阿根廷滑柔鱼 JR 的关系进行回归分析。Q 从 $0\sim1$ 进行全程搜索，用秩得分检验（Rank-score test）来计算 P 值的大小，根据 P

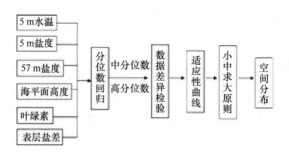

图 2-69　建模流程

值的大小来检验各参数项是否等于零，当参数检验值 $P<0.05$ 时，表明该参数拒绝为零假设，即该参数项有效；而当参数检验值 $P>0.05$ 时，表明该参数接受为零假设，即剔除该参数项。采用上界点分析的原则，挑选具有最大响应的最佳上界分位数回归方程。最佳上界分位数回归方程的 Q 最大取值依据温度这一主导因素。分位数回归使用 Blossom 软件。

　　本节选取了高分位数和中分位数下的单个环境变量与 JR 的回归关系式，以期比较不同分位数对适应性曲线的影响。根据单个环境变量与 JR 的回归关系式，以 5 m 水温、5 m 盐度、57 m 盐度、SLH、Chl-a、表层盐差等自变量来修正两种分位数下应变量钓获率的数值，这个数值被认为是潜在的钓获率定义为 JR_Q。为了保证同一时间地点不同环境变量拟合数值的一致性，文中以 5 m 水温与 JR 的分位数回归关系式拟合的数值为依据，然后对不同环境变量拟合数值进行配对样本 t 检验，确定它们的分位数取值 Q。然后利用 JR_Q 计算各环境变量的 SI 指数，绘制适应性曲线。SI 指数公式为：

$$SI = \frac{JR_Q}{JR_{Qmax}}$$

式中：JR_{Qmax} 为 JR_Q 的最大值。

　　研究表明，阿根廷滑柔鱼对栖息环境有相对固定的适应范围，因此这里考虑采用了不确定性决策中的小中求大原则来确定阿根廷滑柔鱼栖息地适宜度指数。即选取不同环境变量拟合预测出的 SI 的最小值。但同一地点取过去几年数个最小值中的最大值。其公式为：

$$HSI = \max \left\{ \begin{array}{l} \min\left(SI_1,\ SI_2,\ SI_3,\ SI_4,\ SI_5\right)_{2000},\ \cdots, \\ \min\left(SI_1,\ SI_2,\ SI_3,\ SI_4,\ SI_5\right)_{2004} \end{array} \right\}$$

式中：SI_1、SI_2、SI_3、SI_4、SI_5 分布指阿根廷滑柔鱼对 5 m 水温、5 m 盐度、57 m盐度、SLH、Chl-a、表层盐差的适应性指数。最后利用 Marine Explorer 4.0 绘制阿根廷滑柔鱼 HSI 空间分布地图。

（二）结果

根据不同分位数下回归关系式各参数的秩得分检验结果，表明各系数均显著地大于 0（$P<0.05$）。各分位数回归方程均能较好地解释自变量与应变量的关系。

1. 中分位数下的回归关系式

研究表明，5 m 水温、5 m 盐度、57 m 盐度、SLH、Chl-a、表层盐差与阿根廷滑柔鱼 JR 的分位数回归关系中，分位数 Q 取值分别为 0.50、0.48、0.47、0.53、0.43、0.43。各环境变量与 JR 的关系式如下：

5 m 水温：$Ln(cpue + 0.93) = exp(-0.053X + 2.815)$ X $\in$ [6.7, 20.0]

5 m 盐度：$Ln(cpue + 0.93) = exp(-1.498X + 52.804)$ X $\in$ [33.35, 34.86]

57 m 盐度：$Ln(cpue + 0.93) = exp(-1.011X + 36.346)$ X $\in$ [33.37, 34.87]

SLH：$Ln(cpue + 0.93) = exp(0.025X + 2.505)$ X $\in$ [-64.03, 10.38]

Chl-a：$Ln(cpue + 0.93) = exp(-0.155X + 2.384)$ X $\in$ [0.12, 5.01]

表层盐差：$Ln(cpue + 0.93) = exp(-5.310X + 2.065)$ X $\in$ [-0.47, 0.33]

不同环境因素拟合的 JR_Q 间不存在显著的差异（$P>0.05$）（见表 2-48），达到了 HSI 模型对数据的要求。

表 2-48　中位数 JR_Q 值配对样本 t 检验

环境变量	5 m 盐度	57 m 盐度	海表面高度	叶绿素	盐差
5 m 水温	0.722 3	0.912 4	0.977 3	0.794 9	0.768 6
5 m 盐度		0.355 0	0.645 9	0.849 3	0.864 0
57 m 盐度			0.931 4	0.668 9	0.571 9
海表面高度				0.757 1	0.760 2
叶绿素					0.964 8

＊P 值 P-value。

2. 高分位数下的回归关系式

研究表明 5 m 水温、5 m 盐度、57 m 盐度、SLH、Chl-a、表层盐差与阿根廷滑柔鱼 JR 的分位数回归关系中，分位数 Q 取值分别为 0.90、0.89、0.86、0.90、0.81、0.81。各环境变量与 JR 的关系式如下：

5 m 水温：$\text{Ln}(cpue + 0.93) = \exp(-0.052X + 3.538)$ X ∈ [6.7, 20.0]

5 m 盐度：$\text{Ln}(cpue + 0.93) = \exp(-1.160X + 42.118)$ X ∈ [33.35, 34.86]

57 m 盐度：$\text{Ln}(cpue + 0.93) = \exp(-1.043X + 38.172)$ X ∈ [33.37, 34.87]

SLH：$\text{Ln}(cpue + 0.93) = \exp(0.021X + 3.197)$ X ∈ [-64.03, 10.38]

Chl-a：$\text{Ln}(cpue + 0.93) = \exp(-0.075X + 2.917)$ X ∈ [0.12, 5.01]

表层盐差：$\text{Ln}(cpue + 0.93) = \exp(-2.423X^2 - 0.384X + 2.768)$ X ∈ [-0.47, 0.33]

不同环境因素拟合的 JR_Q 间不存在显著的差异（$P>0.05$）（见表 2-49），达到了 HSI 模型对数据的要求。

表 2-49　高分位数 JR_Q 值配对样本 t 检验

环境变量	5 m 盐度	57 m 盐度	海表面高度	叶绿素	盐差
5 m 水温	0.183 5	0.227 9	0.237 8	0.276 5	0.298 3
5 m 盐度		0.744 5	0.874 0	0.503 3	0.485 8
57 m 盐度			0.988 6	0.641 5	0.606 6
海表面高度				0.652 6	0.684 4
叶绿素					0.995 4

＊P 值 P-value。

3. 适应性曲线比较

不同分位数下，不同环境因素对应的适应性曲线的表现有明显的差异：5 m 水温和 57 m 盐度对应适应性曲线无明显的差异；而其他环境因素对应的适应性曲线在高分位数时，SI 值明显地高于中分位数时的 SI 值（见图 2-70）。

4. 阿根廷滑柔鱼 HSI 空间分布

1）中分位数下的 HSI 空间分布

阿根廷滑柔鱼适宜空间分布随时间发现有明显的季节变化，且栖息适度

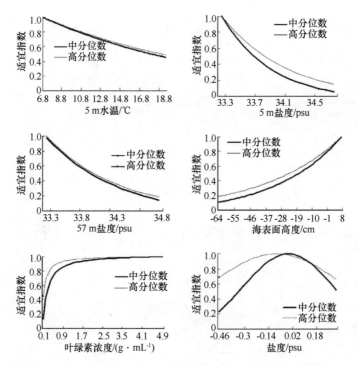

图 2-70　不同分位数下阿根廷滑柔鱼的适应性指数曲线

指数从阿根廷沿海向外海逐渐减小（见图 2-71）。1—2 月主要适宜区集中在 60°W 以西的阿根廷 200 nmile 内（HSI 基本上在 0.5 以上），而在 58°W 以东、42°—55°S 海域，其 HSI 很低，均在 0.3 以下。值得注意的是 66°—62°W、49°S 附近海域有一阿根廷滑柔鱼不宜生存区（见图 2-71）。

　　3 月开始，最适 HSI 范围开始缩小，58°W 以东海域不适宜的空白区进一步扩大。值得注意的是，在 60°W 以西海域的不宜生存区进一步扩大，在 4 月消失，6 月不适宜生存区在阿根廷沿海大量出现（42°—49°S，61°W 以西）。

　　2）高分位数下的 HSI 空间分布

　　高分位数下阿根廷滑柔鱼 HSI 空间分布是对其栖息地分布的乐观估计。其最适分布模式（HSI>0.6）以及 58°W 以东海域的 HSI 分布模式与中位数下的 HSI 空间分布模式基本一致（见图 2-72），但 2 月和 6 月 HSI 分布差异较为明显。在高分位数下，2 月不适宜区分布在 47°—52°S、62°W 以西海域，其范围明显比中位数情况下大；6 月在阿根廷沿海海域均为适宜海区，而中位数情况下出现一片不适宜生存区。

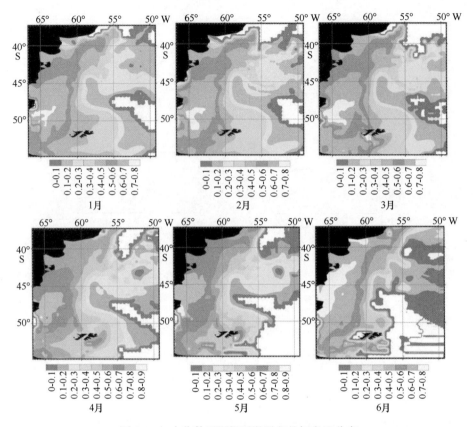

图 2-71　中位数下阿根廷滑柔鱼的栖息地分布

（三）分析与讨论

1. 阿根廷滑柔鱼分布与环境因素的关系

阿根廷滑柔鱼渔场是在福克兰寒流与巴西暖流交汇区形成，整个春季和夏季浮游生物量高（舒扬，2000），因此其表温、盐度、海面高度及叶绿素是影响渔场的重要因子。各月份作业渔场的适宜 SST 有所差异，但主要集中在 8~12℃范围内（陈新军和刘金立，2005；陈新军和赵小虎，2005；陆化杰和陈新军，2008），这与本研究结果基本相同（见图 2-70）。

前人研究认为，作业渔场分布在海面高度距平均值接近于 0 的附近区域（陆化杰和陈新军，2008）。通常认为，海面高度小于平均海面值意味着海流的盐不断向上补充，初级生产力高，容易形成渔场。大量的观察和实践发现，高密度的鱼类群体分布在上升流边缘广阔海域（陈新军，2004）。这一论断也

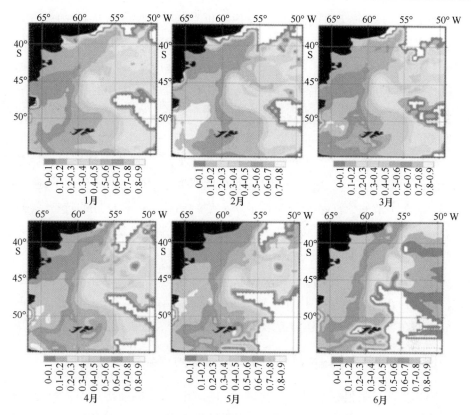

图 2-72　高分位数下阿根廷滑柔鱼的栖息地分布

得到本节结果的证实。

2. 阿根廷滑柔鱼的空间分布

从 HSI 分布的月变化可看出（见图 2-71，图 2-72），适合阿根廷滑柔鱼海域主要分布在 60°W 以西、42°—53°S 的阿根廷沿海海域，这与阿根廷和我国 2000—2004 年鱿钓船生产情况基本接近（陈新军和刘金立，2005；陈新军和赵小虎，2005；陆化杰和陈新军，2008）。据统计，我国鱿钓船近 75% 的总产量分布在 42°—45°S、58°—60°W 的公海海域（陆化杰和陈新军，2008），而在阿根廷 200 海里专属经济区内因受到限制无法作业。上述区域正好位于巴西海流和福克兰海流交汇区，阿根廷滑柔鱼在此集中索饵并形成渔场，但其渔场范围也会受到福克兰海流强弱的影响（Waluda et al.，1999）。

3. HSI 模型

HSI 模型在我国海洋渔业中的研究才刚刚起步，而在国外已经被广泛地应用，如美国地理调查局国家湿地研究中心鱼类与野生生物署早在 20 世纪 80 年代初提出了多达 157 个 HSI 评价模型（Paul 和 Geoff，2003）。王家樵曾利用单因素 HS 模型（温度、盐度、溶解氧、温跃层深度等）对印度洋大眼金枪鱼的栖息地分布进行了探讨（王家樵，2006）；冯波等采用温度、温差、氧差 3 个环境因素同样对印度洋大眼金枪鱼栖息地分布进行了研究，取得了较为理想的结果（冯波等，2007）。

　　同样，分位数回归方法目前在很多领域有广泛的应用，特别是在医学、计量经济学等领域。而分位数回归模型在鱼类生态学研究领域应用的还不是很多。对于本节的数据集合分布特征，分位数回归是一种良好的选择。考虑到 Q 接近 0 和 1 时，分位数回归模型越易受到极端值的影响，越是不稳定，因此在取用分位数回归方程时宜考虑 $Q = 0.4 \sim 0.95$。

　　在本研究中，采用中位数和高位数 2 种不同情况，对其栖息地模型进行比较分析，其研究结果也有所差异。究其原因还有待于进一步研究。同时，不同模型在今后的研究中还须考虑变量的交互作用，改善模型的预测效果。

四、利用栖息地指数预测西南大西洋阿根廷滑柔鱼渔场

　　西南大西洋阿根廷滑柔鱼是我国鱿钓船船队重要的捕捞对象，准确预测中心渔场可以为科学地指导渔业生产提供依据。根据 2000—2005 年 1—5 月主渔汛期间我国鱿钓船队在西南大西洋海域的鱿钓生产数据，结合遥感获得的表温及叶绿素 a 数据，分别将作业次数百分比和单位渔船日产量作为适应性指数。利用算术平均法建立基于表温和叶绿素 a 因子的栖息地指数（HSI）模型。利用 2005 年 1—5 月生产数据及环境资料对 HSI 模型进行验证，分析认为作业渔场主要分布在 HSI 大于 0.6 海域，其作业次数比重达到 76% 以上，各月平均日产量均在 7.2 t/d 以上。研究表明，基于表温和叶绿素 a 的 HSI 模型能较好预测西南大西洋阿根廷滑柔鱼中心渔场，预报准确率在 70% 以上。

（一）材料与方法

1. 数据来源

　　阿根廷滑柔鱼渔获数据来源于上海海洋大学鱿钓技术组，时间为 2000—2005 年 1—5 月。海域为 50°—65°W、40°—55°S，空间分辨率为 30′×30′，时间分辨率为月（图 2-73）。数据内容包括作业位置、作业时间、渔获量和作业次数。

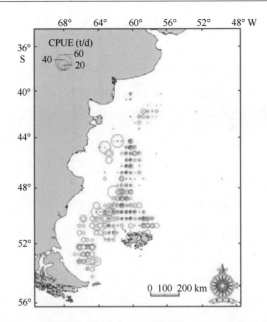

图 2-73 2000—2004 年阿根廷滑柔鱼 CPUE 分布示意图

西南大西洋海域 SST 资料来源于 NASA 网站海洋数据中心（PODAAC）（http：//podac. jpl. nasa. gov/DATA_ CATALOG/sst. html），空间分辨率为 30′×30′，数据的时间分辨率为月。叶绿素（Chl-a）数据来自 NASA 网站（http：// oceancolor. gsfc. nasa. gov/SeaWiFS/），空间分辨率为 9 km，并转化为30′×30′，数据的时间分辨率为月。

2. 数据处理方法

作业次数即捕捞努力量，通常认为是可代表鱼类出现或鱼类利用情况的指标（Andrade 和 Garcia，1999）。单位日产量（CPUE）可作为表征资源密度的指标（Bertrand et al.，2002）。因此，利用作业次数和 CPUE 分别与 SST、Chl-a 来建立适应性指数（Suitabilityindex，SI）模型。

假定最高作业次数 NETmax 或 CPUEmax 为阿根廷滑柔鱼资源分布最多的海域，认定其适应性指数 SI 为 1，而作业次数或 CPUE 为 0 时通常认为是阿根廷滑柔鱼资源分布最不适宜的海域，并认定其 SI 为 0（Mohri，1999）。SI计算公式如下：

$$SI_{i, NET} = \frac{NET_{ij}}{NET_{i, max}}$$

$$SI_{i,\,CPUE} = \frac{CPUE_{ij}}{CPUE_{i,\,max}}$$

式中：SI_i，NET 为 i 月以作业次数为基础获得的适应性指数；NET_i，max 为 i 月的最大作业次数（d）；SI_i，CPUE 为 i 月以 CPUE 为基础获得适应性指数；$CPUE_i$，max 为 i 月的最大 CPUE（t/d）。

$$SI_i = \frac{SI_{i,\,NET} + SI_{i,\,CPUE}}{2}$$

式中：SI_i 为 i 月的适应性指数。

利用正态和偏正态函数分别建立 SST、Chl-a 和 SI 之间的关系模型。利用 DPS 软件进行求解。通过此模型将 SST、Chl-a 和 SI 两离散变量关系转化为连续随机变量关系。

利用算术平均法（arithmeticmean，AM）计算获得栖息地综合指数 HSI。HSI 值在 0（不适宜）到 1（最适宜）之间变化。计算公式如下：

$$HSI = \frac{1}{2}(SI_{SST} + SI_{Chl-a})$$

式中：SI_{SST} 和 SI_{Chl-a} 分别为 SI 与 SST、SI 与 Chl-a 的适应性指数。

验证与实证分析。根据以上建立的公式，对 2005 年 1—5 月 SI 值与实际作业渔场进行验证，探讨预测中心渔场的可行性。其技术路线示意图见图 2-74。

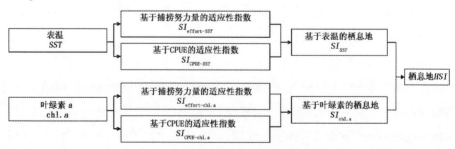

图 2-74　栖息地指数计算示意图

（二）数据处理结果

1. 作业次数、CPUE 与 SST 和 Chl-a 的关系

1 月份，作业次数主要分布在 SST 为 13~16℃和 Chl-a 为 0.3~1.2 mg/m³ 海域（图 2-75a，图 2-76a），分别占总作业次数的 76.4% 和 61.4%，其对应

的 CPUE 范围分别为 5.5~12.5 t/d 和 4.7~10.5 t/d；2 月份，作业次数主要分布在 SST 为 13~16℃ 和 Chl-a 为 0.3~0.9 mg/m³ 海域（图 2-75c，图 2-76c），分别占总作业次数的 93.7% 和 48.1%，其对应的 CPUE 范围分别为 3.1~10.8 t/d 和 7.9~10.0 t/d；3 月份，作业次数主要分布在 SST 为 12~14℃ 和 Chl-a 为 0.1~0.9 mg/m³ 海域（图 2-75e，图 2-76e），分别占总作业次数的 59.4% 和 82.4%，其对应的 CPUE 范围分别为 10.5~12.5 t/d 和 8.0~11.5 t/d；4 月份，作业次数主要分布在 SST 为 10~12℃ 和 Chl-a 为 0.2~0.6 mg/m³ 海域（图 2-75g，图 2-76g），分别占总作业次数的 49.8% 和 80.9%，其对应的 CPUE 范围分别为 4.6~7.1 t/d 和 5.1~5.8 t/d；5 月份，作业次数主要分布在 SST 为 7~10℃ 和 Chl-a 为 0.1~0.6 mg/m³ 海域（图 2-75i，图 2-76i），分别占总作业次数的 70.7% 和 88.1%，其对应的 CPUE 范围分别为 4.0~10.0 t/d 和 5.9~7.8 t/d。

2. SI 曲线拟合及模型建立

利用正态和偏正态模型分别进行以作业次数和 CPUE 为基础的 SI 与 SST、Chl-a 曲线拟合（图 2-75 和图 2-76），拟合 SI 模型见表 2-50，模型拟合通过显著性检验（$P<0.01$）。

3. HSI 模型分析及验证

根据表 2-50 中各月适应性指数，计算获得 2000—2004 年 1—5 月栖息地指数 HSI（表 2-51）。从表 2-51 可知，当 HSI 为 0.6 以上时，1 月份作业次数比重分别占 81.79%，CPUE 均在 7.8 t/d 以上；2 月份作业次数比重分别占 76.00%，CPUE 均在 7.0 t/d 以上；3 月份作业次数比重分别占 84.33%，CPUE 均在 9.5 t/d 以上；4 月份作业次数比重分别占 75.82%，CPUE 均在 7.0 t/d 以上；5 月份作业次数比重分别占 81.52%，CPUE 均在 6.1 t/d 以上。利用 HSI 模型，根据 2005 年 8—10 月 SST 和 Chl-a 值，分别计算各月的 HSI 值，并与实际作业情况进行比较。分析发现，HSI 大于 0.6 海域主要分布在：1 月份为 59°—65°W、45°—51°S 的海域，作业渔船主要集中在 60°—61°W、45°—47°S 海区；2 月份为 59°—63°W、44°—51°S 海域，作业渔船主要集中在 59°—61°W、44°—47°S，60°—62°W、49°—50°30′S；3 月份为 56°—64°W、43°—50°S 海域，作业渔船主要分布在 59°—62°W、44°30′—50°30′S；4 月份为 58°—64°W、47°—51°30′S，作业渔船主要分布在 60°—62°30′W、48°—51°S；5 月份为 58°—63°W、46°—51°S，作业渔船主要分布在 60°—

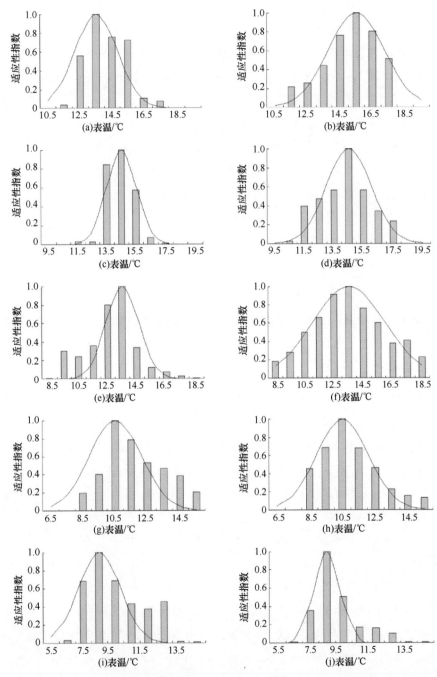

图 2-75　西南大西洋阿根廷滑柔鱼 1—5 月作业次数、平均日产量与表温的关系

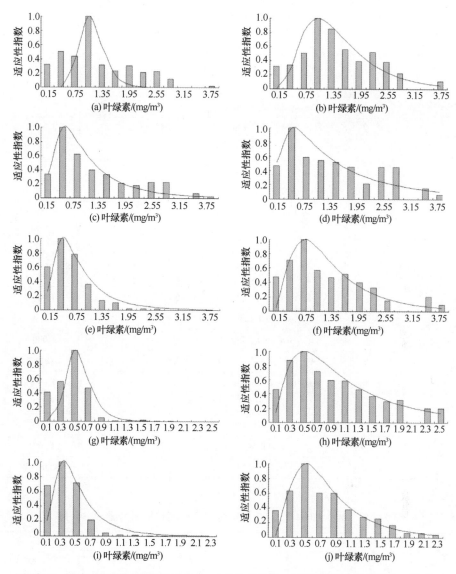

图 2-76 西南大西洋阿根廷滑柔鱼 1—5 月作业次数、平均日产量与叶绿素 a 的关系

61°30′W、47°—50°S。从表 2-52 可以看出，当 HSI 大于 0.6 时，其作业次数比重均在 76% 以上，平均 CPUE 均在 7.2 t/d。如果以实际作业次数所占比重作为中心渔场准确性的指标，并且以 HSI 值大于 0.6 以上作为判别中心渔场的适宜环境指标，则我们可以初步判别，该模型预报渔场的成功率超过 70%，较好地获得了中心渔场预测的结果。

表 2-50　1—5 月阿根廷滑柔鱼适应性指数模型

月份	适应性指数模型	P 值
1 月	$SI_{\text{effort-SST}} = \exp\ (-0.275\ 3\ (X_{\text{SST}}-13.5)^2)$	0.027
	$SI_{\text{CPUE-SST}} = \exp\ (-0.167\ 1\ (X_{\text{SST}}-15.5)^2)$	0.000 1
	$SI_{\text{effort-chl.\ a}} = \exp\ (-8.500\ 1\ (\ln\ (X_{\text{chl.\ a}})\ -0.048\ 8)^2)$	0.023 4
	$SI_{\text{CPUE-chl.\ a}} = \exp\ (-1.817\ 4\ (\ln\ (X_{\text{chl.\ a}})\ -0.048\ 8)^2)$	0.000 1
2 月	$SI_{\text{effort-SST}} = \exp\ (-0.483\ 3\ (X_{\text{SST}}-14.5)^2)$	0.000 8
	$SI_{\text{CPUE-SST}} = \exp\ (-0.217\ 2\ (X_{\text{SST}}-14.5)^2)$	0.004
	$SI_{\text{effort-chl.\ a}} = \exp\ (-0.911\ 3\ (\ln\ (X_{\text{chl.\ a}})\ +0.798\ 5)^2)$	0.000 1
	$SI_{\text{CPUE-chl.\ a}} = \exp\ (-0.540\ 6\ (\ln\ (X_{\text{chl.\ a}})\ +0.798\ 5)^2)$	0.000 1
3 月	$SI_{\text{effort-SST}} = \exp\ (-0.397\ 2\ (X_{\text{SST}}-13.5)^2)$	0.006
	$SI_{\text{CPUE-SST}} = \exp\ (-0.080\ 6\ (X_{\text{SST}}-13.5)^2)$	0.000 1
	$SI_{\text{effort-chl.\ a}} = \exp\ (-1.102\ 2\ (\ln\ (X_{\text{chl.\ a}})\ +0.798\ 5)^2)$	0.000 1
	$SI_{\text{CPUE-chl.\ a}} = \exp\ (-1.164\ 8\ (\ln\ (X_{\text{chl.\ a}})\ +0.287\ 7)^2)$	0.000 3
4 月	$SI_{\text{effort-SST}} = \exp\ (-0.191\ 5\ (X_{\text{SST}}-10.5)^2)$	0.044 6
	$SI_{\text{CPUE-SST}} = \exp\ (-0.200\ 8\ (X_{\text{SST}}-10.5)^2)$	0.000 3
	$SI_{\text{effort-chl.\ a}} = \exp\ (-4.603\ 2\ (\ln\ (X_{\text{chl.\ a}})\ +0.693\ 1)^2)$	0.002
	$SI_{\text{CPUE-chl.\ a}} = \exp\ (-0.769\ 4\ (\ln\ (X_{\text{chl.\ a}})\ +0.693\ 1)^2)$	0.000 1
5 月	$SI_{\text{effort-SST}} = \exp\ (-0.299\ 5\ (X_{\text{SST}}-8.5)^2)$	0.022 4
	$SI_{\text{CPUE-SST}} = \exp\ (-0.809\ 3\ (X_{\text{SST}}-8.5)^2)$	0.000 3
	$SI_{\text{effort-chl.\ a}} = \exp\ (-1.299\ 3\ (\ln\ (X_{\text{chl.\ a}})\ +1.204\ 0)^2)$	0.001
	$SI_{\text{CPUE-chl.\ a}} = \exp\ (-1.540\ 6\ (\ln\ (X_{\text{chl.\ a}})\ +0.693\ 1)^2)$	0.000 1

表 2-51　2000—2004 年 1—5 月不同 SI 值下 CPUE 和作业次数比重

HSI	1 月		2 月		3 月		4 月		5 月	
	CPUE /(t/d)	作业次数比重/%	CPUE /(t/d)	作业次数比重/%	CPUE /(t/d)	作业次数比重/%	CPUE /(t/d)	作业次数比重/%	CPUE /(t/d)	作业次数比重/%
[0, 0.2]	4.84	0.57	1.00	1.93	1.20	1.30	1.44	2.18	3.53	1.35
[0.2, 0.4]	6.33	1.47	4.55	4.87	4.01	1.78	3.20	1.77	4.03	3.52
[0.4, 0.6]	6.63	16.17	6.09	17.20	4.72	12.59	3.68	20.3	5.66	13.61
[0.6, 0.8]	7.85	32.18	7.09	30.67	9.59	39.28	7.06	36.52	6.11	35.22
[0.8, 1.0]	9.51	49.61	11.25	45.33	11.40	45.05	10.94	39.30	7.80	46.30

表 2-52　2005 年 1—5 月不同 SI 值下 CPUE 和作业次数比重

HSI	1 月		2 月		3 月		4 月		5 月	
	CPUE /（t/d）	作业次数 比重/%	CPUE /（t/d）	作业次数 比重/%	CPUE /（t/d）	作业次数 比重/%	CPUE /（t/d）	作业次数 比重/%	CPUE /（t/d）	作业次数 比重/%
[0, 0.2]	4.12	2.59	2.18	1.31	0	1.00	3.90	1.80	1.90	1.60
[0.2, 0.4]	3.65	1.07	4.07	7.51	3.11	1.78	4.22	7.01	4.17	9.20
[0.4, 0.6]	4.59	13.20	4.16	13.50	8.29	10.32	4.29	12.59	7.12	12.60
[0.6, 0.8]	7.31	38.37	7.21	39.10	12.20	42.15	8.21	32.80	8.13	33.10
[0.8, 1.0]	7.58	44.77	12.8	38.58	9.31	44.75	12.13	45.80	9.25	43.50

（三）讨论

1. 阿根廷滑柔鱼渔场分布与海洋环境因子的关系

阿根廷滑柔鱼是一种短生命周期的种类，资源和渔场变动极易受到 SST 等海洋因子的影响（王尧耕和陈新军，2005；陈新军和刘金立，2004；Waluda et al.，2001）。SST 通常可作为西南大西洋海域寻找阿根廷滑柔鱼中心渔场的指标（陈新军和刘金立，2004；陈新军和赵小虎，2005）。阿根廷滑柔鱼一般随着巴西暖流南下索饵成长，在巴西暖流和福克兰寒流交汇处、饵料丰富海域生长，并在此海域形成渔场。因此，本节利用 SST 和 Chl-a 作为海洋环境因子，研究其与渔场分布的关系，是可行的。本研究根据 2000—2004 年 1—5 月我国鱿钓船的生产统计数据及其表温资料，获得的各月最适 SST 和 Chl-a 范围，其最适 SST 范围基本上与前人研究结果相同（陈新军和刘金立，2004；陈新军和赵小虎，2005；陈新军等，2005；刘必林和陈新军，2004）。

2. 柔鱼适应性指数模型分析

SI 模型表明，柔鱼资源密度（CPUE）与 SST 存在着正态分布关系（$P < 0.01$），与 Chl-a 存在着偏正态的关系。这一关系也在其他鱼类和柔鱼类 SI 值与海洋环境的关系中得到证实（Eastwood et al.，2001；Zainuddin et al.，2006；Chen et al.，2010）。但是，以作业次数为基础的 SI 值与以 CPUE 为基础的 SI 值还是不同，产生这一差异原因可能有：（1）作业渔船分布多的海区，其资源量不一定是最高的，有可能渔船未在所有中心渔场作业；（2）作业渔船多的海区，由于渔船间的相互影响（集鱼灯放入相互影响），导致平均日产量出现下降；反之，在作业渔船少的海区，其平均日产量则较高。因此，

本研究综合了上述 2 种情况，其综合 SI 值取二者的平均值，以便较客观地反映柔鱼适应性指数模型。但是，在验证分析中，发现一些 HSI 高的区域分布在等深线 200 m 以外海域，但是事实上阿根廷滑柔鱼分布较少，而主要分布在 100 m 等深线附近海域，因此，在今后研究中需要考虑水深的因子。

3. 栖息地指数模型的完善

尽管阿根廷滑柔鱼渔场分布与表温、Chl-a 关系密切，栖息地指数模型也取得了较高的预测精度，但是阿根廷滑柔鱼具有昼夜垂直移动现象，通常其深层温度以及温跃层有无也是寻找中心渔场的指标之一（陈新军，2004）。此外，其他海洋环境指标如海面高度距平值等影响到阿根廷滑柔鱼资源分布（陆化杰和陈新军，2008），因此在今后研究中需要进一步综合上述环境因子（龚彩霞等，2011），加以综合分析与研究。同时，可结合实时海况资料，对阿根廷滑柔鱼渔场分布进行实时动态分析，为渔业生产提供科学依据。

五、西南大西洋阿根廷滑柔鱼中心渔场预报的实现及验证

本节根据我国在西南大西洋海域生产的鱿钓统计数据，结合海洋环境因子，利用栖息地指数方法构建了西南大西洋阿根廷滑柔鱼中心渔场预报模型，自主研发了软件预报系统。同时，利用实时的表温、叶绿素和海面高度距平值等海洋环境因子，对 2009 年生产作业情况进行了验证。分析认为，实际作业渔场基本上都分布在栖息地指数为 0.5 以上的海域，1—4 月份中心渔场预报准确率为 57%~74%，平均准确率为 68.29%。研究认为，栖息地指数模型可较为准确地用来预测阿根廷滑柔鱼中心渔场，同时依靠地理信息系统等技术实现了中心渔场预报的智能化。

（一）材料与方法

1. 渔情预报模型

依据 2001—2007 年我国鱿钓船生产统计和表温（SST）、叶绿素（Chl-a）、海面高度距平值（SSHA）等海洋环境数据，建立基于各环境因子的适应性指数（表 2-53），并利用算术平均法建立栖息地指数模型。其栖息地指数计算公式为

$$I_{HSI} = (I_{SI-SST} + I_{SI-Chl-a} + I_{SI-SSHA})/3 \qquad (2-41)$$

式中：I_{HSI} 为栖息地指数；I_{SI-SST} 为阿根廷滑柔鱼对表温的适应性指数；$I_{SI-Chl-a}$ 为阿根廷滑柔鱼对叶绿素-a 的适应性指数；$I_{SI-SSHA}$ 为阿根廷滑柔鱼对海面高

度距平值的适应性指数。

表 2-53　西南大西洋阿根廷滑柔鱼各环境因子的适应性指数

月份	各环境因子的适应性指数 (I_{SI-SST}，$I_{SI-Chl-a}$，$I_{SI-SSHA}$)	表温	海面高度距平值	叶绿素 a
1月	1	13~14	-20~-10	1~2
	0.5	12~13，14~16	-10~0	0.3~1，2~3
	0.1	11~12，16~18	-40~-30，0~10	0.1~0.3，3~5
	0	<11，≥18	<-40，≥10	<0.1，≥5
2月	1	13~16	-20~0	1~2
	0.5	11~13，16~17	-30~-20，0~10	0.3~1，2~3
	0.1	10~11，17~18	-40~-30	0.1~0.3，3~4
	0	<10，>-18	<-40，≥10	<0.1，≥4
3月	1	10~12	-20~0	0.1~0.5
	0.5	9~10，12~15	-30~-20	0.5~1
	0.1	8~9，15~16	-40~-30，0~10	1~3
	0	<8，≥16	<-40，≥10	<0.1，≥3
4月	1	12~14	-10~0	0.5~1
	0.5	10~12，14~16	-30~-20，0~10	0.1~0.5，1~2
	0.1	8~10，16~18	-40~-30	2~3
	0	<8，≥18	<-40，≥10	<0.1，≥3
5月	1	8~9	-20~10	0.5~1
	0.5	7~8，9~13	-30~-20	0.5~1
	0.1	6~7，13~15	-40~-30，0~10	1~4
	0	<6，≥15	<-40，≥10	<0.1，≥4

2. 验证的生产统计和海洋环境数据

原始生产数据为 2009 年 1—4 月西南大西洋阿根廷滑柔鱼渔场生产数据，产量数据的空间分辨率为 0.5°×0.5°。

环境数据为 2009 年 1—4 月西南大西洋阿根廷滑柔鱼作业渔区的 SST、Chl-a 及 SSHA 数据，下载自 OceanWatch 网站（http：//oceanwatch. pifsc. noaa. gov / las/）。环境数据的时间分辨率为月，其中 SST 的空间分辨率为 0.1°×0.1°，Chl-a 空间分辨率为 0.05°×0.05°，SSHA 数据空间分辨率为 0.25°×0.25°。

以 SST、Chl-a 以及 SSHA 为模型输入，计算出每个 0.5°×0.5°范围内的平均栖息地指数（HSI）。

3. 渔情预报系统的开发

软件系统采用第四代可视化交互语言 IDL6.0 以及 ANSI C 语言开发，利用 IDL 在矩阵运算上的优势，实现了大数据量的快速处理。本软件采用面向对象的方式开发，具有良好的容错能力，可维护性好。同时，软件也充分发挥了 IDL 和 ANSI C 语言的良好的跨平台特性，只需要简单的重新编译，便可在 HP Unix 和 Windows 操作系统下跨平台运行。

系统的运行环境为 Windows XP 或者 HP Unix 环境，具体软硬件要求为：内存为 512 MB 以上；硬盘空间为 10 GB 以上；显示要求为具有 1024×768 分辨率，32 位真彩色显示能力；其他软件支持：IDL Virtual Machine 6.0 以及 GCC 编译器（Unix 环境下）。软件在进行渔情预报模型计算时涉及很多的矩阵运算，因此推荐使用 2 GB 以上内存及双核以上的 CPU 以获得更快的运行速度。

渔情预报系统的界面见图 2-77。该界面体现了功能友好、操作简单、明了易懂等特点。

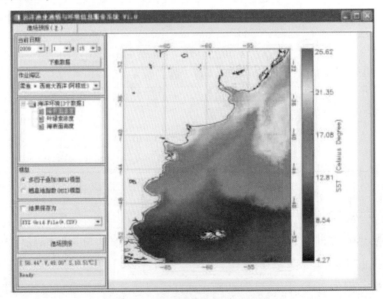

图 2-77　渔情预报系统的界面

4. 模型验证方法

模型验证的基本方法是将生产统计数据和栖息地指数分级，看其级别是否能对应以及是否具有相关性。

1）生产数据及栖息地指数（HSI）的分级

本节将 2009 年生产统计数据和栖息地指数均分为 5 个级别。由于每个月的产量规模和渔场适应性并不相同，因此将生产统计数据采用自然边界法（Natural Breaks）（Jenks，1977）进行划分，其标准见表 2-54。

表 2-54　各月渔区渔获产量 5 个等级的划分情况

月份	等级 1	等级 2	等级 3	等级 4	等级 5
1	<15	15~60	60~120	120~500	>500
2	<40	40~95	95~140	140~230	>230
3	<55	55~120	120~250	250~390	>390
4	<15	15~30	30~50	55~80	>80

同样，栖息地指数也划分为 5 个等级，即：$0 \leqslant HSI < 0.1$，记为等级 1；$0.1 \leqslant HSI < 0.3$，记为等级 2；$0.3 \leqslant HSI < 0.5$，记为等级 3；$0.5 \leqslant HSI < 0.7$，记为等级 4；$0.7 \leqslant HSI < 1.0$，记为等级 5。

2）验证方法

对于同一个作业渔区（$0.5° \times 0.5°$），如果其产量数据级别与栖息地指数级别相同或相差之绝对值小于等于 2，则认为模型能够准确预测该渔区渔场形成的情况，即渔场的适宜度；如果级别相差之绝对值大于 2，则认为模型不能正确预测。

（二）结果

1. 栖息地指数分布及其与产量叠加分布

根据文献中建立的栖息地指数模型，利用研究海域 2009 年 1—4 月各月 SST、Chl-a、SSHA，获得了各渔区 HSI 值，并绘制各月 HSI 分布图，并将同期产量进行空间叠加（图 2-78）。从图 2-78 可知，实际作业渔场基本上都分布在 HSI 为 0.5 以上的海域，但 HSI 值为 0.5 以上的渔区要比实际作业的渔区多。

2. 渔场预报验证

根据表 2-55 统计，1—2 月份中心渔场预报准确率为 57% 多，期间作业

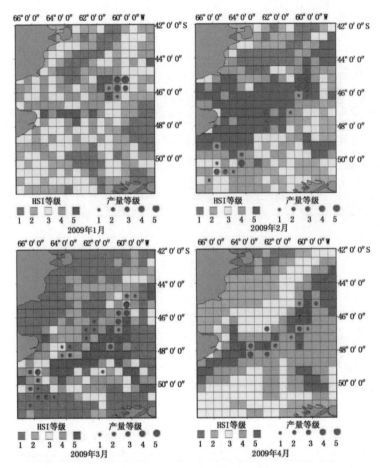

图 2-78　2009 年 1—4 月阿根廷滑柔鱼产量分布及其栖息地指数

渔区数分别为 7 个和 19 个；3—4 月份预报准确率提高到 72%~74%，期间作业渔区数分别增加到 34 个和 22 个。1—4 月份预报平均准确率为 68.29%。

表 2-55　中心渔场预报结果统计

月份	作业渔区数	预测正确		预测不正确	
		渔区数	比例	渔区数	比例
1	7	4	57.14%	3	42.86%
2	19	11	57.89%	8	42.11%
3	34	25	73.53%	9	26.47%
4	22	16	72.73%	6	27.27%
合计	82	56	68.29%	26	31.71%

3. 验证结果的相关性分析

首先，计算分级前各月产量和全年产量与 HSI 的相关性检验，并 $\alpha =$ 0.05 做显著性检验。通过相关性检验表明，各月份与全年的产量和 HSI 的显著性水平都小于 0.05，即可以认为各月份和全年的渔获产量与 HSI 之间关系密切。

其次，计算分级后各月产量和全年产量的等级，并与 HSI 对应等级进行相关检验，探讨它们之间的相关程度。分析发现，分级后各月份与全年产量等级与 HSI 之间的显著性水平都小于 0.05，即可认为分级后各月份与全年产量等级与 HSI 关系密切。HSI 模型可较为准确地用来预测阿根廷滑柔鱼中心渔场。

（三）讨论与分析

本研究根据已建立的栖息地指数模型，利用 SST、Chl-a 和 SSHA 3 个海洋环境因子，借助自主开发的渔情预报系统，实现了渔情预报可视化。根据 2009 年 1—4 月各月实际产量分布与理论计算获得 HSI 分析，其平均渔场预报精度达到了 68.29%。值得注意的是，1—2 月预报精确度相对较低，这主要是由于渔场形成的适宜环境范围较广（图 2-78）；而 3—4 月渔情预报精确度达到 72% 以上，这 2 个月适宜渔场形成的环境范围比前 2 个月相对小（图 2-78）。在所有月份中，实际作业渔场的范围基本上落在渔情预报的理论范围内。因此，本研究所建立的渔情预报模型和开发的软件系统用来预测阿根廷滑柔鱼中心渔场是可行的。

当然，渔情预报的精度和检验方法还有进一步改进的地方，比如在模型构建中需要考虑水温锋面（即水温水平梯度）、海洋环境因子的时空尺度等，也可以通过新的生产统计数据来不断更新和完善渔情预报模型。这些都需要在今后的渔情预报系统研发中加以考虑。

第四节　栖息地指数在印度洋鸢乌贼渔场中的应用

鸢乌贼（*Sthenoteuthisoualaniensis*）隶属枪形目、开眼亚目、柔鱼科、鸢乌贼属，广泛分布于印度洋、太平洋的热带和亚热带海域（董正之，1991）。俄罗斯和日本等国家曾对印度洋西北公海海域鸢乌贼资源进行调查，认为该海域鸢乌贼资源具有一定的开发潜力，可作为商业性捕捞的对象（Trotsenko

& Pinchukov, 1994；谷津明彦, 1997；Zuev & Nesis, 1971）。国内外学者对印度洋西北海域鸢乌贼的种群结构（Nesis, 1993；杨德康, 2002）、饵料组成（Zuyev et al., 2002；Chesalin, 1994）、繁殖特性（Zuev, 1994）、资源评估（Zuyev et al., 2002；Chesalin & Zuyev, 2002）、渔场分布（陈新军和叶旭昌, 2005）等方面做了研究，我国在2003年、2004年利用鱿钓船对印度洋西北海域 2°—24°N、57°—69°E 的鸢乌贼进行调查，对中心渔场形成及其与海洋环境的关系有了初步的认识，渔场形成及其分布主要受索马里海流和赤道海流的影响（Nesis, 1971；陈新军和叶旭昌, 2005）。

本节拟采用栖息地指数理论和方法，根据2003年、2004年9—10月份我国鱿钓船在印度洋西北海域鸢乌贼资源探捕调查获取的渔获数据，结合表温（SST）、表层盐度（SSS）、海面高度（SSH）、叶绿素-a浓度（Chl-a）等环境数据，采用不同的HSI模型研究分析鸢乌贼中心渔场分布及其与海洋环境关系，为鸢乌贼资源的合理开发和利用提供科学依据。

印度洋西北部海域的鸢乌贼具有一定的开发潜力，可作为商业性捕捞的对象，准确预报中心渔场可为指导生产提供依据。根据2003年、2004年9—10月份期间我国鱿钓船在 2°—24°N、57°—69°E 海域的探捕数据，结合表温、盐度、海表面高度和叶绿素a，以CPUE作为适应性指数，利用算术平均法（AM）和几何平均法（GM）分别建立基于环境因子的综合栖息地指数模型。结果表明，9月份在栖息地指数（HSI）大于0.8的中心渔场作业次数比例超过24%，平均日产量在5.48 t/d左右；10月份在HSI大于0.8的中心渔场作业次数比例在43%以上，平均日产量在5.2 t/d以上。研究认为，基于表温、盐度、海表面高度和叶绿素a的HSI模型能较好预测印度洋鸢乌贼中心渔场，且AM模型优于GM模型。

一、材料和方法

（一）数据来源

（1）渔获数据来自农业部公海渔业资源探捕调查项目（印度洋西北鸢乌贼资源探捕），时间为2003年、2004年的9—10月份。探捕海域为 2°—24°N、57°—69°E，每空间分辨率 0.5°×0.5° 为一个站点，共计站点260个。数据内容包括作业位置、渔获量和作业次数（即作业天数）等。调查船为"新世纪57号"，其船长68 m，型宽10 m，总吨位为851 t，主机功率552 kW，水上集鱼灯 160 盏×2 kW，水下灯 4 只×5 kW，钓机台数 45 台，钓机型号为 SE-58 型，船员人数 30 名。

（2）海洋环境数据（SST、SSH、Chl-a）来源于 Ocean-Watch 网站（http：//oceanwatch. pifsc. noaa. gov/las/servlets/dataset），SST 数据空间分辨率为 0.1°×0.1°，SSH 数据空间分辨率为 0.2°×0.3°，Chl-a 数据空间分辨率为 0.05°×0.05°。SSS 数据来源于哥伦比亚大学网站环境数据库（http：//iridl. ldeo. columbia. edu），空间分辨率是 0.5°×0.5°，数据的时间分辨率均为月。将海洋环境数据按统计平均方法整合为空间分辨率为 0.5°×0.5°。

（二）数据处理

（1）统计 2003 年和 2004 年 9 月和 10 月份 0.5°×0.5°范围内的渔获量和作业次数，计算单船平均日产量（CPUE）。将环境数据处理成空间分辨率为 0.5°×0.5°的数据。

（2）通常认为单位捕捞努力量渔获量可作为表征资源密度的指标（Bertrand et al.，2002）。因此，利用 CPUE 分别与 SST、SSS、SSH、Chl-a 浓度来建立适应性指数（Suitability index，SI）模型。假定 $CPUE_{max}$ 为鸢乌贼资源分布最多的海域，认定其适应性指数 SI 为 1，而 CPUE 为 0 时通常认为是鸢乌贼资源分布很少的海域，认定其 SI 为 0。SI 计算公式如下：

$$SI_i = SI_{i,\,CPUE} = \frac{CPUE_{ij}}{CPUE_{i,\,max}} \qquad (2-42)$$

式中，SI_i 为 i 月的适应性指数；$SI_{i,\,CPUE}$ 为 i 月以 CPUE 为基础获得适应性指数；$CPUE_{i,\,max}$ 为 i 月的最大 CPUE（t/d）；$CPUE_{ij}$ 为 i 月 j 渔区的 CPUE。

（3）利用正态和偏正态函数分别建立 SST、SSS、SSH、Chl-a 和 SI 之间的关系模型。利用 DPS 软件进行求解。通过此模型将 SST、SSS、SSH、Chl-a 和 SI 两离散变量关系转化为连续随机变量关系。

（4）利用算术平均法（arithmetic mean，AM）和几何平均法（geometric mean，GM）计算栖息地综合指数 HSI。HSI 值在 0（不适宜）到 1（最适宜）之间变化。计算公式如下：

$$HSI = \frac{1}{4}(SI_{SST} + SI_{SSS} + SI_{SSH} + SI_{Chl-a}) \qquad (2-43)$$

$$HSI = \sqrt[4]{SI_{SST} \times SI_{SSS} \times SI_{SSH} \times SI_{Chl-a}} \qquad (2-44)$$

式中，SI_{SST}、SI_{SSS}、SI_{SSH}、SI_{Chl-a} 分别为用 SST、SSS、SSH 与 Chl-a 计算得出

的适应性指数 SI，HSI 为栖息地综合指数。技术路线示意图见图 2-79。

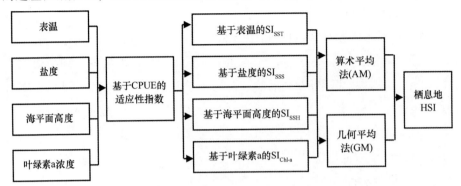

图 2-79　栖息地指数计算流程图

二、结果

（一）作业次数、CPUE 与海洋环境的关系

9 月份，作业次数主要分布在 SST 为 27.0~28.0℃、SSS 为 35.6~36.4、SSH 为 32~44 cm 和 Chl-a 为 0.7~1.1 mg/m³ 的海域，分别占总作业次数的 58.9%、89.1%、69.9% 和 46.6%，其对应的 CPUE 范围分别为 0.5~3.9 t/d、0.2~4.8 t/d、0.1~2.0 t/d、0.7~4.6 t/d（图 2-80a、图 2-80c、图 2-80e、图 2-80g）；10 月份，作业次数主要分布在 SST 为 27.5~29.0℃、SSS 为 35.6~36.4、SSH 为 23~32 cm 和 Chl-a 为 0.5~1.1 mg/m³ 的海域，分别占总作业次数的 68.7%、92.7%、66.3% 和 83.1%，其对应的 CPUE 范围分别为 3.4~6.6 t/d、2.1~4.8 t/d、1.4~5.4 t/d、4.8~5.0 t/d（图 2-80b、图 2-80d、图 2-80f、图 2-80h）。

（二）拟合 SI 曲线及建立模型

利用正态和偏正态函数拟合以 CPUE 为基础的 SI 与 SST、SSS、SSH、Chl-a 的曲线（图 2-81），求解的 SI 模型见表 2-56，模型拟合通过显著性检验（$P<0.01$）。

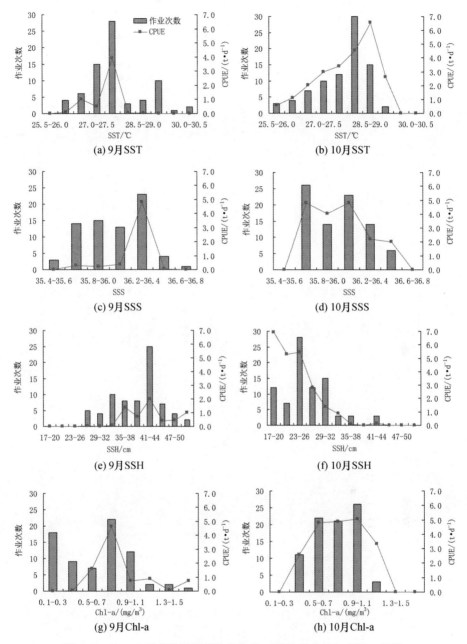

图 2-80　9—10 月鸢乌贼渔场作业次数、平均日产量与表温、盐度、
海表面高度及叶绿素 a 浓度的关系

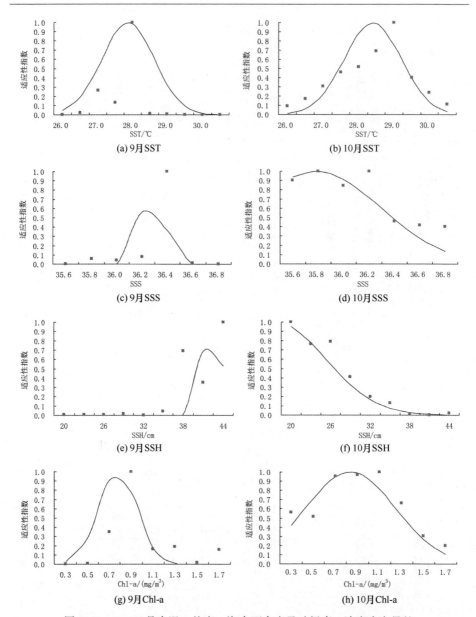

图 2-81　9—10 月表温、盐度、海表面高度及叶绿素 a 浓度为变量的
鸢乌贼栖息地适应性指数曲线

表 2-56　2003—2004 年 9—10 月鸢乌贼适应性指数模型

月份	适应性指数模型	P 值
9 月	$SI_{CPUE-SST} = \exp(-0.881\,2\,(X_{SST} - 27.860\,6)^2)$	0.000 1
	$SI_{CPUE-SSS} = \exp(-77.540\,9\,(X_{SSS} - 36.285\,9)^2)$	0.000 1
	$SI_{CPUE-SSH} = \exp(-0.219\,9\,(X_{SSH} - 42.300\,7)^2)$	0.002 4
	$SI_{CPUE-Chl-a} = \exp(-16.275\,5\,(X_{Chl-a} - 0.774\,9)^2)$	0.000 1
10 月	$SI_{CPUE-SST} = \exp(-0.774\,8\,(X_{SST} - 28.397\,2)^2)$	0.024 0
	$SI_{CPUE-SSS} = \exp(-1.931\,4\,(X_{SSS} - 35.782\,9)^2)$	0.044 6
	$SI_{CPUE-SSH} = \exp(-0.008\,6\,(X_{SSH} - 17.578\,0)^2)$	0.000 1
	$SI_{CPUE-Chl-a} = \exp(-3.004\,0\,(X_{Chl-a} - 0.837\,1)^2)$	0.015 7

式中：X_{SST}、X_{SSS}、X_{SSH}、X_{Chl-a} 分别为表温、盐度、海面高度和叶绿素-a 浓度。

（三）HSI 模型分析

从表 2-57 中可看出，9 月份 HSI 在 0.2 以下时 AM 和 GM 模型的作业次数比重分别占 26.23% 和 49.32%，CPUE 均在 0.5 t/d 以下；HSI 在 0.6 以上时 AM 和 GM 模型的作业次数比重分别占 27.40% 和 24.70%，其中 HSI 在 0.8 以上时的 CPUE 均超过 5 t/d。10 月份 HSI 在 0.2 以下时 AM 和 GM 模型的作业次数比重分别占 0.00% 和 6.02%，CPUE 在 0~0.5 t/d；HSI 在 0.6 以上时 AM 和 GM 模型的作业次数比重分别占 74.69% 和 67.47%，CPUE 均超过 2.2 t/d，其中 HSI 在 0.8 以上时的 CPUE 均超过 5 t/d。通过比较分析 AM 模型和 GM 模型，两者均能较好地反映印度洋鸢乌贼中心渔场的分布情况。

表 2-57　2003 年和 2004 年 9—10 月不同 SI 值下 CPUE 和作业次数比重

HSI	9 月 AM		9 月 GM		10 月 AM		10 月 GM	
	CPUE (t/d)	作业次数比重（%）	CPUE (t/d)	作业次数比重（%）	CPUE (t/d)	作业次数比重（%）	CPUE (t/d)	作业次数比重（%）
[0, 0.2)	0.37	26.03	0.35	49.32	0.00	0.00	0.26	6.02
[0.2, 0.4)	0.10	26.10	0.32	19.18	1.32	8.43	1.22	15.66
[0.4, 0.6)	0.75	20.55	0.28	6.85	0.48	16.87	0.55	10.84
[0.6, 0.8)	0.04	2.74	0.00	0.00	2.29	26.51	3.64	24.10
[0.8, 1.0]	5.48	24.66	5.48	24.70	5.27	48.22	5.29	43.37

三、讨论与分析

（一）印度洋鸢乌贼渔场分布与海洋环境因子的关系

印度洋鸢乌贼生命周期约为一年（刘必林等，2009），渔场形成的内在动力在于上升流的存在，它使深海水上涌到表层，带来丰富营养，表层藻类生长旺盛，叶绿素浓度高（杨晓明等，2006）。且上升流区域由于底层冷水与表层水交汇，温度、盐度变化大，与鸢乌贼的生长有很大关联（陈新军和叶旭昌，2006）。由于海面高度能够体现海洋温跃层厚度的变化（李雁领等，2004），对印度洋西北海域鸢乌贼的渔场分布及其与海面高度的数据进行分析，可以找出中心渔场分布与海面高度以及冷暖水团之间的关系（邵锋和陈新军，2008）。因此，本节利用 SST、SSS、SSH 和 Chl-a 作为海洋环境因子，研究其与中心渔场分布的关系是可行的。本研究根据 2003 年和 2004 年 9—10 月我国鱿钓船在印度洋的探捕数据及其环境资料，分析了作业次数、平均日产量与表温、盐度、海表面高度及叶绿素 a 浓度的关系，获得的渔场最适范围 SST 为 27.0~29.0℃、SSS 为 35.6~36.4、Chl-a 为 0.5~1.1 mg/m³，与前人的研究结果（陈新军和叶旭昌，2006；杨晓明等，2006）相同。

（二）鸢乌贼适应性指数模型分析

从 9—10 月鸢乌贼适应性指数模型可看出，9—10 月份鸢乌贼资源丰度（CPUE）与 SST、SSS、SSH 和 Chl-a 存在着正态分布关系（$P<0.05$）。杨晓明等（2006）分析认为，鸢乌贼中心渔场出现前 10 月 12—14 日在阿曼湾东北部有风速为 7 m·s⁻¹ 左右的东北风；渔获高产期时 10 月 15—25 日风速减小至 4~5 m·s⁻¹；10 月 26—29 日风速增大，渔场消失。海面风的变化使深海水与表层水交汇，温度变化迅速，且底层营养盐随流上涌，藻类繁殖旺盛，叶绿素浓度增加，致使海域环境不稳定，变化幅度大，渔场位置不确定，使得 10 月份建立的栖息地指数模型的统计 P 值相对较大。本节适应性指数是根据 CPUE 值计算获得，通常认为，作业次数亦可代表鱼类出现或鱼类利用情况的指标来计算 SI（Andrade & Garcia，1999），取两者平均值作为该月最终 SI 值（陈新军等，2009），由于印度洋西北部公海海域的鸢乌贼资源利用尚处于探捕的初级阶段，作业渔船数量少，为避免产生 SI 值的偏差，作业次数没有用来作为计算 SI 的依据。

（三）AM 与 GM 模型的比较分析

由表 2-57 可以看出，9 月份的 AM 和 GM 模型均显示作业次数比重主要出现在 HSI 低于 0.6 的海域，所占比例为 70% 左右；HSI 为 0.8 以上时作业比重占 25% 左右。10 月份的 AM 和 GM 模型均显示作业次数比重主要出现在 HSI 大于 0.6 的海域，所占比例为 70% 左右，且随着 HSI 值增加，其作业次数比重不断加大，CPUE 波动性增加。结合表 2-57 各 HSI 值的作业次数比重以及 CPUE 值，认为 AM 模型优于 GM 模型。

（四）栖息地指数模型的完善

通过 2003 年、2004 年印度洋西北海域鸢乌贼 9—10 月 HSI 模型，较好地分析了鸢乌贼的中心渔场范围，这一模型基本满足渔业使用的要求。但由于只有两年站点的调查资料，且只有 2 艘调查船的数据，缺乏大规模渔船的生产统计数据（实际上我国鱿钓船由于印度洋渔船安全的问题，没有进行生产），因此最适海域与实际作业海区不可避免存在偏差，HSI 模型的精度还需要进一步提高和完善。此外，文中选用了 4 种环境因子，但是影响鸢乌贼生长与分布的因素可能不止这些，如印度洋西部海域受季风海流和反赤道海域的影响形成了广泛的上升流（周金官等，2008），浮游动物的分布与海洋环境的关系密切，直接影响鸢乌贼资源的分布与数量（钱卫国等，2006），因此在今后研究中需要进一步综合上述环境因子，考虑环境变量的权重，分清主次，结合生产统计和资源调查数据，加以综合分析与研究。

第五节　基于栖息地指数的西北太平洋柔鱼渔获量估算

柔鱼为大洋性鱿鱼类的一种，广泛分布在整个北太平洋海域，主要被中国（包括台湾省）、日本等国家和地区利用（王尧耕等，2005）。其中，分布在北太平洋西部海域的冬春生群是传统的捕捞对象，占近年来北太平洋柔鱼总产量的 70%~80%。国内外学者曾对柔鱼的生物学（Yatsu et al.，1997；李思亮等，2011）、海洋环境对渔场分布（Ichii et al.，2009；陈新军等，2009）及资源量评估（Chen et al.，2008；Ichill et al.，2006）等方面进行了研究。由于柔鱼为一年生的种类，其资源量易受海洋环境的影响（曹杰，2010）。要实现柔鱼资源的可持续利用，需要加强其资源评估与预测工作的研究，这也是当前正在成立的北太平洋区域渔业管理组织所要求开展的工作。栖息地指数是表征鱼类资源空间分布与海洋环境关系的重要手段，海洋环境因子合适与否直接影响到资源密度的大小，以及栖息地范围大小和适宜程度。利用栖息地指数来估算渔业资源开发量正成为国际上的研究热点（Le Pape et al.，2007；Vincenzi et al.，2006）。为此，本节利用栖息地适宜性指数（HSI）模型建立柔鱼资源分布与海洋环境之间的关系，根据历史上渔获量空间分布，以此建立渔获量与 HSI 之间的关系，从而评估其潜在的可能渔获量，为柔鱼资源可持续利用和渔情预报提供参考。

一、材料与方法

（一）渔业数据

柔鱼渔获生产统计数据来源于上海海洋大学鱿钓技术组。时间为 2003—2008 年 8—10 月，研究海域为 150°—164°E、39°—45°N，空间分辨率为经纬度 0.5°×0.5°，时间分辨率为周（从 8 月份的第一天算起）。生产数据内容包括作业位置（经纬度）、作业时间，作业次数，渔获量等。

（二）环境数据

研究表明，SST、SSH 和 GSST 是影响柔鱼资源分布的重要环境因子（Chen et al.，2010；陈新军等，2009）。为此在本节中采用 SST、SSH 和 GSST 作为建立栖息地指数的海洋环境因子。SST 及 SSH 数据来源于美国国家航空航天局（NASA）网站（http：//oceancolor. gsfc. nasa. gov），时间分辨率均为周。SST 数据空间分辨率是 0.1°×0.1°，SSH 数据空间分辨率为 0.25°×0.25°。SST 及 SSH 数据按均值法将其空间分辨率换算成 0.5°×0.5°，即每 25 个原始 SST 数据或 4 个原始 SSH 数据的平均值作为新的空间分辨率下的 SST 或 SSH 值。GSST 数据计算公式如下：

$$GSST_{i,j} = \sqrt{\frac{(SST_{i,j-0.5} - SST_{i,j+0.5})^2 + (SST_{i+0.5,j} - SST_{i-0.5,j})^2}{2}}$$

$$(2-45)$$

式中，$GSST_{i,j}$ 是纬度为 i，经度为 j 的 GSST 数据，$SST_{i,j-0.5}$，$SST_{i,j+0.5}$，$SST_{i+0.5,j}$，和 $SST_{i-0.5,j}$ 是纬度分别为 i，i，$i+0.5$ 和 $i-0.5$，以及经度分别为 $j-0.5$，$j+0.5$，j 和 j 的 SST 数据。

(三) 模型建立

1. SI 指数模型

SST、GSST 及 SSH 三个环境因子 SI 模型的建立参见本章第一节。2003—2008 年第 1 周到第 13 周各环境因子的 SI 值的定义参见本章第一节。

2. 综合 HSI 模型的建立

综合栖息地模型采用赋予权重的算术平均算法（WAMM）：

$$HSI = W_{sst} * SI_{sst} + W_{gsst} * SI_{gsst} + W_{ssh} * SI_{ssh} \qquad (2-46)$$

式中，W_{sst}，W_{gsst} 和 W_{ssh} 分别为 SST，GSST 和 SSH 的权重。据本章第一节的研究结果表明，这三个因子的权重分别取 0.5、0.25 和 0.25 时最佳。SI_{sst}，SI_{gsst} 和 SI_{ssh} 分别为 SST、GSST 和 SSH 的 SI 值。

3. 潜在渔获量估算

本文中的潜在渔获量是指单位时间的单位空间内，在现有的捕捞能力条件下可捕获的产量，故所有估算基于以下假设：

（1）鱼群的分布在同一单位时间段内（本文指 7 天）是连续分布且不变的；

（2）捕捞努力量的分布与历史同一时期相似；

（3）所采样本产量的分布代表了该区域该时间段内所能捕捞到的渔获量。

估算原理：HSI 是基于捕捞努力量与环境因子之间的关系建立的，HSI 高的海域其柔鱼资源丰度高，低的海域柔鱼资源丰度低。单位时间单位空间内渔获量也受到捕捞努力量与环境因子的影响，故渔获量与 HSI 之间必然存在某种正相关关系。为此，采用以下方程进行拟合：

线性方程：

$$Y = a + bX \qquad (2-47)$$

指数方程：

$$Y = ae^{bX} \qquad (2-48)$$

对数方程：

$$Y = a + b\ln(X) \qquad (2-49)$$

幂函数方程：

$$Y = aX^b \qquad (2-50)$$

式中：Y 为渔获量，X 为 HSI 值，a 和 b 为估计参数。

二、结果

(一)渔获量空间分布

整个研究海域(150°—164°E、39°—45°N)由 336 个渔区组成(0.5°×0.5°为一个渔区),本研究渔获量和 HSI 的分析是基于 1 130 个渔区数据,均来自 2003—2008 年 8—10 月作业海区的样本,其渔获量的空间分布见图 2-82。从图 2-82 中可以看出,2003—2008 年 8—10 月的捕捞区域覆盖 171 个渔区,年捕捞渔获量的分布占据 70~80 个渔区,周捕捞渔获量的分布仅占据 33 个渔区或者更少。大部分渔获量都分布在 160°E 以西海域。

(二)实际渔获量与 HSI 之间的关系

根据 2003—2008 年各周内各作业海区的 SST、GSST 及 SSH 的 SI 值定义可得各周内各作业海区的 HSI 值。2003—2008 年所有采样渔区的周渔获量与 HSI 之间的关系如图 2-83 所示。由图 2-83 可知,不同的 HSI 下,渔获量不同,且均出现渔获量较低的现象。同一 HSI 下,渔获量也不同,即 HSI 高的地方渔获量并不一定高,但渔获量基本分布在 Y = 2 000 HSI 这条直线的下方(图 2-83)。

(三)模型拟合结果

计算采样渔区不同 HSI 下的周平均渔获量,并按公式(2-47、2-48、2-49、2-50)建立周平均渔获量与 HSI 之间的关系,拟合方程参数如表 2-58 所示。线性方程参数 a 并未通过检验($P = 0.997$),其他方程各参数均通过检验,渔获量与 HSI 之间的关系是显著的($P < 0.05$)。通过相关系数分析表明,指数方程拟合最好($R^2 = 0.83$)。

表 2-58　2003—2008 年周平均渔获量与 HSI 之间的回归方程参数

拟合方程	参数 a [95%置信区间]	参数 b [95%置信区间]	R^2	P
线性	-0.10 [-49.33, 49.14] ($P = 0.997$)	175.88 [96.53, 255.23] ($P = 0.000$)	0.77	0.000
指数	30.08 [19.71, 45.92] ($P = 0.000$)	1.83 [1.14, 2.51] ($P = 0.000$)	0.83	0.000
对数	144.87 [96.42, 193.47] ($P = 0.000$)	60.99 [14.93, 107.06] ($P = 0.016$)	0.54	0.016
幂函数	139.31 [91.47, 212.72] ($P = 0.000$)	0.67 [0.27, 1.07] ($P = 0.005$)	0.65	0.005

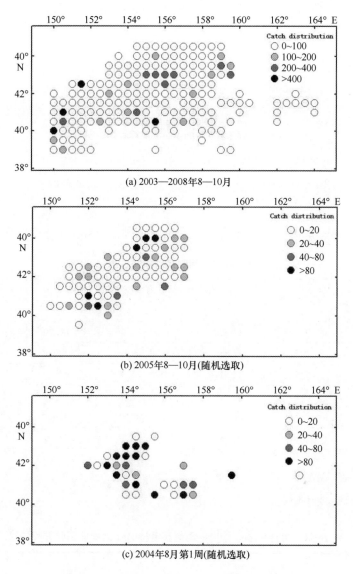

图 2-82　西北太平洋柔鱼渔场及渔获量分布

（四）基于最优模型的渔获量估算

利用上述指数模型，预测 2003—2008 年 8—10 月 1—13 周各实际作业渔区的可能渔获量，同时将每年各时间段内各作业渔区的预测值进行累加，并与采样海域实际值进行对比（表 2-59）。从表 2-59 可知，2004 年预测值与实际值相差最大，预测值比实际值低 12 000 多 t。2007 年与 2008 年预测值与实

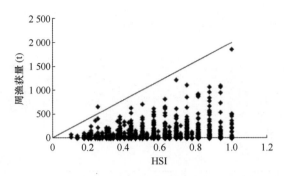

图 2-83　2003—2008 年柔鱼实际周渔获量与 HSI 之间的关系

际值几乎一致。2003—2008 年总的预测值比实际值总体上低 6 000 多 t。

表 2-59　回归模型检验结果

年份	采样渔区数	采样海域实际值（t）	采样海域预测值（t）	绝对误差（t）	相对误差（%）
2003	132	17 729.5	12 602.6	-5 126.86	-28.92
2004	313	41 833.5	29 709.5	-12 123.93	-28.98
2005	260	13 617.0	21 385.4	7 768.39	57.05
2006	146	10 598.7	14 242.3	3 643.66	34.38
2007	59	5 427.5	5 548.9	121.40	2.24
2008	220	21 081.6	20 542.5	-539.10	-2.56

三、讨论分析

　　柔鱼作业渔区每年不同时期都有适当的变化，这也是商业性渔业作业的特点（曹杰，2010；王尧耕等，2005），但这也是由于柔鱼季节性洄游分布及其对海洋环境变化的结果。2003—2008 年我国鱿钓船作业海域共有 171 个海区，而每年的作业海区较少，周作业海区则更少，那么在作业渔区之外的海域也可能存在柔鱼资源较丰富的渔场，这样我们可以通过 HSI 模型的建立，来推测并得出未作业渔区的 HSI 及其资源分布的可能，用平均周渔获量与 HSI 之间的指数模型可换算成各渔区的平均潜在渔获量。这一方法实现了仅从 HSI 对资源分布的定性描述到定量计算的转化，这也是近年来渔业资源管理与评价的一个发展趋势（Le Pape et al.，2007）。

　　HSI 模型的开发者及应用者均假设高质量栖息能得到较高的 HSI 值，低质量栖息地能得到较低的 HSI 值（U. S. Fish and Wildlife Service，1981；1986；Li et al.，2009）。但从图 2-83 可知，具有较高的 HSI 作业海区也可能获得较低的产量，或较低 HSI 的作业海区也可能获得较高的产量。这一现象说明了商业性渔业捕捞作业的特点，每艘船只要能保证自身有一定的经济利益可得，就会集中在某些海域作业，虽然这些海区 HSI 较低，但渔船较集中，总产量还是会比较高。而某些海区虽然 HSI 较高，但如果该海域总作业船数较少，那么总的渔获量仍较低。这一现象也曾在其他商业性渔业中出现（Chen et al.，2009）。但从整体来看，渔获量基本分布在 Y = 2 000HSI 这条直线的下方，这一关系式表明了不同海区的最大潜在渔获量（即分布在 Y = 2 000HSI 这条直线上）与 HSI 之间的正相关关系。

周平均渔获量与 HSI 之间的关系表明，线性方程参数 a 并未通过检验，从参数 a 的 95% 置信区间可知，a 取值可能为 0，即 HSI 为零时，周平均渔获量也为零，这并不违背本文假设，所以我们将参数 a 去掉之后再做拟合，可得到关系式为 $Y = 175.74\text{HSI}$（$P = 0.000$，$R^2 = 0.77$），尽管这一关系式通过了检验，但其相关系数并未得到明显的提高，仍低于指数方程的相关系数（表 2-58）。

尽管指数方程拟合结果最佳，但当 HSI 较低（0~0.1）或较高（0.9~1）时，其误差较大（图 2-84），预测时应谨慎。这可能是由于 HSI 计算结果大部分集中在 0.4~0.9 之间，0~0.1 之间仅包含两个样本海区，0.1~0.3 及 0.9~1 之间样本海区均低于 100 个，而 0.4~0.9 之间样本均超过 100 个。这一结论与 Brooks 等（1997）的研究结果类似。且 HSI 在 0.9~1 之间时，模型所作的预测结果可能较为保守（图 2-84）。

由可能渔获量的估算结果可知，2004 年渔获量预测值远低于实测值。主要原因可能是 2004 年所采样渔区中周渔获量有 20 个作业区域均大于 500 t，这些渔区中 75% 以上 HSI 大于 0.75，总渔获量为 17 380 t，而预测值为 2 637 t，且这些渔区周作业船次在 96~373 次间。这就意味着在这些海域的捕捞船高度集中。从预测模型来看，HSI 最高时，周平均渔获量仅 187 t，从这一现象来看，渔船高度集中时，模型所作预测将远小于实际值。另一方面，HSI 较高时，模型可能作了较为保守的估计（图 2-84），导致预测值小于实际值。相比之下，2008 年仅有 6 个作业区域大于 500 t，故预测值与实际值差异相对比较小。

本节根据 2003—2008 年周渔获数据和环境数据对柔鱼资源做了初步的定

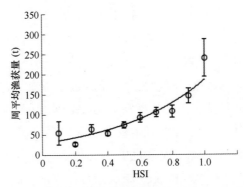

图 2-84　2003—2008 年柔鱼周平均渔获量与 HSI 之间的
指数关系（误差线用标准误表示）

量描述，获得一些较为重要的研究结果，可为实际捕捞作业及渔情预报提供更多的信息。但本文的预测模型仍然存在一些问题，如商业性渔业数据分布集中及 HSI 计算结果居中等，有待进一步对模型进行合理适当的校正，以便做出更科学更可靠的预测与估算。

第三章 栖息地指数在金枪鱼类资源渔场中的应用

第一节 印度洋金枪鱼栖息地指数研究

一、概述

印度洋大眼金枪鱼（*Thunnus Obesus*）是我国远洋金枪鱼延绳钓船队主捕鱼种之一，2004 年产量在 8 321.2 t，约占其总产量的62.45%。大眼金枪鱼的空间分布及其与环境关系得到世界渔业管理组织和学者的重视（Mohri，1999；Lee et al.，2005；冯波，2003）。王家樵（2006）利用栖息地（Habitat Suitability，HS）模型对其栖息地分布模式展开了探讨，考虑了加权温度、盐度、溶解氧、温跃层深度等 4 个环境因素。一些研究认为，盐度对大眼金枪鱼分布影响较小（冯波，2003）。同时，其渔获的最小溶解氧为 1.0 mL/L，据此认为印度洋广大海域的 600 m 水深以内的溶解氧都满足此要求，溶解氧大小本身对大眼金枪鱼的约束力是有限的（Mohri，1998）。然而有研究表明，50 m 与 150 m 水层氧差可对钓获率产生较大影响（冯波和许柳雄，2004）。此外，大眼金枪鱼常常活跃在温跃层下方，可以用20℃等深线来估计温跃层深度。利用 50 m 与 150 m 水层温差来代替温跃层也取得了良好效果（冯波和许柳雄，2004；November，2000）。

二、多变量分位数回归构建印度洋大眼金枪鱼栖息地指数

以 0~300 m 加权平均水温、50~150 m 水层的温差和氧差及其交互变量为海洋环境影响因子，对筛选出的变量运用分位数回归法，寻找出环境变量与大眼金枪鱼延绳钓钓获率的最佳上界分位数回归方程，并计算出栖息地指数（HSI），应用地理信息系统（GIS）软件绘制各月 HSI 空间分布图。研究表

明，加权平均水温（x）、温差（y）、氧差（z）与大眼金枪鱼延绳钓钓获率（HR）的最佳上界分位数回归方程为 $HR_{0.70} = -15.596 + 2.124x - 0.003x^3 + 0.033xyz - 0.036y^2z + 0.107yz^2 - 0.337z^3$。HSI 空间分布：16°S—10°N 印度洋海域 HSI 高于 0.7；HSI>0.8 的海域随季节发生显著变化；马达加斯加外海至 100°E、16°—26°S 海域常年存在一片 HSI<0.4 的区域；26°—40°S 海域的 HSI 介于 0.4~0.5；40°S 以南海域 HSI<0.4；东非外海季节性地出现一片 HSI<0.6 的海域。本方法优于传统的栖息地指数建模方法，但略逊于单变量分位数回归的栖息地指数建模方法。

（一）材料与方法

1. 数据来源与处理

本节使用数据包括商业性金枪鱼延绳钓渔业数据和环境数据。其中，商业性金枪鱼延绳钓渔业数据来源于上海水产大学金枪鱼技术组。文中使用了 1975 年到 1997 年印度洋大眼金枪鱼深水延绳钓数据，主要包含作业地点、月份、渔获量、捕捞努力量（每次下钩数）等。海洋环境数据来自美国国家海洋数据中 World Ocean Atlas 98（WOA98）光盘，为印度洋海域 7 个水层（75 m、100 m、125 m、150 m、200 m、250 m 和 300 m）的水温和溶解氧值。

钓获率（Hooking rate，HR）按时间（两个月）初步计算出 1°×1° 经纬度内渔获尾数和钩数的平均值，然后计算出 1°×1° 经纬度内的钓获率平均值，计算公式为：

$$HR_{(i, j)} = \frac{N_{fish(i, j)} \times 1\ 000}{N_{hook(i, j)}} \tag{3 - 1}$$

其中 $HR_{(i, j)}$ 为经度 i 纬度 j 处的钓获率平均值；$N_{fish(i, j)}$ 为该经纬度上的渔获尾数平均值；$N_{hook(i, j)}$ 为该处的下钩数平均值。

加权平均水温按标准水层（75 m、100 m、125 m、150 m、200 m、250 m 和 300 m）$\sum d_i v_i / \sum d_i$ 计算加权平均值。d_i 表示第 i 个深度层距离，v_i 表示水温在第 i 个深度层的双月平均值（Romena，2000）。

温差和氧差由 50 m、150 m 水层相应的温度和溶解氧浓度相减取得双月平均值。

2. 方法

（1）分别以 x、y、z 表示 0~300 m 间 7 个水层的加权水温（冯波等，2003）、50~150 m 水层的温差和氧差三个环境变量。运用统计软件 SPSS13.0

计算各环境变量的一次项、二次项、三次项以及交互项对应变量钓获率的方差分析的回归贡献度大小，进入分位数回归的条件是各变量相对于应变量的标准化 β 系数 t 检验 P 值小于 0.01。

（2）对应变量和筛选出的变量进行分位数回归（quantile regression）（季莘和陈锋，1998），选择了 10 个分位数 $Q=$（0.50，0.55，0.60，0.65，0.70，0.75，0.80，0.85，0.90，0.95）进行回归计算，用秩得分检验（rank-score test）来计算不同分位数下各参数项 P 值的大小，根据 P 值的大小来检验各变量的回归系数是否为零，若参数检验值 $P>0.001$ 时，表明回归系数接受为零假设，该系数对应的变量即被排除。在所有的回归系数检验值 $P \leqslant 0.001$ 的分位数回归方程中，挑选最佳上界分位数回归方程。分位数回归使用了 Blossom 软件。

（3）根据该分位数回归方程，以实际的加权平均水温 x、温差 y 和氧差 z 等自变量来修正应变量钓获率的数值，这个数值被认为是潜在的钓获率叫做 HR_Q。然后利用 HR_Q 来计算栖息地指数（habitat suitability index，HSI），公式如下：

$$HSI = \frac{HR_Q}{HR_{Q\max}} \qquad\qquad (3-2)$$

式中：$HR_{Q\max}$ 为 HR_Q 的最大值。

（4）运用地理信息系统软件 Marine Explorer4.0 绘制大眼金枪鱼 HSI 栖息地空间分布图。

（5）假设高 HSI 水平下出现较高的渔获频次或钓获率，根据 2004 年中国印度洋延绳钓生产数据，检验该模型预测的结果在探索中心渔场上的可行性，并与冯波和许柳雄（2004）及陈新军等（2008）提出的模型对比。

（二）结果

1. 变量的选择

各变量的一次项、二次项、三次项及交互项对应变量方差分析的回归贡献度 t 检验结果见表 3-1，共筛选出 x、x^3、xyz、y^2z、yz^2、z^3 等 6 个变量（$P \leqslant 0.01$）。

表 3-1   自变量相对于应变量的标准化 β 系数 t 检验

变量	标准化系数 β	t 检验	P 值	变量	标准化系数 β	t 检验	P 值
x	0.550	7.957	0.000	y	0.473	1.682	0.092
x^2	1.084	0.721	0.471	y^2	−0.399	−0.486	0.627
x^2y	−0.552	−2.314	0.020	y^2z	−2.224	−3.298	0.000
x^2z	0.163 9	0.603	0.547	y^3	0.423	1.012	0.312
x^3	−0.480	−5.818	0.000	yz	0.582	3.021	0.013
xy	1.930	0.700	0.483	yz^2	1.552	2.950	0.003
xy^2	0.511	0.683	0.495	z	−0.468	−1.270	0.204
xyz	1.403	2.640	0.008	z^2	1.121	1.444	0.148
xz	3.436	0.876	0.381	z^3	−1.313	−6.508	0.000
xz^2	−0.486	−0.656	0.512				

2. 分位数回归分析

不同分位数下，各变量回归系数秩得分检验结果见表 3-2。$Q \geqslant 0.75$ 时，有部分变量的回归系数秩得分检验 P 值大于 0.001。而在 $Q \leqslant 0.70$ 时，各变量回归系数秩得分检验 P 值均小于 0.001。因此，当 $Q = 0.70$ 时，取得最佳上界分位数回归方程：

$$\mathrm{HR}_{0.70} = -15.596 + 2.124x - 0.003x^3 + 0.033xyz - 0.036y^2z + 0.107yz^2 - 0.337z^3$$

表 3-2   不同分位数下各变量回归系数秩得分检验结果

分位数 Q		参数项						
		常数项	x	x^3	xyz	y^2z	yz^2	z^3
0.50	秩得分	0.008	0.012	0.014	0.035	0.011	0.006	0.008
	P	0.000	0.000	0.000	0.000	0.000	0.000	0.000
0.55	秩得分	0.008	0.011	0.013	0.040	0.010	0.004	0.006
	P	0.000	0.000	0.000	0.000	0.000	0.000	0.000
0.60	秩得分	0.007	0.009	0.010	0.042	0.010	0.003	0.005
	P	0.000	0.000	0.000	0.000	0.000	0.000	0.000
0.65	秩得分	0.006	0.007	0.009	0.043	0.008	0.002	0.003
	P	0.000	0.000	0.000	0.000	0.000	0.000	0.000
0.70	秩得分	0.004	0.006	0.007	0.045	0.006	0.002	0.003
	P	0.000	0.000	0.000	0.000	0.000	0.000	0.000

续表

分位数 Q		参数项						
		常数项	x	x^3	xyz	y^2z	yz^2	z^3
0.75	秩得分	0.004	0.005	0.006	0.047	0.005	0.001	0.002
	P	0.000	0.000	0.000	0.000	0.000	0.002	0.000
0.80	秩得分	0.002	0.003	0.003	0.038	0.003	0.001	0.001
	P	0.000	0.000	0.000	0.000	0.000	0.018	0.001
0.85	秩得分	0.001	0.001	0.002	0.030	0.002	0.000	0.001
	P	0.004	0.001	0.002	0.000	0.000	0.588	0.014
0.90	秩得分	0.001	0.001	0.001	0.022	0.001	0.000	0.000
	P	0.017	0.003	0.001	0.000	0.022	0.406	0.365
0.95	秩得分	0.000	0.001	0.001	0.013	0.000	0.001	0.000
	P	0.084	0.031	0.018	0.000	0.281	0.016	0.669

3. 大眼金枪鱼 HSI 空间分布

不同月份印度洋大眼金枪鱼 HSI 空间分布如图 3-1a，b，c，d，e，f。

1—2 月，14°S—10°N 的印度洋海域 HSI 高于 0.7。其中，赤道以北至 4°S、56°E 以东的大片海域 HSI 达到 0.8 以上。10°S、76°—100°E 亦存在一片 HSI>0.8 的海域。马达加斯加至 102°E、16°—26°S 间存在一块 HSI<0.4 的区域（以下简称 A 区）。26°—40°S 间海域的 HSI 介于 0.4—0.5。40°S 以南的海域 HSI<0.4（图 3-1a）；

3—4 月，HSI>0.8 以上的海域转移到索马里外海向东至 92°E、10°N—4°S（图 3-1b）；

5—6 月，HSI>0.8 的海域遍及北部东西印度洋，苏门答腊岛以西大片海域 HSI 甚至高达 0.90。而在塞舌尔周边 2°—10°S、44°—66°E 出现一片 HSI<0.6 的海域（以下简称 B 区），致使 HSI 为 0.7 的等值线向东延伸至78°E（图 3-1c）；

7—8 月，HSI>0.8 的海域占据了 12°S 以北、50°—102°E 的大部分，扩展至全年最大范围。B 区收缩成 4°N—14°S、48°—62°E 范围内的两小块（图 3-1d）；

9—10 月，西印度洋内 HSI>0.8 的区域收缩至 8°N—4°S、50°E 以东。A 区向东发展并横贯 16°—26°S 印度洋东西海域。B 区减弱消失（图 3-1e）；

11—12 月，HSI>0.8 的区域主要分布在 14°S 以北、64°E 以东的东印度洋。A 区向西回缩至 108°E。B 区再度出现在 4°—6°S、48°E—58°S 海域，但被包围在 HSI 为 0.7 的等值线之内（图 3-1f）。

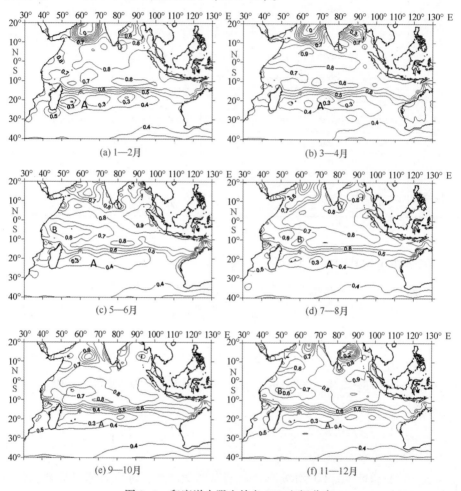

(a) 1—2月   (b) 3—4月

(c) 5—6月   (d) 7—8月

(e) 9—10月   (f) 11—12月

图 3-1   印度洋大眼金枪鱼 HSI 空间分布

4. 预测检验

利用 2004 年印度洋海洋环境数据计算大眼金枪鱼 HSI 值，并与中国金枪鱼延绳钓生产情况进行比较。分析认为，当 HSI<0.5 时，作业次数所占比重仅为 1.30%，平均钓获率为 6.85 尾/千钩；当 HSI≥0.5 时，作业次数所占比重为 98.7%，平均钓获率为 10.38 尾/千钩。高 HSI 水平下出现的作业次数和渔获率明显比低 HSI 时高。

(三) 讨论

1. 大眼金枪鱼的空间分布

由图 3-1 可知, 适合大眼金枪鱼栖息的水域主要分布在 10°S 以北的印度洋海域。HSI 等值线分布模式与冯波和许柳雄 (2004) 的水温等值线分布模式有相类似之处, 其中 HSI 为 0.7 等值线对应于该处的 17℃ 等温线, A 区对应于 19℃ 等温线形成的封闭区域。B 区与 14℃ 等温线形成的封闭区域有一定的关联。A 区的 HSI 较低, 受到此处的印度洋赤道辐合带 (ITCZ) 的明显影响 (陈长胜, 2003)。冬季辐合带较为靠近 10°S, 此时 A 区扩展的范围较大; 夏季辐合带向北移动, A 区延伸的范围较小。此外, 冯波等 (2007) 指示的 A 区在出现时间和位置上与本研究中的 A 区基本一致。B 区的出现与下半年索马里外海的下沉流有关, 该处的海流形成于西南季风期, 而在上半年该处则以上升流为主 (Stequret 和 Marsac, 1989)。Mohri (1999) 指出, 印度洋有三个大眼金枪鱼渔场, 即东印度洋渔场、西印度洋渔场和南部高纬度渔场。渔场规模随季节发生变化, 东印度洋的渔获量相对高于西印度洋, 南部高纬度渔场对应于 25°—40°S、HSI 介于 0.4~0.5 的海域。对比冯波等[9]的研究结果, 也发现 HSI>0.7 的区域覆盖了高钓获率 (≥8.35 尾/千钩) 的主要出现地点。

2. 分位数回归

分位数回归方法目前在很多领域都有广泛的应用, 特别是在医学、计量经济学等领域。目前分位数回归模型在渔业生态学领域的应用研究还不是很多。国内目前只有宋利明等 (2006) 和冯波等 (2007) 采用该方法分别对大西洋和印度洋的大眼金枪鱼的栖息地指数进行了研究, 对大眼金枪鱼的分布有较好的预测能力。当自变量数据的变化和因变量数据的变化不相一致时, 传统的最小二乘法就失去了模型的假设前提, 因为最小二乘回归模型是很难解释生物学研究领域中一个基本的法则——限制因素法则 (最小李比希法则), 无法准确地反映出测量因素与生物反应之间的关系 (宋利明等, 2006; Thomason et al., 1996)。分位数回归是自变量对因变量的某个特定分位数的边际分布的反映, 可以提供许多不同分位数下的回归方程, 因而能更清楚阐释因变量的整个分配, 甚至可以处理数据异质性问题 (吴建南和马伟, 2006)。当研究的一个数据集是非正态分布时, 采用分位数回归是一个良好的选择。但 Q 接近 0 和 1 时, 分位数回归模型越易受到极端值的影响, 越是不稳定，因此在取用分位数模型时宜考虑 Q=0.7~0.95（冯波等，2005）。分位数回归在渔业生态学的应用研究方兴未艾，笔者鼓励更多的类似研究，以促进我国在渔业生态学领域数据分析技术的提高。

3. HSI 模型比较

根据 2004 年中国印度洋延绳钓生产数据，传统的算术平均和几何平均的栖息地建模方法计算得，当 HSI≥0.5 时，两者显示的渔获频率分别为 96.10% 和 85.51%，钓获率在不同的 HSI 水平下亦无显著的差别（陈新军等，2008）。而单变量分位数回归计算出的栖息地指数认为中国印度洋延绳钓船的作业范围均在大眼金枪鱼的适宜栖息地，100% 的渔获频率落在 HSI≥0.7 的范围内，其中 98.7% 的渔获频率落在 HSI≥0.8 的范围内，HSI=0.8、0.9 时的钓获率（11.68 尾/千钩和 10.27 尾/千钩）高于 HSI=0.7 时的钓获率（6.85 尾/千钩）（冯波等，2005）。从初步的预测结果来看，本方法优于传统的栖息地指数建模方法，但略逊于单变量分位数回归的栖息地指数建模方法。本研究的结果仍不充分可靠，需要更多渔业生产和调查数据来验证本方法的有效性。此外，不同的模型方法对同一地点指示的栖息地指数不同，在实践中应区别对待，不能横向对比。

三、应用栖息地指数对印度洋大眼金枪鱼分布模式的研究

运用分位数回归方法对温度、温差、氧差与印度洋大眼金枪鱼延绳钓钓获率进行二次回归分析，找出最佳上界方程，以最佳上界方程拟合的数值来建立栖息地指数（HSI）模型，从而揭示印度洋大眼金枪鱼栖息地的分布模式。研究表明，温度、温差、氧差与印度洋大眼金枪鱼延绳钓钓获率的最佳上界分位数回归方程分别为 $HR_{T0.9} = -44.803 + 7.685 T_{0.9} - 0.255 T_{0.9}^2$，$HR_{dT0.9} = 6.234 + 0.953 dT_{0.9} - 0.026 dT_{0.9}^2$ 和 $HR_{dO0.88} = 7.422 + 4.25 dO_{0.88} - 0.727 dO_{0.88}^2$。10°N—10°S 间印度洋海域大眼金枪鱼 HSI 指数达到 0.9 以上；10°N 以北的波斯湾及 10°—15°S 海域的 HSI 指数为 0.8~0.9；15°—40°S 之间海域 HSI 指数介于 0.7—0.8，其中 50°—90°E、15°—25°S 间存在一片季节性 HSI 指数<0.7 的区域；40°S 以南的海域 HSI 指数<0.6。

（一）材料与方法

1. 商业性金枪鱼延绳钓渔业数据

商业性金枪鱼延绳钓渔业数据来源于上海水产大学金枪鱼工作组的渔业

数据库。文中使用了 1975 年到 1997 年印度洋大眼金枪鱼深水延绳钓数据，主要包含生产的地点、月份、渔获量、捕捞努力量等信息。

2. 环境数据

海洋环境数据来自美国国家海洋数据中心的 World Ocean Atlas 98（WOA98）光盘，为印度洋 7 个水层（75、100、125、150、200、250 和 300 m）的温度和溶解氧浓度。

3. 数据处理

钓获率（hooking rate，HR）按时间（两个月）初步计算出 1°×1° 方格内渔获尾数和钩数的平均值，然后计算出 1°×1° 方格内的钓获率平均值，计算公式为：

$$HR_{(i,\,j)} = \frac{N_{fish(i,\,j) \times 1\,000}}{N_{hook(i,\,j)}} \tag{3-3}$$

式中，$HR_{(i,j)}$ 为经度 i，纬度 j 处的钓获率平均值；$N_{fish(i,j)}$ 为该经纬度上的渔获尾数平均值；$N_{hook(i,j)}$ 为该处的下钩数平均值。

水温 T 按标准水层（75、100、125、150、200、250 和 300 m）$\sum d_i t_i / \sum d_i$ 加权平均计算，d_i 表示第 i 个深度层距离，t_i 表示水温在第 i 个深度层的双月平均值（November，2000）。

温差（dT）和氧差（dO）由 50 m、150 m 水层的相应参数相减取得双月平均值。

4. 分位数回归

分位数回归是根据 x 估计 y 的分位数（quantile）的一种方法（季莘和陈锋，1998）。其模型为 $y_Q = a_Q + b_Q x$，与一般直线回归不同的是，这里 y_Q 表示给定 x 的条件下，y 的 Q 分位数的估计值。$0<Q<1$。参数估计一般用加权最小一乘（weighted least absolute，WLA）准则，即使 $\sum |y_Q - a_Q + b_Q x_i| h_{iQ}$ 达到最小。这里，

$$h_{iQ} = \begin{cases} 2Q & 若 y_i Q > a_Q + b_Q x_i \\ 2(1-Q) & 若 y_i Q \leqslant a_Q + b_Q x_i \end{cases}$$

即在回归线上方的点（残差为正），权重为 $2Q$，在回归线下方的点（残差为负），权重为 $2(1-Q)$。通常可通过线性规划迭代求解，其初值用加权最小二乘估计值。

5. 基于分位数回归的单因素 HSI 模型

HSI 模型可用简单数值模拟生物体对其周围栖息环境要素反映。构建 HSI 模型的过程中，最重要的一个步骤是如何把鱼类对栖息水域中各环境要素的反映用一个合适的适应性指数（index of suitability, SI）来表示。其次计算出生物对各环境要素的 SI，然后通过一定的数学方法把各种的 SI 关联在一起形成最后的 HSI 模型。最常见的关联算法有：几何平均值算法和算术平均值算法。此外，为保证 HS 模型的可靠性，还要求进行关联的各 SI 数值具有相对的一致性。基于分位数回归的 HSI 模型的建立过程见图 3-2。

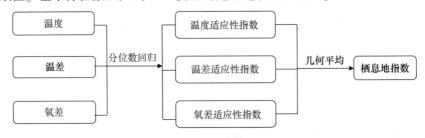

图 3-2　栖息地指数建模流程

首先，利用分位数回归分别对温度、温差、氧差与钓获率之间的关系进行了二次回归分析，Q 从 0 到 1 进行全程搜索，用秩得分检验（rank-score test）来计算 P 值的大小，根据 P 值的大小来检验各参数项是否等于零，当参数检验值 $P<0.05$ 时，表明该参数拒绝为零假设，即该参数项有效；而当参数检验值 $P>0.05$ 时，表明该参数接受为零假设，即剔除该参数项。采用上界点分析的原则，挑选具有最大响应的最佳上界分位数回归方程。最佳上界分位数回归方程的 Q 最大取值依据温度这一主导因素。文中以 a、b、c 分别表示二次回归方程中的二次项系数、一次项系数、常数项。分位数回归使用 Blossom 软件。

其次，根据最佳上界分位数回归方程，以温度、温差和氧差等自变量来修正 Q 分位数下应变量钓获率的数值，这个数值被认为是潜在的钓获率叫作 HR_Q。同时为了保证同一时间地点不同环境变量拟合数值的一致性，对最佳上界分位数回归方程拟合的钓获率数据进行了配对样本 t 检验。然后利用 HR_Q 来计算各自变量的 SI 指数，公式为：

$$SI = \frac{HR_Q}{HR_{Qmax}} \qquad (3-4)$$

式中：HR_{Qmax} 为 HR_Q 的最大值。

利用几何平均计算 HSI，其公式为：

$$HSI = \sqrt[3]{SI_1 + SI_2 + SI_3} \qquad (3-5)$$

式中：SI_1 为温度适应性指数；SI_2 为温差适应性指数；SI_3 为氧差适应性指数。

最后，运用 Surfer 8.0 来创建大眼金枪鱼 HSI 栖息地空间分布地图。

（二）结果

根据不同分位数下二次回归的秩得分检验结果，二次项系数 a、一次项系数 b、常数项 c 均显著地大于零（$P<0.05$）。各分位数下的回归方程均能较好地解释自变量与应变量的关系。

1. 水温与钓获率的分位数关系

不同分位数下，温度与钓获率二次回归曲线的各项系数变化趋势如图 3-3。当 $0 \leqslant Q < 0.68$ 时，a 和 c 随 Q 增加逐渐减小，b 逐渐增大；当 $0.68 \leqslant Q < 0.76$ 时，a 和 c 随 Q 增加骤增，b 骤降；当 $0.76 \leqslant Q < 0.91$ 时，a、b、c 均保持相对稳定；当 0 趋近 1 时，a、b、c 均出现急剧波动。因此当水温作为单一环境限制因素时，这里取 $Q=0.9$（王家樵，2006），钓获率取得最大稳定响应的上边界方程如下：

$$HR_{T0.9} = -44.803 + 7.685\,T_{0.9} - 0.255\,T_{0.9}^2$$

2. 温差与钓获率的分位数关系

在不同分位数下，温差—钓获率二次回归曲线的各项系数变化趋势如图 3-4：当 $Q<0.94$ 时，a 逐渐减小，b、c 逐渐增大；而当 Q 趋近 1 时，a、b、c 均出现急剧波动。故当 $Q<0.94$ 时，其上界回归方程较为可靠。为了保持与温度—钓获率回归方程的一致性，这里取 $Q=0.90$，其方程如下：

$$HR_{dT0.9} = 6.234 + 0.953\,dT_{0.9} - 0.026\,dT_{0.9}^2$$

3. 氧差与钓获率的分位数关系

不同分位数下，氧差—钓获率二次回归曲线的各不同分位数下，氧差—钓获率二次回归曲线的各项系数变化趋势如图 3-5。当 $Q<0.92$ 时，a 逐渐减小，b、c 逐渐增大；而当 Q 趋近 1 时，a、b、c 均出现急剧波动。故当 $0.6<Q<0.92$ 时，其上界回归方程较为可靠。为了保持 3 个环境变量拟合钓获率数值的一致性，这里取 $Q=0.88$，其方程如下：

$$HR_{dO0.88} = 7.422 + 4.25\,dO_{0.88} - 0.727\,dO_{0.88}^2$$

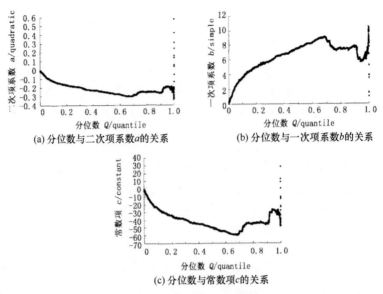

(a) 分位数与二次项系数a的关系 (b) 分位数与一次项系数b的关系

(c) 分位数与常数项c的关系

图 3-3 不同分位数下温度—钓获率二次回归曲线的各项系数变化趋势

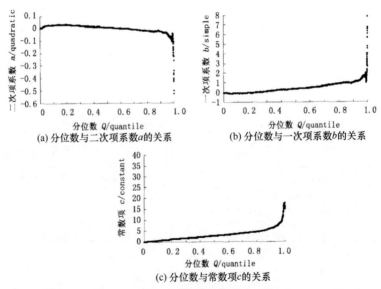

(a) 分位数与二次项系数a的关系 (b) 分位数与一次项系数b的关系

(c) 分位数与常数项c的关系

图 3-4 在不同分位数下温差-钓获率二次回归曲线的各项系数变化趋势

4. 拟合数据配对 t 检验

对最佳上界分位数回归方程拟合的钓获率数据进行配对样本 t 检验（表 3-3），不同因素拟合的钓获率数据不存在显著的差异（$P>0.05$），达到了模

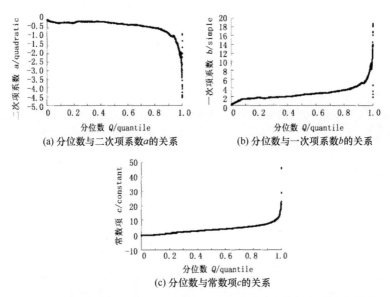

(a) 分位数与二次项系数a的关系　　　　(b) 分位数与一次项系数b的关系

(c) 分位数与常数项c的关系

图 3-5　不同分位数下氧差—钓获率二次回归曲线的各项系数变化趋势

型对数据的要求。

表 3-3　配对样本 *t* 检验

配对 pair	均值 mean	标准偏差 std. deviation	标准均差 std. error mean	*t* 检验 *t*-test	自由度 df	*P* 值 sig.
$HR_r - HR_{df}$	0.005 161	3.242 259	0.016 966	0.304 176	36 527	0.760 995
$HR_r - HR_{dO}$	0.004 984	3.750 93	0.019 438	0.256 397	36 527	0.797 645
$HR_{dT} - HR_{dO}$	−0.000 18	1.443 806	0.007 554	−0.023 38	36 527	0.981 345

5. 大眼金枪鱼 HSI 空间分布

不同月份下，印度洋大眼金枪鱼 HSI 空间分布规律如下：1—2 月，10°N—10°S 间的广大海域 HSI 达到 0.9 以上，10°N 以北的波斯湾及 10°—15°S 海域的 HSI 为 0.8~0.9，15°—40°S 间海域 HSI 介于 0.7~0.8，其中 50°—90°E、15°—25°S 间存在一块 HSI<0.7 的区域（以下简称 A 区），40°S 以南的海域 HSI 均<0.6（图 3-6a）；3—4 月，HSI>0.8 以上分布区域基本不变，A 区较前两个月向北略有收缩，南部高纬度 HSI 为 0.7 等值线东段向北发展（图 3-6b）；5—6 月，西印度洋 HSI 为 0.9 等值线西段向北收缩，A 区向东延伸至 95°E，南部高纬度 HSI 为 0.7 等值线西段亦向北发展（图 3-6c）；7—8

月，南部高纬度 HSI 为 0.7 等值线整体向北发展与 A 区融合，在 20°S 附近形成新的 HSI 为 0.7 等值线，并在马达加斯加附近向东呈 S 形折回，沿 30°S 向西延伸（图 3-6d）；9—10 月，西印度洋 HSI 为 0.9 等值线西段向南推进，恢复到 1—2 月的状态。20°S 以南海域，出现四处 HSI<0.6 的小块区域，30°S 处 HSI 为 0.7 等值线向西收缩（图 3-6e）；11—12 月，20°S 以南海域出现一大片 HSI<0.6 区域，30°S 处 HSI 为 0.7 等值线又向东发展（图 3-6f）。

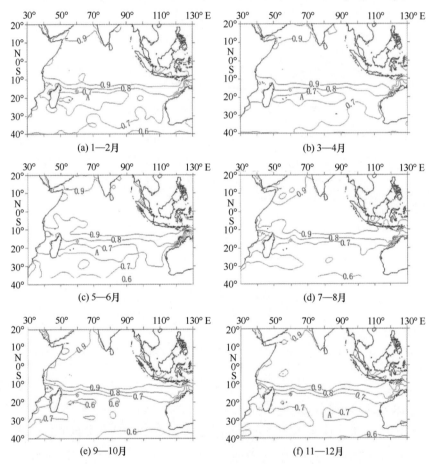

图 3-6　印度洋大眼金枪鱼 HSI 空间分布

（三）讨论

1. 大眼金枪鱼分布与环境因素的关系

水温是影响大眼金枪鱼分布的最主要参数之一。毛利雅彦等（1996）认为，大眼金枪鱼渔获水温为 10～30℃，85%的渔获集中在水温为 10～20℃的海域，其中高渔获率出现在水温 15～17℃海域。冯波和许柳雄（2004a）数值分析的方法，得出大眼金枪鱼渔获适温为 14～17℃。本研究以 Q＝0.90 分位数、高钓获率（钓获率≥8.35 尾/千钩）时回归得出的水温为 11～19℃，比王家樵（2006）的研究结论（12～16℃）范围稍大。

垂直水温梯度变化（温跃层）可对大眼金枪鱼分布产生影响，但生产船难以现场测量温跃层的深度。冯波和许柳雄（2004b）曾提出利用 50 m 与 150 m 水层的温差来代替寻找温跃层，同时还发现：它们之间的温差>8℃时，钓获率显著升高，这表明 50 m 与 150 m 间温跃层对大眼金枪鱼分布影响密切。据认为，大眼金枪鱼喜好在温跃层顶部或其下面摄食（Kim 和 John，1994）。然而，Q＝0.90 分位数、钓获率≥8.35 时回归得出：温差>2.38℃时即对钓获率产生了潜在影响。这是否提示了温差的最低限制？冯波和许柳雄（2004b）的结论虽也有相应表现，但不甚明显。垂直水温梯度变化是引发大眼金枪鱼行为还是海洋生态过程的发生变化等得进一步验证。

溶解氧梯度变化对大眼金枪鱼的聚集产生了重要作用。冯波（2003）研究认为，当 50 m 和 150 m 两个水层的氧差在 1.4～3.8 mL·L^{-1}时，高钓获率占到 83.18%。然而，Q＝0.88 分位数、钓获率≥8.35 时回归得出：氧差>0.23 mL·L^{-1}时即对钓获率产生了潜在影响。这是否也暗示了氧差发生作用的初始限制？大眼金枪鱼对环境溶解氧浓度承受极限是 1.0 mL·L^{-1}，它最大可下潜至水下 600 m（Kim 和 John，1994；Masahiko，1998）。从这个意义上推测，溶氧跃层可能本身对大眼金枪鱼分布的影响力较弱，而是溶氧跃层制约了饵料生物的分布水层，间接地影响了大眼金枪鱼的分布空间。

2. 大眼金枪鱼的空间分布

从 HSI 分布的月变化（图 3-6）可看出，适合大眼金枪鱼栖息的水域主要分布在 10°S 以北的印度洋海域，这与王家樵（2006）研究结果基本相近。HSI 等值线分布模式与冯波和许柳雄（2004a）的水温等值线分布模式极为相似，各月变化也呈现类似的趋势，其中 HSI 为 0.9 等值线对应于该处的 17℃等温线，A 区对应 19℃等温线形成的封闭区域。A 区的 HSI 较低，它的发生、发展、融合与印度洋赤道辐合带（ITCZ）的地理位置南北迁移有密切的关系（陈长胜，2003）。冬季（1月）ITCZ 在印度洋位于 10°—15°S，此时 50°—90°E、15°—25°S 之间存在大片的 HSI<0.7 的区域；随着冬至夏的季节转换，

ITCZ 整体向北偏移，A 区逐渐收缩消融，夏季（7 月）ITCZ 在印度洋移至 20°N 以北，A 区消失。

3. HSI 模型

HSI 模型在我国的研究才刚刚起步，而在国外已经被广泛地应用，如美国地理调查局国家湿地研究中心鱼类与野生生物署早在 20 世纪 80 年代初提出了多达 157 个 HSI 评价模型。然而 HSI 模型对环境变量的选择没有主次之分，决定变量权重系数更多地依赖于专家的经验和判断（Estwood 和 Mdaden，2003）。王家樵（2006）曾利用单因素 HS 模型（温度、盐度、溶解氧、温跃层深度等）对印度洋大眼金枪鱼的栖息地分布进行了探讨，然而印度洋盐度的全年时空变化不很明显，盐度对大眼金枪鱼分布整体影响较小；大眼金枪鱼通常分布在最小溶解氧水平在 $1.0\ mL \cdot L^{-1}$ 的海域，印度洋广大海域都满足此要求，因此溶解氧在平面分布上对大眼金枪鱼水平活动范围的制约力有限（November，2000），而 50 m 与 150 m 水层氧差可对钓获率产生较大影响（冯波，2003）。因此，本研究采用温度、温差、氧差 3 个环境因素进行研究，取得了较为理想的结果。在今后的研究中还须考虑变量的交互作用，改善模型的预测效果。

4. RQ 模型

分位数回归方法目前在很多领域有广泛的应用，特别是在医学、计量经济学等领域。而分位数回归模型在鱼类生态学研究领域应用的还不是很多。Thomson 等（1996）指出传统的相关和回归分析方法并不适合应用于生态学领域的相关因素关系研究。生态学上对限制因素概念通常是更关注被测量因素对生物体产生最大响应的变化率（Brian 和 Barry，2003）。因此，Cade 等（1999）鼓励生物学家使用分位数上界分析的方法对生物活动与周围环境变化的关系进行研究。传统的直线回归用最小二乘法的原理得到回归方程，它要求数据独立、方差齐性及因变量正态分布。它们只能概括数据集合的平均信息，特别是不能对分布在数据集合中不同区域数据进行针对性逼近。分位数回归的优点是当误差分布是非正态分布时，能提供许多不同分位数的估计结果，因而能更清楚阐释因变量的整个分配，甚至可以处理数据异质性问题（吴建南和马伟，2006）。对于本研究的数据集合分布特征，分位数回归是一种良好的选择。但 Q 接近 0 和 1 时，分位数回归模型越易受到极端值的影响，越是不稳定（图 3-3a，图 3-4a，图 3-5a），因此在取用上界分位数回归方程

时宜考虑 $Q = 0.5 \sim 0.95$。

四、印度洋大眼金枪鱼栖息地研究及其比较

根据商业性大眼金枪鱼延绳钓渔业数据、环境数据结合专家知识绘制了印度洋大眼金枪鱼（*Thunnus obseus*）对温度、盐度、溶解氧和温跃层深度的适应性指数曲线，运用 4 种关联建模方法计算综合栖息地指数。用 AIC 值检验不同建模方法的拟合度，并对不同建模方法的输出结果进行空间分析。最后用实证研究的方法探索其在渔场选择上的可行性。结果表明，最小值法在 4 个模型方法中拟合度最好，给出了较为严格的栖息地适宜度估计，算术平均法则给出了较为粗略的栖息地适宜度估计。不同方法计算得出的栖息地指数（HSI）在空间分布上存在明显的差异。连乘法指示的 HSI>0.9 的区域局限于赤道附近 55°—68°E 间；最小值法指示的 HSI>0.9 的区域分布于赤道附近 50°—75°E 小块水域；算术平均法和几何平均法指示的 HSI>0.9 区域终年分布在 50°—85°E、5°N—5°S 间的广大热带印度洋海域。最小值法和算术平均法指示的 HSI 等值线分布具有一定的相似性，两者相比较发现，最小值法指示的 HSI=0.4 等值线相当于算术平均法指示的 HSI=0.7 等值线；最小值法指示的 HSI=0.6 等值线相当于算术平均法指示的 HSI=0.8 等值线；最小值法指示的 HSI=0.7 等值线相当于算术平均法指示的 HSI=0.9 等值线。实证研究发现，算术平均法和几何平均法指示的 HSI 值对大眼金枪鱼的渔获地点和渔获频次有较好的估计，平均渔获频次比重分别达到 96.10% 和 85.51%。研究认为发展实时的栖息地动态预测模型有助于渔场的探索。

（一）材料和方法

1. 数据来源

（1）商业性金枪鱼延绳钓渔业数据。

来源于上海水产大学金枪鱼技术组渔业数据库。本研究使用了 IOTC 1975—1997 年印度洋大眼金枪鱼延绳钓的生产数据以及 2004 年中国远洋延绳钓船队在印度洋的大眼金枪鱼生产数据。包括作业地点、月份、渔获量、捕捞努力量等信息。

（2）环境数据取自美国国家海洋数据中心制作的 World Ocean Atlas98（WOA98）海洋环境数据光盘。提取了印度洋 7 个水层（75 m、100 m、125 m、150 m、200 m、250 m 和 300 m）温度、盐度、溶解氧环境数据。

2. 数据处理

钓获率（Hooking rate，HR）的计算方法为首先计算出 2 个月内 1°×1° 方格内渔获尾数和钩数的平均值，然后计算出 1°×1° 方格内的钓获率平均值，计算公式为：

$$HR_{(i, j)} = \frac{N_{fish(i, j)} \times 1\,000}{N_{hook(i, j)}}$$

其中 $HR_{(i,j)}$ 为经度 i，纬度 j 处的钓获率平均值；$N_{fish(i,j)}$ 为该经纬度上的渔获尾数平均值；$N_{hook(i,j)}$ 为该处的下钩数平均值。

相对资源指数（Relative abundanceindex，RAI）由某一时间地点的 HR 值除以所有 HR 值中最大的值得到。计算公式为：

$$RAI = \frac{HR}{HR_{max}}$$

RAI 可以看作反映栖息地质量的指标，等价于实际的 HSI（Bayer 和 Porter，1988）。

水温、盐度、溶解氧按标准水层（75 m、100 m、125 m、150 m、200 m、250 m 和 300 m）以 $\sum d_i v_i / \sum d_i$ 加权平均计算，d_i 表示在第 i 个深度层距离，v_i 表示水温、盐度、溶解氧在第 i 个深度层的数值。

温跃层深度通过特定标准深度水层上的温度数据估算，也作为一个环境因素考虑于 20℃ 等温线位于温跃层上部，因此以 20℃ 水温的水层的深度作为对温跃层深度的估计值（November，2000）。

3. 建模方法

该模型是一种模拟生物体对其周围栖息环境变量反应的离散数值模型（US Fish and Wildlife Service，1980a，1980b），建模流程如图 3-7 所示。

首先，将鱼类对栖息水域中的各环境变量的反应用一个合适的适应性指数（Suitability Index，SI）来表示。计算和比较各月份不同环境变量值对应的作业频率，发现大眼金枪鱼出现的环境变量喜好区间，并结合专家知识，绘制印度洋大眼金枪鱼对温度、盐度、溶解氧和温跃层深度的适应性指数曲线；其次，根据各环境的适应性指数曲线，计算大眼金枪鱼对各环境要素的单因素 SI 值；最后，通过利用数学方法把各种 SI 值关联起来得出综合 HSI。HSI 值在 0（不适宜）到 1（最适宜）之间变化。本研究引用了以下 4 种关联方法。

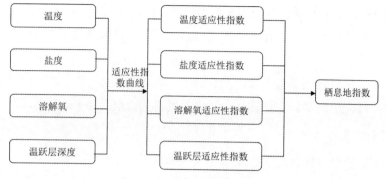

图 3-7　栖息地指数建模流程

连乘法（Continuedproduct，CP）（Grebenkov et al.，2006）

$$HSI = \prod_{i=1}^{4} SI_i$$

最小值法（Minimum，Min）（Van der Lee et al.，2006）

$$HSI = \mathrm{Min}(SI_1, SI_2, SI_3, SI_4)$$

算术平均法（Arithmetic mean，AM）（Hess 和 Bay，2000）

$$HSI = \frac{1}{4} \sum_{i=1}^{4} SI_i$$

几何平均法（Geometricmean，GM）（Lauver et al.，2002）

$$HSI = \sqrt{\prod_{i=1}^{4} SI_i}$$

式中：i 表示环境因子；1、2、3、4 分别表示温度、盐度、溶解氧和温跃层深度四个环境因子。

4. 模型方法比较

模型方法拟合度比较的依据选用了赤井信息准则（Akaike information criterion，AIC）。模型参数采用最大似然法进行估计（王艳君等，2005）。最大似然法的基本思想是找到观测数据的最适的参数估计值。这里 RAI 为观测数据，HSI 为预测拟合数据。根据上述 4 种模型方法，任一相同时间地点下的 HSI 与 RAI 的似然函数可表示为：

$$L(data/\theta) = \prod_{n}^{i=1} \frac{1}{\sigma\sqrt{2\pi}} exp\left[-\frac{HSI_i - RAI_i}{2\sigma^2}\right]$$

其中，$L(data/\theta)$ 是数据组 $data$ 的似然值，θ 代表模型参数，HSI_i 和 RAI_i 是

具有相同时间地点的第 i 对的 HSI 与 RAI 值。用 MS-Excel 的规划求解得到参数的最大似然估计值 L，根据 AIC 值选择出最适的栖息地模型方法：AIC = $-2L + 2m$。

其中，m 是模型参数个数。获得最小 AIC 值的建模方法被认为是最适建模方法。研究中模型的取样数 $n = 3\,667$，模型参数个数 $m = 4$。

5. 空间展布

对不同模型方法计算出的 HSI 进行空间展布，1975—1997 年每 2 个月比较大眼金枪鱼栖息地分布模式的差异。研究区域为中国印度洋延绳钓船主要作业海域（40°—95°E、15°N—10°S）。

6. 实证分析

为拓展栖息地模型的应用范围，依据 2004 年中国印度洋延绳钓生产数据，假设高 HSI 水平下出现较高的渔获频次百分比或渔获率，检验不同模型预测中心渔场的可行性。

（二）结果与分析

1. 环境变量适应性指数曲线

渔获频次统计发现，各月份的渔获主要出现在水温 13~18℃ 的区域，其中以 15~16℃ 水域出现最多，渔获频次百分比平均达到 75.01%；渔获主要出现在盐度 34.7~35.6 水域，其中盐度 35.1~35.2 的水域中出现最多，频次百分比平均达到 57.15%；渔获主要出现在溶解氧为 1.0~4.0 mL/L 的水域，其中溶解氧 2.5 mL/L 的水域出现最多，平均达到 40.83%；渔获温跃层深度主要出现在水深 75~155 m 的范围内，其中 115 m 处出现最多，频次百分比平均达到 25.11%。结合王家樵（2006）、Mohri（1997，1998）、冯波（2003）及冯波和许柳雄（2004）的研究结果，将渔获频次最高的环境变量区间所对应的栖息地指数规定为 1，此环境变量区间即最适宜区域；将分布区间以外的栖息地指数规定为 0，即不适合区域。水温、盐度、溶解氧、温跃层深度的适应性指数曲线见图 3-8。

2. HSI 模型拟合度比较

对不同方法计算出的 HSI 值相对 RAI 值拟合度进行比较发现，最小值法得出的 AIC 值最小，为 3\,035.73；算术平均法得出的 AIC 值最大为 3\,966.48。这表明在 4 个模型方法中最小值法最为适合，它给出了较为严格的栖息地适

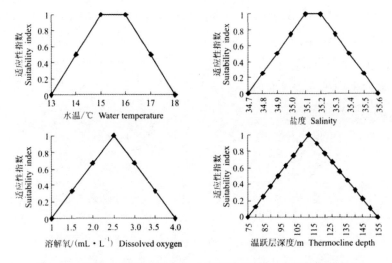

图 3-8　水温、盐度、溶解氧、温跃层深度的适应性指数曲线图

宜度估计；而算术平均法则给出了较为粗略的估计，如表 3-4 所示。

表 3-4　不同模型方法的拟合度比较

项目	相对资源指数	模型			
		连乘法	最小值法	算术平均法	几何平均法
变量数		4	4	4	4
样本数	3 667	3 667	3 667	3 667	3 667
平均	0.444	0.334	0.485	0.737	0.679
标准偏差	0.239	0.266	0.255	0.160	0.233
偏斜度	0.436	0.551	−0.165	−0.666	−0.122
最小值	0.003	0	0	0.108	0
最大值	1	0.997	0.997	0.999	0.999
置信度（95.0%）	0.007	0.009	0.008	0.005	0.008
AIC 值		3 486.13	3 035.73	3 966.68	3 870.95

3. HSI 空间分布比较

不同模型方法计算出的 HSI 空间分布如图 3-6 所示。连乘法指示的 HSI 分布适宜空间相对狭小（图 3-9），HSI>0.9 的区域局限于赤道附近 55°—68° E 间，以 9—10 月分布空间最大。5°N 以北和 5°S 以南即属于不适宜区域。最小值法指示的 HSI>0.9 的区域分布于赤道附近 50°—75°E 小块水域，且随季节变化从 11 月至翌年 10 月分布呈现逐渐扩大趋势（图 3-10）。算术平均法指示的 HSI>0.9 终年分布在 50°—85°E、5°N—5°S 间的广大热带印度洋海域。唯在 11—12 月，分布范围最小（图 3-11）。几何平均法指示的 HSI>0.9 空间分布与算术平均法一致，而 HSI<0.1 的不适宜区域空间分布与最小值法基本一致（图 3-12）。

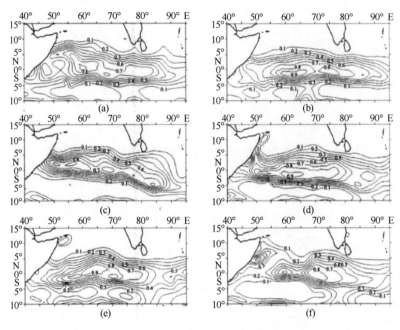

图 3-9　连乘法计算出 1975—1997 年不同月份下印度洋
大眼金枪鱼 HSI 值的空间分布

据 AIC 值得知，最小值法给出的是较为严格的估计，算术平均法给出的是较为粗略的估计，因此在预测的适宜栖息地的空间分布上也显示出极大的差异。最小值法指示的 HSI>0.9 的空间分布范围远远小于算术平均法，它对 HSI>0.9 以外范围的 HSI 值较算术平均法明显地低估。但最小二乘法（图 3-10）与算术平均法（图 3-11）得出的 HSI 等值线分布模式具有一定的相似性，最小值法和算术平均法分别得出不同 HSI 水平值所占研究区域的平均百分比（表 3-5）。两者相比较发现，最小二乘法（图 3-10）得出的 HSI=0.4等值线相当于算术平均法（图 3-11）得出的 HSI=0.7 等值线，HSI>0.4 和 HSI>0.7 影响的水域范围分别平均占到研究区域的 48.50% 和 50.60%；图 3-10 中的 HSI=0.6 等值线相当于图 3-11 中的 HSI=0.8 等值线，HSI>0.6 和

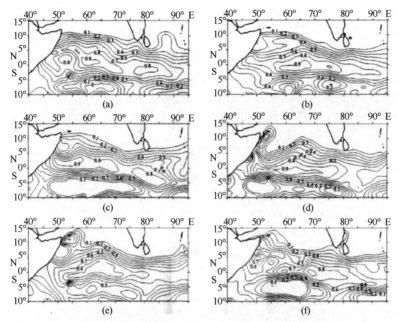

图 3-10 最小值法计算出的 1975—1997 年不同月份下印度洋
大眼金枪鱼 HSI 值的空间分布

HSI>0.8 影响的水域范围平均分别占到研究区域的 29.13% 和 32.69%；图 3-10 中的 HSI=0.7 等值线相当于图 3-11 中的 HSI=0.9 等值线，HSI>0.7 和 HSI>0.9 影响的水域范围分别平均占到研究区域的 19.48% 和 14.82%。

表 3-5 由最小值法和算术平均法计算出的不同 HSI 值所占区域平均百分比

HSI	最小值法			算术平均法		
	均值	标准差	百分比/%	均值	标准差	百分比/%
0~0.1	0.012	0.026	24.550	0.068	0.022	0.570
0.1~0.2	0.145	0.029	6.493	0.149	0.028	1.665
0.2~0.3	0.250	0.030	9.808	0.252	0.030	2.430
0.3~0.4	0.345	0.029	10.647	0.355	.030	3.389
0.4~0.5	0.444	0.029	10.738	0.456	0.028	7.618
0.5~0.6	0.545	0.029	8.623	0.554	0.028	15.852
0.6~0.7	0.651	0.029	9.658	0.649	0.029	18.416
0.7~0.8	0.745	0.028	10.048	0.750	0.029	17.367
0.8~0.9	0.843	0.029	6.779	0.850	0.029	17.876
0.9~1.0	0.931	0.025	2.654	0.939	0.024	14.817

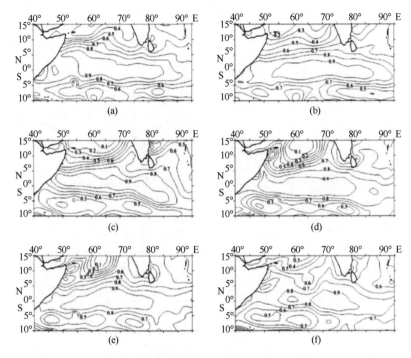

图 3-11　算术平均法计算出的 1975—1997 年不同月份下印度洋
大眼金枪鱼 HSI 值的空间分布

4. 实证研究

　　4 种计算方法得到不同 HSI 水平下 2004 年中国印度洋大眼金枪鱼延绳钓
渔获情况（表 3-6）。当 HSI<0.5 时，4 种方法对应的平均渔获频次比重分别
为 77.92%、50.65%、3.90%、14.28%；当 HSI≥0.5 时，4 种方法对应的平
均渔获频次比重分别为 22.08%、49.35%、96.10%、85.51%。对于最小值
法，当 HSI≥0.3 时，渔获频次比重为 77.92%。但渔获率在不同 HSI 水平下
却无显著的差别。对于几何平均法，将 HSI 计算结果与 2004 年渔获进行叠
加，发现其渔获地点时空分布极不均匀（图 3-13），但大部分渔获地点出现
在 HSI≥0.5 的范围内。

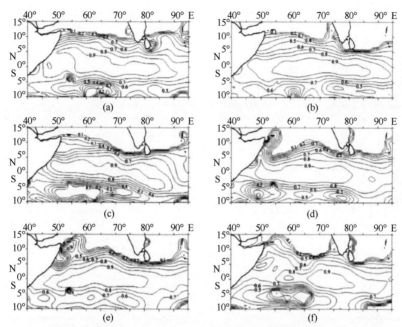

图 3-12　几何平均法计算出的 1975—1997 年不同月份下印度洋
大眼金枪鱼 HSI 值的空间分布

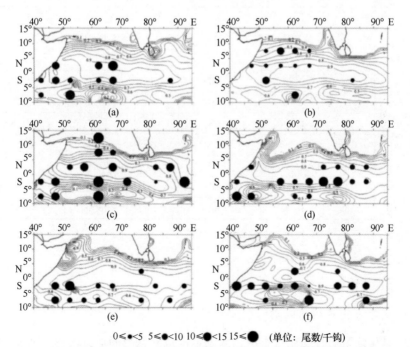

0≤●<5　5≤●<10 10≤●<15 15≤　●　(单位：尾数/千钩)

图 3-13　2004 年中国印度洋大眼金枪鱼延绳钓不同钓获率水平对图 3-6 的叠加图

表 3-6　2004 年不同 HSI 水平下中国延绳钓渔船在印度洋的大眼金枪鱼渔获状况

HSI	连乘法			最小值法		
	渔获频次	渔获频次比重/%	平均钓获率/(尾·1 000 钩$^{-1}$)	渔获频次	渔获频次比重/%	平均钓获率/(尾·1 000 钩$^{-1}$)
0~0.1	16	20.78	10.87	3	3.90	11.30
0.1~0.2	10	12.99	11.59	8	10.39	10.83
0.2~0.3	15	19.48	11.03	6	7.79	11.18
0.3~0.4	12	15.58	10.63	9	11.69	11.08
0.4~0.5	7	9.09	9.33	13	16.88	12.10
0.5~0.6	3	3.90	6.94	10	12.99	10.12
0.6~0.7	3	3.90	9.16	12	15.58	8.95
0.7~0.8	5	6.49	8.53	6	7.79	8.01
0.8~0.9	5	6.49	10.48	8	10.39	10.09
0.9~1.0	1	1.30	12.61	2	2.60	11.00

HSI	算术平均法			几何平均法		
	渔获频次	渔获频次比重/%	平均钓获率/(尾·1 000 钩$^{-1}$)	渔获频次	渔获频次比重/%	平均钓获率/(尾·1 000 钩$^{-1}$)
0~0.1	–	–	–	–	–	–
0.1~0.2	–	–	–	–	–	–
0.2~0.3	–	–	–	1	1.30	17.02
0.3~0.4	1	1.30	17.02	3	3.90	11.33
0.4~0.5	2	2.60	12.64	7	9.09	10.78
0.5~0.6	9	11.69	9.33	6	7.79	9.04
0.6~0.7	13	16.88	11.38	19	24.68	11.42
0.7~0.8	25	32.47	11.16	18	23.38	10.60
0.8~0.9	14	18.18	8.80	10	12.99	8.79
0.9~1.0	13	16.88	9.82	13	16.88	9.82

注："–"表示在匹配统计时，未发现有数值出现。

（三）讨论

1. 大眼金枪鱼栖息地空间分布

从 HSI 分布的月变化可看出，大眼金枪鱼栖息地的适宜度由 5°N—5°S 间的赤道海域向南北两侧减小。这与王家樵（2006）得出的大眼金枪鱼温度

HSI 空间分布相近。HSI 等值线分布模式与冯波和许柳雄（2004）的水温等值线分布模式存在相似之处，各月变化也呈现类似的趋势。其中 5°—10°S 间的低 HSI 等值线分布形式对应于 14℃等温线形成的封闭区域，而该处 12 月至翌年 7 月为辐合下沉流海域，高钓获率分布相对较少。它的发生发展受到附近印度洋赤道辐合带（Inter-tropic convergence zone，ITCZ）密切影响（陈长胜，2003）。不同方法指示的 HSI 分布存在明显的差异，其中连乘法指示的大眼金枪鱼分布适宜区域最为狭小，最小值法略微增大，算术平均法和几何平均法基本一致。这种差异源于计算方法的不同。利用 AIC 检验和空间分析可以帮助判断大眼金枪鱼的适宜栖息地。

2. HSI 建模

不同模型方法计算得到的栖息地适宜值与实际资源分布的拟合度，取决于建模者的目标以及模型的结构误差，不同的模型方法输出的结果存在明显的差异（表 3-4）。只有准确地预测模型才能得出可靠的评价结果，栖息地模型在应用时需要慎重选择，特别是对于珍稀物种的管理和养护。评价一个栖息地模型的好坏，通常是将模型的输出值与实际资源相比较，但这并不等同于检验栖息地模型在预测某一物种栖息地质量时的准确度（Wakeley，1988）。因此在栖息地质量评价中，栖息地特征、物种对栖息地的选择与喜好等都是被考虑的重要因素。

3. 不确定性问题

造成模型预测结果的不确定性主要分为三方面：一是模型曲线的可靠性，HSI 模型的曲线描述了栖息地变量与某一物种的适应性关系，这个关系取决于历史研究资料、野外经验和专家判断；二是输入数据的代表性，用于建模的数据通常采集于有限个站点，样本必须能够反映总体数据的分布特性，依赖有限个变量和输入值，不确定性就表现为多维变化性，可以通过模型的检验和改进、扩大采集数据的典型性来降低 HSI 曲线和输入数据的不确定性（Van der Lee et al.，2006）；三是模型的结构，针对同一数据，用不同模型评价得到结果可能有显著的差异。在解决前述两个问题后，引入模型的选择标准，常用的选择标准如 AIC 或 BIC 可有效地评价模型的优劣。

4. 渔场预测的可行性

利用栖息地模型来选择渔场需要非常谨慎，因为不同的模型方法计算结果差异很大。依据连乘法来判断渔场显然不可靠，因为它在低 HSI 水平时出现了极高的渔获频次，偏离本题的假设。最小值法考虑了 HSI 的最低限度，预测结果较为保守，不利于对渔场动态的估计，它指示的区域可能为相对稳定的大眼金枪鱼产卵场所，但需要进行现场调查进一步证实（Mohri 和 Nishida，1999）。算术平均法和几何平均法具有较大的灵活度，可以用来帮助选择渔场。几何平均法虽然总体估计效果低于算术平均法，但在计算时考虑了单因素 SI 值偏小和偏大的极端影响，输出的结果也较为折中，所以是栖息地建模时最常用的方法（US Fish and Wildlife Service，1980a，1980b；Lauver et al.，2002；Wakeley，1988），其空间展布的图形介于最小值法和算术平均法之间，这里建议对几何平均法展开更多的检验与研究。值得注意的是 HSI 不能指示资源丰度（渔获率），原因是它所反映的渔场的环境指标尚不充分，而且为多年平均值，仅体现了印度洋大眼金枪鱼渔场的总体状况。同时也注意到高的渔获频率并不一定取得高的渔获率，因此在适宜的鱼类栖息地进行更多的生产，可能是很好的策略。未来开发实时的动态多因素栖息地模型将有助于解决这一问题。

第二节　南太平洋长鳍金枪鱼栖息地指数研究

一、概述

长鳍金枪鱼（*Thunnus alalunga*）是金枪鱼延绳钓捕捞的主要目标种之一，主要被中国（包括台湾省）、日本等国家和地区利用。其中，位于赤道以南的南太平洋海域是重要的作业渔场之一，约占近年来太平洋海域长鳍金枪鱼总产量的 50% 以上。近年来，许多国家和地区加入到南太平洋长鳍金枪鱼资源的开发中，国际上对公海长鳍金枪鱼的管理也越来越严格，加强对该资源的基础生物学和资源评估、管理等研究工作显得越来越重要，这将直接影响我国在国际渔业组织中的话语权。此外，随着国际油价的不断上升，燃油成本不断增加，如何准确寻找中心渔场，开发潜在渔场显得尤为重要。因此，开展南太平洋长鳍金枪鱼渔情预报技术研究，建立基于多环境因子渔情预报模型，开发相应系统和软件，将对该资源的高效开发和利用、增强我国延绳钓渔业的国际竞争力具有重要的意义。

二、长鳍金枪鱼渔场与海水表面温度的关系

(一) 材料与方法

生产统计资料来自上海金优远洋渔业有限公司 2008 年在南太平洋公海金枪鱼延绳钓生产数据, 共 6 艘生产船, 每艘船吨位均为 157 t, 主机功率均为 407 kW, 冷海水保鲜。作业海域为瓦努阿图附近海域 (10°—25°S、155°—180°E) (图 3-14)。数据包括作业时间、作业位置、长鳍金枪鱼渔获量 (kg)、钩数, SST 数据来自美国国家航空航天局的卫星遥感数据 (http: // poet. jpl. nasa. gov/), 表温数据空间分辨率为 1°×1°。

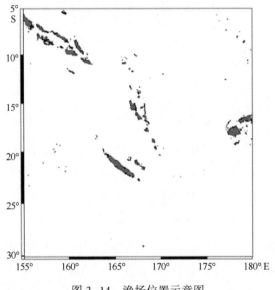

图 3-14　渔场位置示意图

首先以经纬度 1°×1° 为空间统计单位, 按月对其作业位置、产量和放钩数进行初步统计, 并计算平均每千钩产量 (CPUE, kg/千钩)。不考虑船长水平和海洋环境条件, 因属于同一作业船型, 因此我们初步认定 CPUE 可作为表征渔场分布的指标之一 (陈新军, 2004a)。通常在作业渔船下钩之前, 船长会根据探鱼仪映像、海洋环境状况、周围渔船作业情况进行综合判断, 使得作业渔船往往会集中在某一区域, 作业渔船之间会产生外部性, 从而影响到 CPUE 的值 (陈新军, 2004b)。因此, 利用频度分析法按 SST 1℃ 为组距来分析各月产量、CPUE 和 SST 的关系, 获得各月作业渔场最适 SST 范围; 其次,

利用 Marine explorer 4.0 绘制月产量空间分布图，并与 SST 进行叠加，以此来表征各月作业渔场空间变化及其与 SST 的关系。最后，利用 Kolmogorov-Smirnov（K-S）方法（魏宗舒，1983；Zainuddin 和 Saitoh，2004）来检验产量、CPUE 与 SST 之间的关系是否显著，其表达公式：

$$f(t) = \frac{1}{n} \sum_{i=1}^{n} l(x_i)$$

$$g(t) = \frac{1}{n} \sum_{i=1}^{n} \frac{y_i}{y} l(x_i)$$

$$D = \max | g(t) - f(t) |$$

式中：n 为资料个数；t 为分组 SST 值（以 1℃ 为组距）；x_i 为第 i 月 SST 值；y_i 为第 i 月的产量或 CPUE；y_i 为所有月份的平均产量或平均 CPUE；若 $x_i \leqslant t$，$l(x_i)$ 值为 1，否则为 0。D 为累积频率曲线 $f(t)$ 和 $g(t)$ 之间的差异度。通过比较 D 的大小来判断产量或 CPUE 和 SST 之间的关系是否显著。

（二）结果

1. 产量及 CPUE 的逐月分布

分析认为，高产（月产量超过 10 t）分布在 5—12 月，产量最高为 7 月，达到 15 t 以上（见图 3-15a），占全年总产量的 12.4%，其 CPUE 为 559 kg/千钩（见图 3-15b）。产量最低的为 1 月，仅为 5 t（见图 3-15a），占全年总产量的 4.1%，其 CPUE 为 265.3 kg/千钩（见图 3-15b）。8~12 月产量基本稳定，均在 11 t 左右（见图 3-15a），CPUE 为 300~400 kg/千钩（见图 3-15b）。

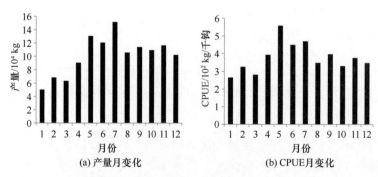

(a) 产量月变化　　　　　(b) CPUE月变化

图 3-15　长鳍金枪鱼延绳钓产量和 CPUE 月变化

2. 产量及 CPUE 与 SST 的关系

分析认为，1—3 月产量和 CPUE 最高时的 SST 为 30℃ （见图 3-16a~c）；4 月产量和 CPUE 最高时的 SST 分别为 29℃、30℃；5 月产量和 CPUE 最高的 SST 为 29℃ （见图 3-16e），6 月产量和 CPUE 较高的 SST 为 28~29℃ （见图 3-16f）；7 月份较高的 CPUE 和产量分布在 SST 分别为 23~24℃和 28~29℃ 的海域 （见图 3-16g），8 月份则分布 SST 在 21~22℃和 27~28℃海域 （见图 3-16h），9 月份分布在 SST 为 27~28℃海域 （见图 3-16i）；10—12 月产量和 CPUE 较高的 SST 均为 28~29℃ （见图 3-16j~l）。

3. 渔场空间分布及 SST 分析

渔场空间分布与 SST 叠加分析认为 （见图 3-17） 1—4 月份产量主要分布在 12°—14°S、172°—175°E 海域，产量不高，CPUE 也不高，适宜 SST 为 29~30℃ （见图 3-17a~d）；5—6 月份产量分布在 10°—15°S、174°—175°E 海域 （见图 3-17e, f），产量呈上升趋势，其中 CPUE 在 5 月份时达到全年最高，为 558.7 kg/千钩，适宜 SST 为 28~29℃；7 月份月产量最高，主要分布在 10°—15°S、170°—175°E 和 23°—24°S、175°—177°E （见图 3-17g），最适 SST 分别为 28~29℃和 23~24℃；8—12 月份产量相对稳定，其中 8 月份产量集中在 24°—26°S、174°—176°E 海域 （见图 3-17h），最适 SST 为 21~22℃；9 月份产量集中在 13°—16°S、173°—175°E 海域 （见图 3-17i），最适 SST 为 27~28℃；10 月份产量分布在 12°—17°S、173°—176°E 海域，在 14°—15°S、159°—161°E 之间也有分布 （见图 3-17j），最适 SST 为 28~29℃；11 月份产量集中在 16°—19°S、171°—174°E 海域 （见图 3-17k），最适 SST 为 28~29℃；12 月份产量集中在 19°—22°S、173°—175°E 海域 （见图 3-17l），最适 SST 为 28~29℃。

4. K-S 检验

计算各月份 K-S 检验的统计量，并以 $\alpha = 0.1$ 做显著性检验。通过 K-S 检验可知：产量与 SST 的 $D = 0.027826 < P(\alpha/2)$ （图 3-18a），CPUE 与 SST 的 $D = 0.032751 < P(\alpha/2)$ （图 3-18b）。此时假设检验条件 $f(t) = g(t)$ 成立，没有显著性差异，即认为各月作业渔场产量、CPUE 分布与 SST 关系密切。

（三） 分析与讨论

温度是影响海洋鱼类活动的最重要的环境因子之一，直接或间接地影响

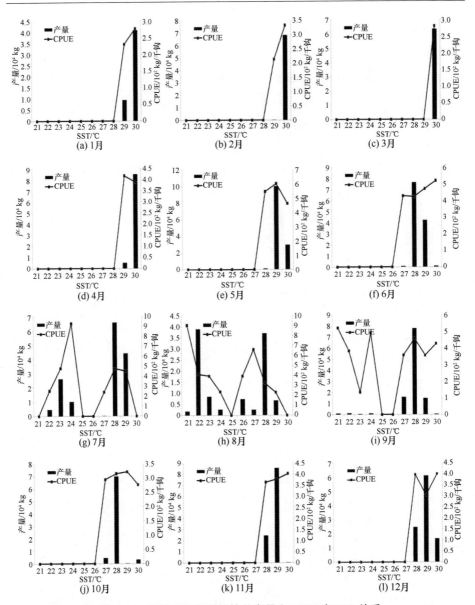

图 3-16　长鳍金枪鱼延绳钓月产量和 CPUE 与 SST 关系

到鱼类资源量的分布、洄游和空间集群等（Ramon 和 Bailey，1996；Hanamoto，1987；Vias et al.，2004）。本研究着重对瓦努阿图附近海域金枪鱼延绳钓主捕对象长鳍金枪鱼作业渔场的月变化及其与 SST 关系进行了分析，通过产量与 CPUE 2 个因子分析了其作业渔场的季节变化，得出了渔场空间分布的一些初步规律，作业渔场多分布在 SST 为 27~30℃ 的海域，约占总渔获

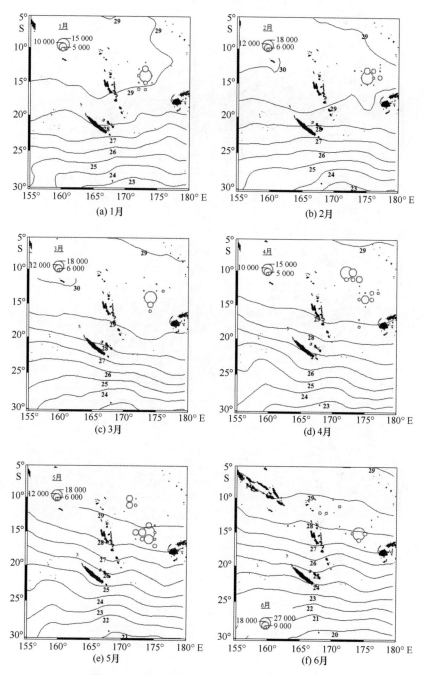

图 3-17　各月渔场空间分布及其与 SST 的关系

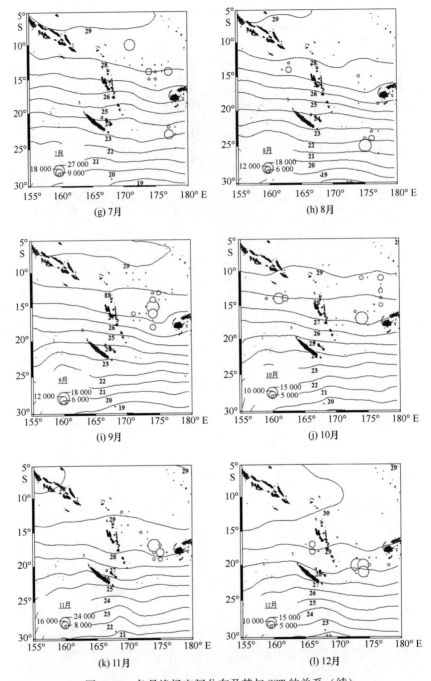

图 3-17　各月渔场空间分布及其与 SST 的关系（续）

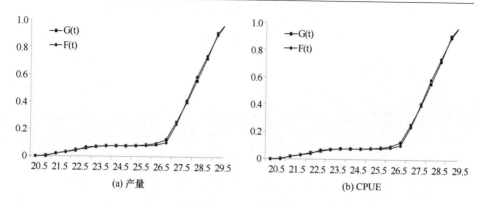

(a) 产量　　　　　　　　　　　　　　(b) CPUE

图 3-18　K-S 检验分析

量的 95% 以上，上述 SST 范围可作为全年各月中心渔场分布的指标之一。尽管所分析的数据来源和空间尺度不一，但本研究结果与樊伟等（2007）、周甦芳和樊伟（2006）、Andrade 和 Garcia（1999）的研究结论基本一致。该研究结果可为渔业生产提供参考。

　　但是作者也观察到，7—8 月在 21°—26°S 海域（SST 为 21~23℃）也有一定分布（图 3-19g 和 h）。我们试从长鳍金枪鱼渔获个体大小及其在渔获物中所占比重来探讨，分析发现（图 3-19g 和 h，表 3-7）：7 月下旬作业渔场开始南移，7 月下旬至 8 月 10°—15°S 海域的长鳍金枪鱼产量所占比重较低，8 月份其产量累计不到该月总产量的 24%，而 21°—26°S 海域成为长鳍金枪鱼的主要渔场；8 月份长鳍金枪鱼渔获物平均体重要明显高于 7 月上旬和中旬，但是南部海域（21°—26°S）和北部海域（10°—15°S）南北差异不明显，可能为同一群体（见表 3-7）。由此我们初步认为，成体长鳍金枪鱼适合生存的海域 SST 范围比较广，7—8 月作业渔场分布的差异不是由于渔获个体差异造成的，或者说南北洄游造成的，一些研究工作还需要深入展开。

表 3-7　7 月和 8 月长鳍金枪鱼渔获物分析

海区	内容	7月上旬	7月中旬	7月下旬	8月上旬	8月中旬	8月下旬
10°—15°S	尾数	3 433	2 486	0	355	627	758
	平均体重（kg）	13.77	13.97	0	14.76	14.47	14.28
	占全月总渔获产量比重	31.14%	22.89%	0.00%	4.95%	8.57%	10.22%

海区	内容	7月上旬	7月中旬	7月下旬	8月上旬	8月中旬	8月下旬
21°—26°S	尾数	0	0	2 385	714	1 332	1 431
	平均体重（kg）	0	0	14.22	14.82	14.57	13.78
	占全月总渔获产量比重	0.00%	0.00%	22.36%	9.99%	18.33%	18.62%

Lu 等（1998）研究表明，ENSO 事件对长鳍金枪鱼产量的影响具有滞后性。郭爱和陈新军（2005）认为厄尔尼诺与渔场资源丰度关系密切，ENSO 年份内 CPUE 比正常年份偏高，CPUE 的变化相对 ENSO 指数有 1~2 个月的滞后期。另外，长鳍金枪鱼白天主要分布在 90~150 m 水层（1991），因此长鳍金枪鱼渔场空间分布还受大尺度海洋事件、厄尔尼诺-拉尼娜现象以及深层水温结构等因素的影响。

三、长鳍金枪鱼渔场与水温垂直结构、海面高度、叶绿素的关系

（一）材料与方法

生产统计数据来源与 2.1 相同。深层水温选取 55 m（T55），105 m（T105），155 m（T155），205 m（T205）等不同水层的温度，上述水温以及海面高度（SSH，单位 m）、叶绿素 a 浓度（Chl-a，单位 mg/m³）等均来自哥伦比亚大学卫星遥感网站（http：//iridl. ldeo. columbia. edu/docfind/databrief/cat-ocean. html），数据空间分辨率为 1°×1°。

利用频度分析法按深层水温 1℃、海面高度 0.2 m、Chl-a 0.02 mg/m³ 为组距来分析各月产量、CPUE 和深层水温、SSH、Chl-a 的关系，获得各月作业渔场最适环境要素范围；最后，利用 Kolmogorov-Smirnov（K-S）方法来检验产量、CPUE 与各环境要素之间的关系是否显著。

（二）结果

1. 产量和 CPUE 与 55 m 水温的关系

分析认为，1 月和 2 月产量最高时 T55 为 28℃，CPUE 最高时 T55 为 29℃（见图 3-19a~b）；3 月产量和 CPUE 最高时的 T55 分别为 29℃、28℃（见图 3-19c）；4 月产量和 CPUE 最高的 T55 为 29℃、27℃（见图 3-19d），5 月产量和 CPUE 较高的 T55 为 28~29℃（见图 3-19e）；6 月份较高的 CPUE 和产量分布在 T55 分别为 27~28℃的海域（见图 3-19f），7 月份则分布在 T55 为

27~28℃海域（见图 3-19g），8 月份分布在 T55 为 21~22℃和 26~27℃的海域（见图 3-19h）；9 月份分布在 T55 为 27℃的海域（见图 3-19i）；10—11 月产量和 CPUE 较高的 T55 均为 26~27℃（见图 3-19j~k）；12 月产量和 CPUE 分布在 T55 为 24~25℃的海域（见图 3-19l）。

2. 产量和 CPUE 与 105 m 水温的关系

分析认为，1 月和 2 月产量最高时 T105 为 26℃，CPUE 最高时 T105 为 24℃（见图 3-20a~b）；3 月产量和 CPUE 最高时的 T105 分别为 26℃、27℃（见图 3-20c）；4 月产量和 CPUE 最高的 T105 分别为 28℃、27℃（见图 3-20d），5 月产量和 CPUE 较高的 T105 均为 26℃（见图 3-20e）；6 月份较高的 CPUE 和产量分布在 T105 分别为 25~27℃的海域（见图 3-20f），7 月份则均分布在 T105 为 27℃附近海域（见图 3-20g），8 月份则分布在 T105 分别为 21℃和 26~27℃的海域（见图 3-20h）；9 月份均分布在 T105 为 27℃附近海域（见图 3-20i）；10 月产量和 CPUE 较高的 T105 均为 26℃（见图 3-20j）；11 月产量和 CPUE 较高的 T105 分别为 27℃、25℃（见图 3-20k）；12 月产量和 CPUE 分布在 T105 为 22~24℃的海域（见图 3-20l）。

3. 产量和 CPUE 与 155 m 水温的关系

分析认为，1 月和 2 月产量最高时 T155 为 23℃，CPUE 最高时 T155 为 24℃（见图 3-21a~b）；3 月产量和 CPUE 最高时的 T155 分别为 24℃、23℃（见图 3-21c）；4 月产量和 CPUE 最高的 T155 分别为 24℃、25℃（见图 3-21d），5 月产量和 CPUE 较高的 T155 均为 26℃（见图 3-21e）；6 月份较高的 CPUE 和产量均分布在 T155 分别为 23~25℃的海域（见图 3-21f），7 月份则分布在 T155 均为 21℃附近海域（见图 3-21g），8 月份分布在 T155 分别为 20℃和 23℃的海域（见图 3-21h）；9 月份均分布在 T155 为 25℃的海域（见图 3-21i）；10 月产量和 CPUE 较高的 T155 均为 24℃（见图 3-21j）；11 月产量和 CPUE 较高的 T155 分别为 23~24℃、23~25℃（见图 3-21k）；12 月产量和 CPUE 均分布在 T155 为 21~23℃的海域（见图 3-21l）。

4. 产量和 CPUE 与 205 m 水温的关系

分析认为，1—3 月产量和 CPUE 最高时 T205 均为 21℃左右（见图 3-22a~c）；4 月产量和 CPUE 最高的 T205 均为 22℃左右（见图 3-22d），5 月产量和 CPUE 较高的 T205 均为 21℃（见图 3-22e）；6 月份较高的 CPUE 和产量分布在 T205 均为 21~22℃的海域（见图 3-22f），7 月份分布在 T205 均为 21~

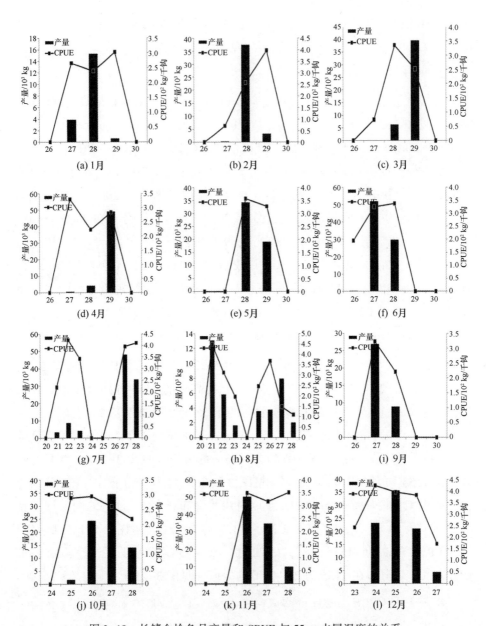

图 3-19　长鳍金枪鱼月产量和 CPUE 与 55 m 水层温度的关系

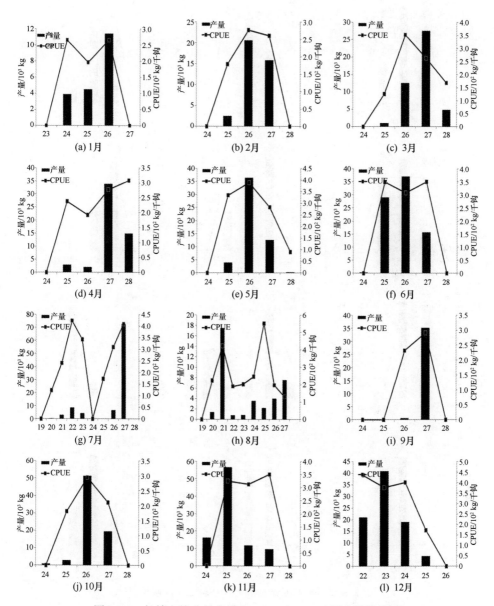

图 3-20　长鳍金枪鱼月产量和 CPUE 与 105 m 层水温的关系

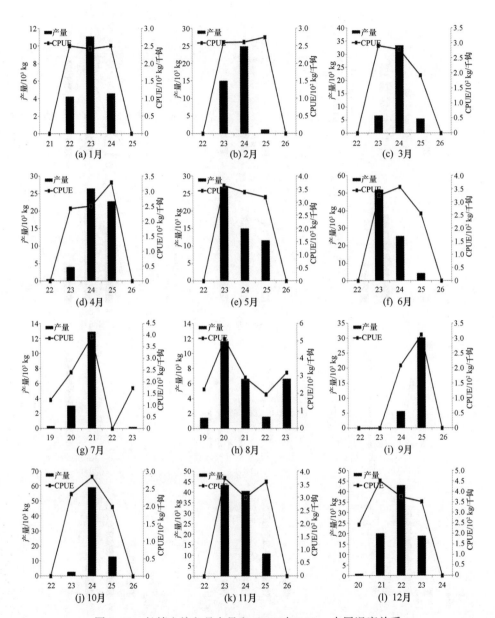

图 3-21 长鳍金枪鱼月产量和 CPUE 与 155 m 水层温度关系

22℃海域（见图 3-22g），8 月份分布在 T205 分别为 19℃和 21℃的海域（见图 3-22h）；9 月份均分布在 T205 为 21℃的海域（见图 3-22i）；10 月产量和 CPUE 较高时 T205 均为 22℃（见图 3-22j）；11 月产量和 CPUE 较高的 T205 分别为 22℃、21℃（见图 3-22k）；12 月产量和 CPUE 均分布在 T205 为 20~21℃的海域（见图 3-22l）。

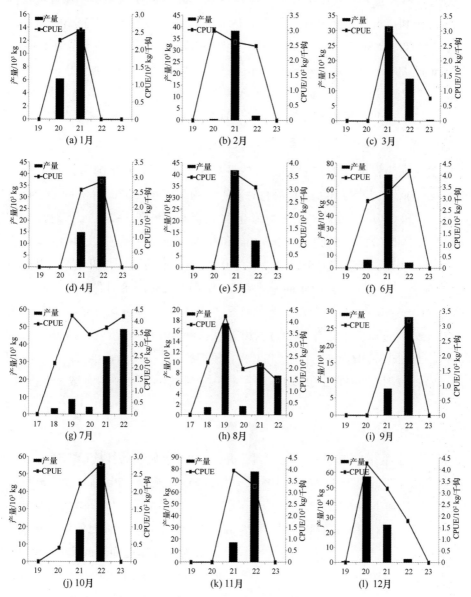

图 3-22　长鳍金枪鱼月产量和 CPUE 与 205 m 水层温度的关系

5. 产量和 CPUE 与海面高度的关系

分析认为，1 月和 2 月产量最高时 SSH 为 0.8 m，CPUE 最高时 SSH 为 0.9 m（见图 3-23a~b）；3 月产量和 CPUE 最高时的 SSH 均为 0.8~0.9 m（见图 3-23c）；4 月产量和 CPUE 最高的 SSH 分别为 1.0 m 和 0.8 m（见图 3-23d），5 月产量和 CPUE 较高的 SSH 均为 0.9 m（见图 3-23e）；6 月份较高的 CPUE 和产量分布在 SSH 分别为 0.9 m 和 1.0 m 的海域（见图 3-23f），7 月份均分布在 SSH 为 0.9 m 的海域（见图 3-23g），8 月份分别分布在 SSH 为 0.9 m 和 0.6 m 的海域（见图 3-23h）；9 月份均分布在 SSH 为 1.0 m 的海域（见图 3-23i）；10 月产量和 CPUE 较高的 SSH 均为 0.9~1.0 m（见图 3-23j）；11—12 月产量和 CPUE 较高的 SSH 均为 0.9 m（见图 3-23k、l）。

6. 产量和 CPUE 与叶绿素浓度的关系

分析认为，1—2 月产量和 CPUE 最高时 Chl-a 均为 0.04 mg/m³（见图 3-24a~b）；3 月产量和 CPUE 最高时 Chl-a 均为 0.02 mg/m³（见图 3-24c）；4 月产量和 CPUE 最高的 Chl-a 均为 0.04 mg/m³（见图 3-24d），5 月产量和 CPUE 较高的 Chl-a 分别为 0.02 mg/m³ 和 0.04 mg/m³（见图 3-24e）；6 月份较高的 CPUE 和产量均分布在 Chl-a 为 0.04 mg/m³ 的海域（见图 3-24f），7 月份均分布在 Chl-a 为 0.04 mg/m³ 海域（见图 3-24g），8 月份则分布在 Chl-a 均为 0.06~0.08 mg/m³ 的海域（见图 3-24h）；9 月份均分布在 Chl-a 为 0.02 mg/m³ 的海域（见图 3-24i）；10 月产量和 CPUE 较高的 Chl-a 均为 0.08 mg/m³（见图 3-24j）；11 月产量和 CPUE 较高的 Chl-a 均为 0.08 mg/m³（见图 3-24k）；12 月产量和 CPUE 均分布在 Chl-a 为 0.08 mg/m³ 的海域（见图 3-24l）。

7. K-S 检验

计算各月份 K-S 检验的统计量，并以 $\alpha=0.1$ 做显著性检验。通过 K-S 检验可知：产量与 55 m 水温、105 m 水温、155 m 水温、205 m 水温、SSH 和 Chl-a 的 D 均小于 P（$\alpha/2$），CPUE 与水温、105 m 水温、155 m 水温、205 m 水温、SSH 和 Chl-a 的 D 也均小于 P（$\alpha/2$）（见表 3-8）。此时假设检验条件 $f(t)=g(t)$ 成立，没有显著性差异，即认为各月作业渔场的产量、CPUE 分布与水温、105 m 水温、155 m 水温、205 m 水温、SSH 和 Chl-a 关系密切。

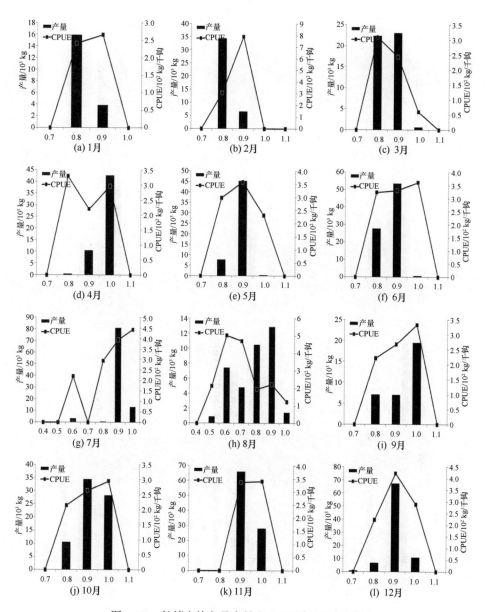

图 3-23 长鳍金枪鱼月产量和 CPUE 与 SSH 的关系

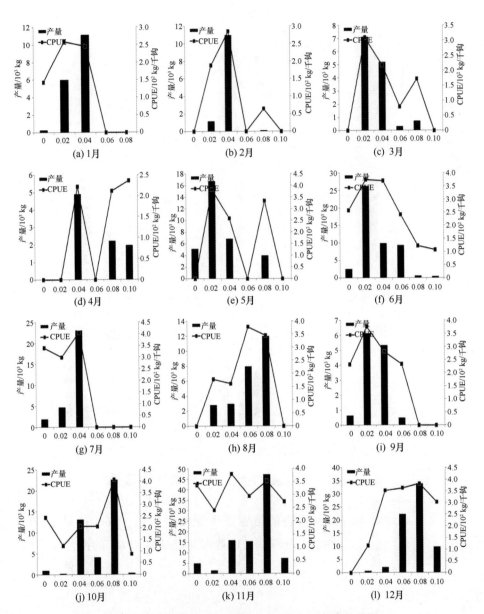

图 3-24　长鳍金枪鱼月产量和 CPUE 与叶绿素的关系

表 3-8　产量与 CPUE 和各环境变量 K-S 检验 D 值表

	T55	T105	T155	T205	SSH	Chl
产量	0.027 826	0.036 879	0.028 979	0.047 829	0.020 079	0.050 058
CPUE	0.037 927	0.053 805	0.037 058	0.067 048	0.043 957	0.062 057

(三) 讨论与分析

垂直水温是影响海洋鱼类活动的最重要的环境因子之一,它们直接或间接地影响到鱼类资源量的分布、洄游和空间集群等,特别是栖息在深水层的金枪鱼类。本节着重对南太平洋海域金枪鱼延绳钓主捕对象长鳍金枪鱼作业渔场的月变化及其与深层水温、海面高度和叶绿素浓度关系进行了分析,通过产量与 CPUE 2 个因子分析了其作业渔场的季节变化,得出了渔场空间分布的一些初步规律,作业渔场多分布在 T55 为 26～29℃,T105 为 24～27℃,T155 为 22～25℃,T205 为 20～22℃,SSH 为 0.8～1.0 m,Chl-a 为 0.04～0.08 mg/m³ 的海域。上述指标可以综合作为判断渔场位置的指标。尽管所分析的数据来源和空间尺度不一,但本研究结果与宋利明等 (2004a,2004b)、朱国平和许柳雄 (2007)、Zainuddin 等 (2008) 的研究结论基本一致。该研究结果可为渔业生产提供参考。

我们注意到 7—8 月渔场分布明显分为 5°—15°S 和 21°—26°S 的两个海域,根据上一节从渔获物个体大小的讨论中我们可以看出,这种渔场的变化与长鳍金枪鱼的南北洄游无关。但从本章研究结果中可以发现,渔场的变化与深层水温变化和海面高度与叶绿素浓度的变化关系不大,并没有随着渔场位置的变化而海洋环境发生明显变化,故可推测,长鳍金枪鱼渔场的变化可能是由于捕食对象或饵料生物的位置发生变化而变化 (Goni et al.,2009;Kimura 和 Sugimoto,1997)。叶绿素浓度数据与产量和 CPUE 的拟合程度相对其他环境数据较低,这可能与遥感获得的叶绿素数据缺失较多有关。一些研究还需在以后的工作中继续展开。

另外长鳍金枪鱼渔场位置还受大尺度海洋事件 ENSO,厄尔尼诺-拉尼娜现象的影响 (Zagaglia et al.,2004;Lehodey et al.,1997;Lawson,2007),在以后的工作中需要综合考虑以上的要素,使得渔场位置的判断和预报更加科学和准确。

四、长鳍金枪鱼栖息地模型的建立

（一）材料和方法

本节采用的生产统计数据和海洋环境数据均来自第二节中。首先以经纬度 1°×1° 为空间统计单位，根据上节的研究结果，由于 7 月下旬至 8 月渔场位置南移，故将 7—9 月份分为南北两个部分分别统计，7 月 1—20 日、9 月渔场位置偏北，7 月 21 日—8 月 31 日渔场位置偏南，故按照 1—3 月，4—6 月，7 月 1—20 日、9 月，7 月 21 日—8 月 31 日，10—12 月对其作业位置、产量和放钩数进行初步统计。

利用产量分别与 SST、T55、T105、T155、T205、SSH、Chl-a 来建立相应的适应性指数（SI）模型。本研究假定最高产量 PRO_{max} 为长鳍金枪鱼资源分布最多的海域，认定其栖息地指数为 1；作业产量为 0 时，则认定是长鳍金枪鱼资源分布较少的海域，认定其 HSI 为 0（Mohri 和 Nishida，1999）。单因素栖息地指数 SI 计算公式如下：

$$SI_i = \frac{PRO_{ij}}{PRO_{i,\,max}}$$

式中，SI_i 为 i 月得到的适应性指数；$PRO_{i,max}$ 为 i 月的最大产量。

利用一元非线性回归建立 SST、T55、T105、T155、T205、SSH、Chl-a 与 SI 之间的关系模型，利用 DPS7.5 软件求解。通过此模型将 SST 等 7 个因子和 SI 两离散变量关系转化为连续随机变量关系。

利用算术平均法（arithmetic mean model，AMM）（Brown et al.，2000；Hess 和 Bay，2000）计算栖息地综合指数 HSI，HSI 在 0（不适宜）到 1（最适宜）之间变化。计算公式如下：

$$HSI = (SI_{SST} + SI_{T55} + SI_{T105} + SI_{T155} + SI_{T205} + SI_{SSH} + SI_{CHL})/7$$

式中，SI_{SST}、SI_{T55}、SI_{T105}、SI_{T155}、SI_{T205}、SI_{SSH} 和 SI_{Chl} 分别为 SI 与 SST、T55、T105、T155、T205、SSH、Chl-a 的适应性指数。

（二）结果

1. HSI 模型的建立

利用一元非线性回归拟合以 SST、T55、T105、T155、T205、SSH 和 Chl-a 为基础的 SI 曲线。拟合的 SI 曲线模型见表 3-9，各回归模型的方差分析显示 SI 模型均为显著（P<0.05）。分季度绘制各因子 SI 曲线拟合图（第一季度

图 3-25、第二季度图 3-26、7 月中上旬和 9 月图 3-27、7 月下旬和 8 月图 3-28、第 4 季度图 3-29）。

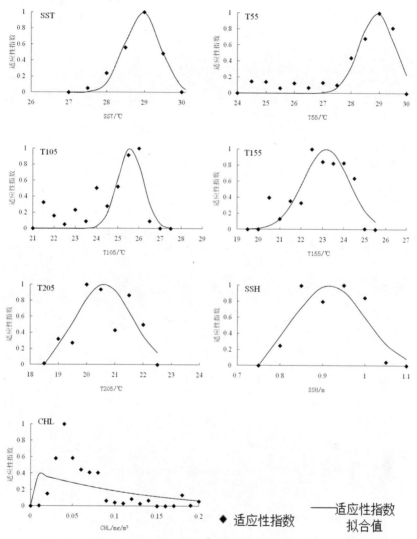

图 3-25　1—3 月基于 SST、T55、T105、T155、T205、SSH、Chl-a 的适应性曲线

由图 3-25 至图 3-29 和表 3-9 中可以得出采用一元非线性回归建立的各因子适应性曲线拟合度很高，各模型的方差分析显示 SI 模型均为显著（$P < 0.05$）。

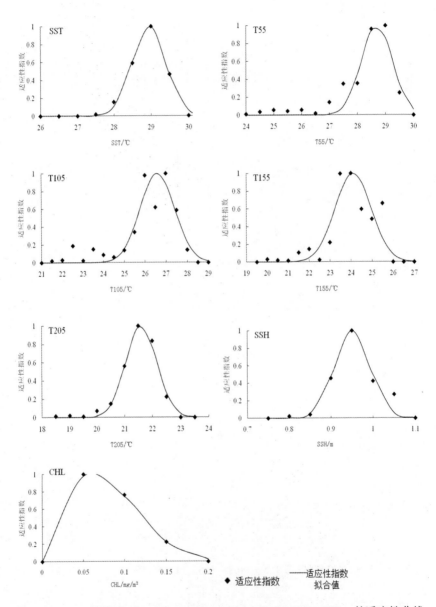

图 3-26　4—6 月基于 SST、T55、T105、T155、T205、SSH、Chl-a 的适应性曲线

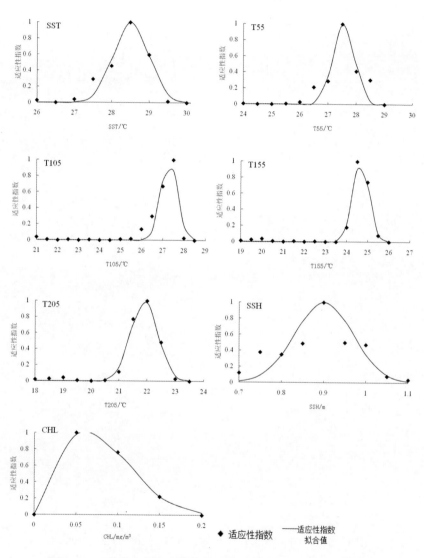

图 3-27　7 月中上旬和 9 月基于 SST、T55、T105、T155、T205、
SSH、Chl-a 的适应性曲线

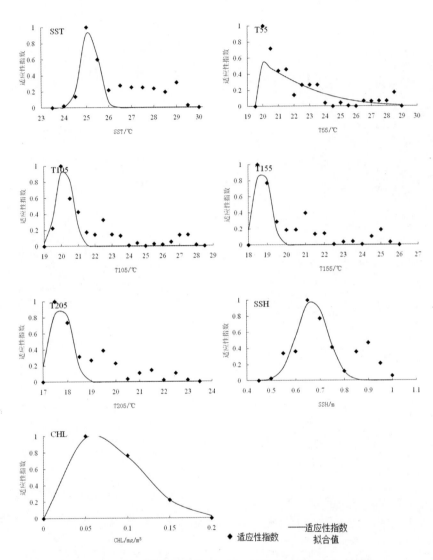

图 3-28　7 月下旬和 8 月基于 SST、T55、T105、T155、T205、
SSH、Chl-a 的适应性曲线

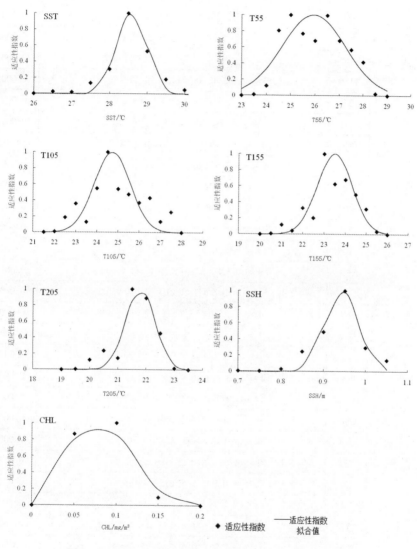

图 3-29 10—12 月基于 SST、T55、T105、T155、T205、
SSH、Chl-a 的适应性曲线

表 3-9 各月长鳍金枪鱼月栖息地指数模型

月份	变量	适应性指数模型	P 值
1—3 月	SST	$SI = exp-2.351\ 5 \times (SST-28.945\ 5)\ ^2$	0.000 1
	T55	$SI = exp-1.287\ 1 \times (T55-28.928)\ ^2$	0.000 1
	T105	$SI = exp-1.4 \times (T105-27.087\ 1)\ ^2$	0.000 9
	T155	$SI = exp-0.432\ 8 \times (T155-24.170\ 7)\ ^2$	0.000 1
	T205	$SI = exp-0.532\ 2 \times (T205-21.612\ 5)\ ^2$	0.000 1
	SSH	$SI = exp-73.49 \times (SSH-0.916\ 7)\ ^2$	0.002 1
	CHL	$SI = exp-12.200\ 8 \times (CHL+0.270\ 3)\ ^2$	0.015
4—6 月	SST	$SI = exp-2.514\ 3 \times (SST-28.941\ 7)\ ^2$	0.000 1
	T55	$SI = exp-1.632\ 7 \times (T55-28.696\ 3)\ ^2$	0.000 1
	T105	$SI = exp-0.740\ 2 \times (T105-26.590\ 5)\ ^2$	0.000 1
	T155	$SI = exp-0.682\ 2 \times (T155-24.108\ 8)\ ^2$	0.000 1
	T205	$SI = exp-1.629 \times (T205-21.601\ 4)\ ^2$	0.001
	SSH	$SI = exp-287.33 \times (SSH-0.900\ 7)\ ^2$	0.000 1
	CHL	$SI = exp-187.641 \times (CHL-0.010\ 9)\ ^2$	0.000 2
7 月 1 日— 7 月 20 日、 9 月	SST	$SI = exp-2.304\ 5 \times (SST-29.014\ 9)\ ^2$	0.000 1
	T55	$SI = exp-3.457\ 8 \times (T55-27.549)\ ^2$	0.001 1
	T105	$SI = exp-3.408\ 4 \times (T105-27.296\ 4)\ ^2$	0.000 1
	T155	$SI = exp-3.321\ 4 \times (T155-24.672\ 9)\ ^2$	0.000 1
	T205	$SI = exp-2.166\ 7 \times (T205-21.895\ 9)\ ^2$	0.000 1
	SSH	$SI = exp-105.724 \times (SSH-0.900\ 4)\ ^2$	0.000 3
	CHL	$SI = exp-187.641 \times (CHL-0.010\ 9)\ ^2$	0.000 1
7 月 21 日— 8 月 31 日	SST	$SI = exp-3.653\ 2 \times (SST-25.149\ 9)\ ^2$	0.002 6
	T55	$SI = exp-0.021\ 2 \times (T55-14.596\ 3)\ ^2$	0.001 1
	T105	$SI = exp-2.192\ 6 \times (T105-20.200\ 5)\ ^2$	0.000 1
	T155	$SI = exp-3.027\ 8 \times (T155-18.743\ 2)\ ^2$	0.000 1
	T205	$SI = exp-2.967\ 9 \times (T205-17.741\ 4)\ ^2$	0.004
	SSH	$SI = exp-126.4 \times (SSH-0.669)\ ^2$	0.041
	CHL	$SI = exp-38.592\ 5 \times (CHL+1.049)\ ^2$	0.02

续表

月份	变量	适应性指数模型	P 值
10— 12 月	SST	SI＝exp-3.079 3×（SST-28.580 9）^2	0.000 1
	T55	SI＝exp-0.290 9×（T55-25.941 3）^2	0.000 1
	T105	SI＝exp-0.688 5×（T105-24.720 8）^2	0.006 7
	T155	SI＝exp-0.743 7×（T155-23.500 4）^2	0.000 1
	T205	SI＝exp-1.872×（T205-21.791 9）^2	0.000 1
	SSH	SI＝exp-317.209×（SSH-0.942 4）^2	0.000 1
	CHL	SI＝exp-304.408×（CHL-0.027 1）^2	0.023

2. 模型验证分析

根据各月栖息地模型计算各月适应性指数，获得各月栖息地指数 HSI（表 3-10）。由表 3-10 可知，当 HSI 为 0.6 以上时，1 月份作业点个数为 11 个，占全月作业点数的 68.75%；2 月份作业点个数 20 个，占全月作业点个数的 55%，3 月份作业点个数 27 个，占全月作业点个数的 69.23%；4 月份作业点个数 25 个，占全月作业点个数的 69.45%；5 月作业点个数 22 个，占全月作业点个数的 71.07%；6 月作业点个数 20 个，占全月作业点个数的 60.00%；7 月作业点个数 21 个，占全月作业点个数的 67.83%；8 月作业点个数 29 个，占全月作业点个数的 76.32%；9 月作业点个数 23 个，占全月作业点个数的 76.67%；10 月作业点个数 25 个，占全月作业点个数的 71.43%；11 月作业点个数 25 个，占全月作业点个数的 75.76%；12 月作业点个数 22 个，占全月作业点个数的 66.67%。当 HSI 为 0.6 以上时，全年作业点个数为 261 个，占总作业点个数的 70.43%。因此模型能够较好的反映南太平洋长鳍金枪鱼渔场的分布情况。

表 3-10　各月份 HSI 值与作业点个数

HSI	1 月	2 月	3 月	4 月	5 月	6 月	7 月	8 月	9 月	10 月	11 月	12 月
[0, 0.2)	2	1	0	3	2	2	3	1	0	3	2	1
[0.2, 0.4)	2	3	5	4	2	7	4	2	3	2	4	5
[0.4, 0.6)	1	5	7	4	5	5	3	6	4	2	2	5
[0.6, 0.8)	6	6	11	15	13	7	12	14	13	16	12	12
[0.8, 1)	5	5	16	10	9	13	9	15	10	9	13	10

（三）讨论与分析

南太平洋长鳍金枪鱼资源作为我国重要的金枪鱼目标种群，其渔场的位置及其与环境的关系，特别是在国际油价日益攀升的背景下，显得尤为重要（樊伟等，2007；戴芳群等，2006；郭爱等，2010）。本研究根据 SST、T55、T155、T205、SSH 和 Chl-a 等环境因子建立栖息地指数模型进行渔情预报。研究表明各环境因子与渔场位置的关系均为显著，对于指导渔业生产，节省生产成本有一定的指导意义。

本研究采用了算术平均法作为模型的基本算法主要有以下两个原因：遥感数据容易缺失，如采用其他方法如最小值法和几何平均值法，容易将遥感数据缺失的部分误判为栖息地指数为 0 的位置，从而造成预报失误；算术平均值法在金枪鱼栖息地指数模型的建立中应用广泛（Wang 和 Wang，2006；Zainuddin et al.，2008；冯波等，2007）。

尽管上述建立的南太平洋长鳍金枪鱼栖息地指数模型达到较高的精确度，但是长鳍金枪鱼渔场不仅与表温、深层水温结构、海面高度、叶绿素浓度等有关；温跃层、饵料生物分布、锋面和涡以及 ENSO 等大尺度海洋事件均对长鳍金枪鱼渔场有一定影响（Laurs 和 Lynn，1977；Roberts，1980；Hanamoto，1987；Mohri 和 Nishida，1999；Ficke et al.，2007），因此，基于温度、海面高度和叶绿素浓度的栖息地指数模型仍然存在一定缺陷，在以后的研究中需综合考虑上述因子，以完善长鳍金枪鱼栖息地模型，同时结合实际海况，综合模型输出结果，对南太平洋长鳍金枪鱼渔场实行动态监测和分析，为海洋渔业生产提供科学参考。

五、基于多因子的南太平洋长鳍金枪鱼中心渔场预测

长鳍金枪鱼作为高度洄游的大洋性鱼类，因其经济价值高、资源量丰富而成为世界海洋渔业的主要捕捞对象之一。根据 2006—2010 年南太平洋长鳍金枪鱼的生产数据，结合叶绿素-a 浓度、海洋表面温度和海洋表面盐度资料，运用一元非线性回归方法，按月份建立基于各环境因子的长鳍金枪鱼栖息地适应性指数，采用算数平均法获得基于多海洋环境因子的综合栖息地适应性指数模型，利用 2011 年生产数据及海洋环境资料对栖息地模型进行验证。研究表明：作业渔场主要分布在 HSI 大于 0.6 的海域，且模型预报准确率接近70%。因此，基于叶绿素-a 浓度、表层温度和表层盐度的综合栖息地模型能

较好的预测南太平洋长鳍金枪鱼中心渔场。

（一）材料与方法

1. 生产数据

本节研究海域为南太平洋的 00°N—30°S、155°E—135°W，研究时间为 2006—2011 年。生产数据选取中西太平洋金枪鱼委员会（www.wcpfc.int）的长鳍金枪鱼生产统计资料，主要包括作业日期、作业经度、作业纬度、作业产量、作业钓钩数等数据，空间分辨率为 5.0°×5.0°。

2. 环境数据

本节选取的环境数据即是卫星同步获取的叶绿素-a 浓度（Chlorophyll a concentration，Chl-a）、海洋表面温度（Sea surface temperature，SST）和海洋表面盐度（Sea surface salinity，SSS），其研究海域为 00°N—30°S、155°E—135°W。其中，Chl-a 浓度和 SST 数据来源于全球海洋遥感网（http://oceanwatch.pifsc.noaa.gov/las/servlets/dataset）提供的中分辨率成像光谱仪（Moderate Resolution Imaging Spectroradiometer，MODIS）获得的三级反演产品，空间分辨率为 0.1°×0.5°；盐度数据来源于哥伦比亚网站（http://iridl.ldeo.columbia.edu/SOURCES/.NOAA/.NCEP/.EMC/.CMB/.GODAS/.monthly/.BelowSeaLevel/.SALTY/dataselection.html），空间分辨率为 1.0°×0.3°。时间分辨率均为月。

3. 数据预处理

因长鳍金枪鱼生产数据和环境因子数据的空间分辨率不同，本研究将各分辨率统一为 5.0°×5.0°，并按月对生产数据和环境因子数据进行预处理，所有预处理均在 Excel 表格中完成。将处理后的生产数据和环境因子数据进行整合，整合后每条数据包括作业时间、作业位置、Chl-a 浓度和作业钩数。

4. 栖息地模型建立

本研究利用渔获产量分别与 Chl-a、SST、SSS 来建立相应的适应性指数（SI）模型。研究假定最高产量 PRO_{max} 为长鳍金枪鱼资源分布最多的海域，认定其栖息地指数为 1；渔获产量为 0 时认定长鳍金枪鱼资源分布最少的海域，其栖息地指数为 0（Mohri，1998；Mohri 和 Nishida，1999）。单因素栖息地指数 SI 计算公式如下：

$$SI_i = PRO_{ij} / PRO_{i,\ max}$$

　　式中 SI_i 为 i 月得到的适应性指数；$PRO_{i,\,max}$ 为 i 月的最大产量；PRO_{ij} 为 i 月 j 渔区的产量。

　　利用一元非线性回归建立 Chl-a、SST、SSS 与 SI 之间的关系模型，利用 R 语言软件求解。通过此模型将环境因子 Chl-a、SST 和 SSS 与 SI 两离散变量关系转化为连续随机变量关系。利用算术平均法（arithmetic mean model，AMM）（Hess 和 Bay，2000）计算栖息地综合指数 HSI，HSI 在 0（不适宜）到 1（最适宜）之间变化。计算公式如下：

$$HSI = (SI_{Chl} + SI_{SST} + SI_{SSS})/3$$

　　式中，SI_{Chl}、SI_{SST} 和 SI_{SSS} 分别为 SI 与 Chl-a、SST 和 SSS 的适应性指数。

（二）结果

1. 长鳍金枪鱼渔场分布

　　由图 3-30 可知，2006—2011 年南太平洋海域长鳍金枪鱼延绳钓渔场分布相当广泛，几乎遍及整个研究海域。从纬度上看，长鳍金枪鱼渔获量高产区多分布在 13°—22°S 之间的热带海域，且具有一定的纬向扩展的分布特征；从经度上看，长鳍金枪鱼渔获量表现出东高西低的产量分布特征；从产量空间分布来看，累积产量超过 1.0×10^3 t 的渔区（5.0°×5.0°）数量达到 51 个，占作业总渔区数的 60.7%，单个作业渔区最高产量达到 3.7×10^3 t。

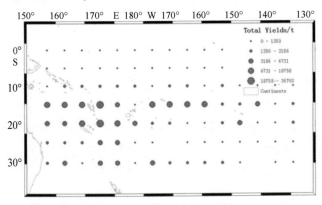

图 3-30　长鳍金枪鱼渔场分布

2. HSI 模型的建立

　　利用正态分布模型分别拟合以 Chl-a、SST 和 SSS 为基础的 SI 曲线（图 3-31~图 3-42），拟合的 SI 曲线模型见表 3-11。模型拟合通过显著性检验（P

<0.01）。因此，采用一元非线性回归建立的各因子适应性曲线是合适的。

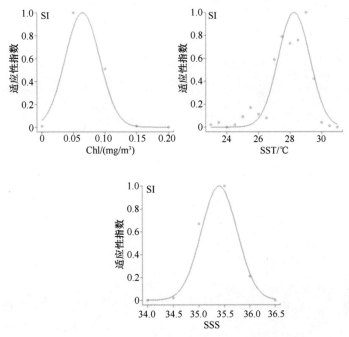

图 3-31　1 月基于 CHL-a、SST 和 SSS 的南太平洋长鳍金枪鱼适应性曲线

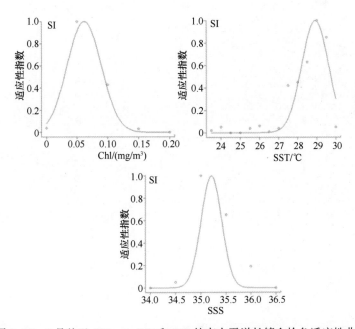

图 3-32　2 月基于 CHL-a、SST 和 SSS 的南太平洋长鳍金枪鱼适应性曲线

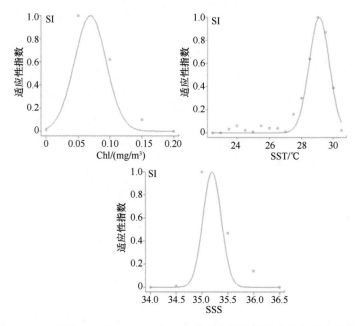

图 3-33　3 月基于 CHL-a、SST 和 SSS 的南太平洋长鳍金枪鱼适应性曲线

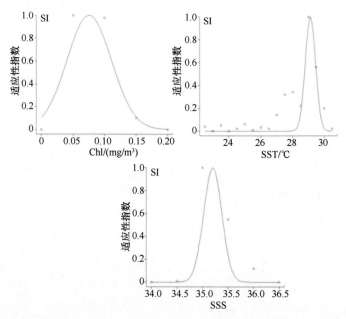

图 3-34　4 月基于 CHL-a、SST 和 SSS 的南太平洋长鳍金枪鱼适应性曲线

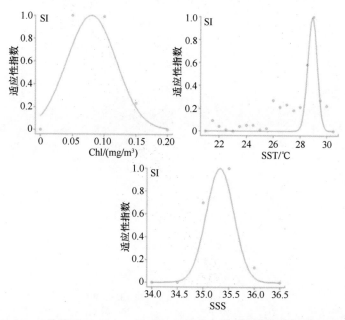

图 3-35 5 月基于 CHL-a、SST 和 SSS 的南太平洋长鳍金枪鱼适应性曲线

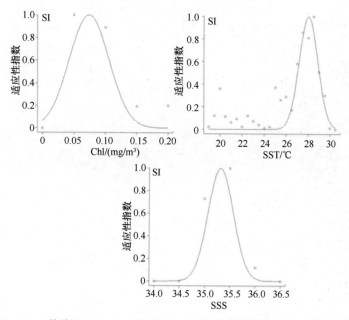

图 3-36 6 月基于 CHL-a、SST 和 SSS 的南太平洋长鳍金枪鱼适应性曲线

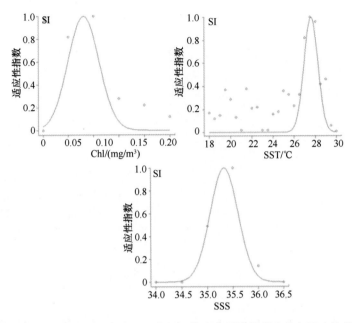

图 3-37　7 月基于 CHL-a、SST 和 SSS 的南太平洋长鳍金枪鱼适应性曲线

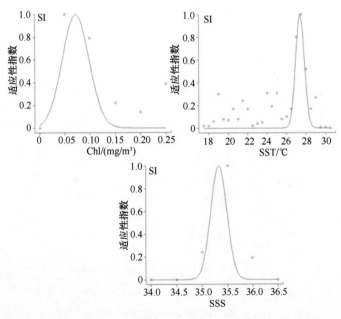

图 3-38　8 月基于 CHL-a、SST 和 SSS 的南太平洋长鳍金枪鱼适应性曲线

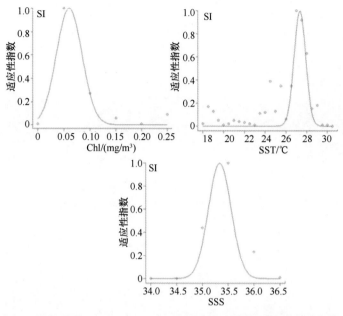

图 3-39　9 月基于 CHL-a、SST 和 SSS 的南太平洋长鳍金枪鱼适应性曲线

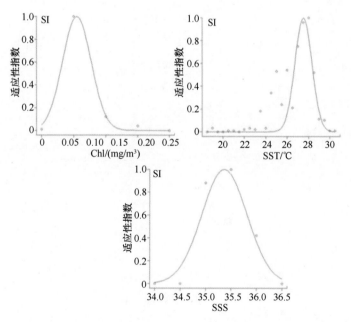

图 3-40　10 月基于 CHL-a、SST 和 SSS 的南太平洋长鳍金枪鱼适应性曲线

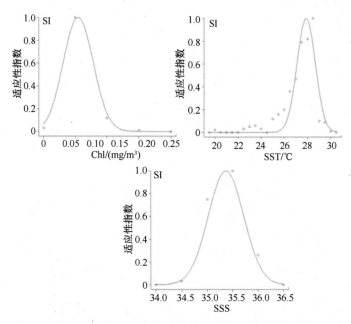

图 3-41　11 月基于 CHL-a、SST 和 SSS 的南太平洋长鳍金枪鱼适应性曲线

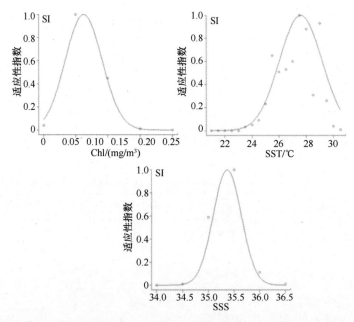

图 3-42　12 月基于 CHL-a、SST 和 SSS 的南太平洋长鳍金枪鱼适应性曲线

表 3-11 南太平洋各月份长鳍金枪鱼栖息地适应性指数模型

月份	变量	适应性指数模型	相关系数 r	P 值
1	CHL	$y_{SI} = \exp\left[-673.8032 \times (x_{CHL} - 0.0645)^2\right]$	0.9960	0.0001
	SST	$y_{SI} = \exp\left[-0.5044 \times (x_{SST} - 28.2485)^2\right]$	0.8717	0.0000
	SSS	$y_{SI} = \exp\left[-4.0500 \times (x_{SSS} - 35.4001)^2\right]$	0.9837	0.0001
2	CHL	$y_{SI} = \exp\left[-653.5698 \times (x_{CHL} - 0.0620)^2\right]$	0.9962	0.0001
	SST	$y_{SI} = \exp\left[-1.0206 \times (x_{SST} - 28.9156)^2\right]$	0.8694	0.0000
	SSS	$y_{SI} = \exp\left[-12.0400 \times (x_{SSS} - 35.2114)^2\right]$	0.9722	0.0003
3	CHL	$y_{SI} = \exp\left[-800.3687 \times (x_{CHL} - 0.0693)^2\right]$	0.9907	0.0003
	SST	$y_{SI} = \exp\left[-1.2482 \times (x_{SST} - 29.1048)^2\right]$	0.9842	0.0000
	SSS	$y_{SI} = \exp\left[-16.1200 \times (x_{SSS} - 35.2000)^2\right]$	0.9824	0.0001
4	CHL	$y_{SI} = \exp\left[-397.4469 \times (x_{CHL} - 0.0755)^2\right]$	0.9905	0.0004
	SST	$y_{SI} = \exp\left[-4.7481 \times (x_{SST} - 29.1210)^2\right]$	0.8463	0.0000
	SSS	$y_{SI} = \exp\left[-16.0000 \times (x_{SSS} - 35.2022)^2\right]$	0.9837	0.0001
5	CHL	$y_{SI} = \exp\left[-332.7218 \times (x_{CHL} - 0.0800)^2\right]$	0.9718	0.0020
	SST	$y_{SI} = \exp\left[-4.1027 \times (x_{SST} - 28.9002)^2\right]$	0.8669	0.0000
	SSS	$y_{SI} = \exp\left[-7.0000 \times (x_{SSS} - 35.3300)^2\right]$	0.9836	0.0001
6	CHL	$y_{SI} = \exp\left[-499.9990 \times (x_{CHL} - 0.0740)^2\right]$	0.9483	0.0050
	SST	$y_{SI} = \exp\left[-0.7056 \times (x_{SST} - 28.0235)^2\right]$	0.8404	0.0000
	SSS	$y_{SI} = \exp\left[-8.0000 \times (x_{SSS} - 35.3200)^2\right]$	0.9771	0.0002
7	CHL	$y_{SI} = \exp\left[-525.5999 \times (x_{CHL} - 0.0805)^2\right]$	0.9505	0.0009
	SST	$y_{SI} = \exp\left[-1.1650 \times (x_{SST} - 27.6013)^2\right]$	0.8123	0.0000
	SSS	$y_{SI} = \exp\left[-6.7100 \times (x_{SSS} - 35.3300)^2\right]$	0.9837	0.0001
8	CHL	$y_{SI} = \exp\left[-700.0000 \times (x_{CHL} - 0.0720)^2\right]$	0.8804	0.0056
	SST	$y_{SI} = \exp\left[-2.5301 \times (x_{SST} - 27.4009)^2\right]$	0.8313	0.0000
	SSS	$y_{SI} = \exp\left[-20.0400 \times (x_{SSS} - 35.3301)^2\right]$	0.9641	0.0005
9	CHL	$y_{SI} = \exp\left[-817.1500 \times (x_{CHL} - 0.0600)^2\right]$	0.9837	0.0001
	SST	$y_{SI} = \exp\left[-1.6095 \times (x_{SST} - 27.3329)^2\right]$	0.8561	0.0000
	SSS	$y_{SI} = \exp\left[-10.3200 \times (x_{SSS} - 35.3400)^2\right]$	0.9559	0.0007
10	CHL	$y_{SI} = \exp\left[-1000.0000 \times (x_{CHL} - 0.0550)^2\right]$	0.9955	0.0001
	SST	$y_{SI} = \exp\left[-0.8000 \times (x_{SST} - 27.5206)^2\right]$	0.7548	0.0000
	SSS	$y_{SI} = \exp\left[-2.5400 \times (x_{SSS} - 35.3701)^2\right]$	0.9683	0.0004
11	CHL	$y_{SI} = \exp\left[-884.6800 \times (x_{CHL} - 0.0550)^2\right]$	0.9962	0.0001
	SST	$y_{SI} = \exp\left[-0.8100 \times (x_{SST} - 27.9000)^2\right]$	0.8747	0.0000
	SSS	$y_{SI} = \exp\left[-4.1000 \times (x_{SSS} - 35.3701)^2\right]$	0.9836	0.0001
12	CHL	$y_{SI} = \exp\left[-604.9900 \times (x_{CHL} - 0.0630)^2\right]$	0.9962	0.0001
	SST	$y_{SI} = \exp\left[-0.2030 \times (x_{SST} - 27.6003)^2\right]$	0.7611	0.0000
	SSS	$y_{SI} = \exp\left[-6.7000 \times (x_{SSS} - 35.3690)^2\right]$	0.9833	0.0001

3. HSI 模型验证分析

根据 SI_{Chl}、SI_{SST} 和 SI_{SSS} 计算各月适应性指数，然后获得栖息地指数 HSI（表 3-12、表 3-13）。从表 3-12 可知，1—5 月和 12 月 HSI 为 0.6 以上的作业点个数均占各月总作业点数的 60.00% 以上。6—11 月 HSI 为 0.6 以上的作业点数占各月总作业点数的 30%~55%。

从表 3-13 可知，1—4 月 HSI 为 0.6 以上的各月作业产量在 1 700~2 600 t，均占各月作业产量的 80% 以上；5 月 HSI 为 0.6 以上的作业产量为 3 348 t，占全月作业产量的 73.80%；6—9 月 HSI 为 0.6 以上的作业产量为 1 900~2 700 t，占各月作业产量的 36%~55%；10—12 月 HSI 为 0.6 以上的作业产量为 2 700~3 800 t，占各月作业产量的 65%~80%。

表 3-12 各月份 HSI 值与作业渔区比率

| HSI | 月份（渔区%） | | | | | | | | | | | | 平均值 |
	1	2	3	4	5	6	7	8	9	10	11	12	
[0.0, 0.2)	0.00	0.00	1.61	1.82	0.00	1.43	1.35	4.05	4.05	4.23	1.54	0.00	1.67
[0.2, 0.4)	15.38	16.13	8.06	9.09	15.15	15.71	25.68	29.73	27.03	21.13	18.46	7.58	17.43
[0.4, 0.6)	24.62	22.58	29.03	14.55	22.73	28.57	28.38	35.14	27.03	36.62	24.62	25.76	26.63
[0.6, 0.8)	41.54	37.10	40.32	58.18	45.45	42.86	33.78	21.62	28.38	25.35	44.62	45.45	38.72
[0.8, 1.0)	18.46	24.19	20.97	16.36	16.67	11.43	10.81	9.46	13.51	12.68	10.77	21.21	15.54

表 3-13 各月份 HSI 值与渔获量比重

| HSI | 月份（产量%） | | | | | | | | | | | | 平均值 |
	1	2	3	4	5	6	7	8	9	10	11	12	
[0.0, 0.2)	0.00	0.00	0.00	0.03	0.00	0.00	0.65	1.85	1.33	1.40	0.37	0.00	0.47
[0.2, 0.4)	5.49	8.90	3.60	0.82	4.22	13.27	36.45	32.87	17.60	6.51	5.16	5.27	11.68
[0.4, 0.6)	12.27	10.92	7.53	3.79	21.98	33.72	22.61	28.98	23.89	17.58	28.77	16.01	19.01
[0.6, 0.8)	62.29	55.45	50.89	71.45	31.95	27.04	25.28	25.71	41.40	41.32	46.92	40.86	43.38
[0.8, 1.0)	19.95	24.74	37.98	23.91	41.85	25.97	15.02	10.58	15.77	33.19	18.79	37.86	25.47

(三) 讨论

1. 渔场分布与环境因子的关系

长鳍金枪鱼渔场分布易受到海洋环境因子 (Chl、SST、SSS 等) 的影响 (郭爱等, 2010; 樊伟等, 2007; Lu et al. , 1998)。研究认为, 长鳍金枪鱼栖息水温为 13.5 ~ 25.2℃, 以表层水温 15.6 ~ 19.4℃ 资源较丰富 (樊伟等, 2007)。研究表明, 南太平洋延绳钓长鳍金枪鱼各月渔获量同平均 SST 关系分布密切, 总体为偏态分布的单峰型。盐度对大多数的鱼类直接影响很少, 主要通过水团、海流的间接影响, 但是长鳍金枪鱼会随着暖流 (高温高盐) 和寒流 (低温低盐) 的变化而进行洄游。

长鳍金枪鱼作为我国重要的金枪鱼目标鱼种, 研究其中心渔场分布及其与海洋环境因子的关系, 在油价日益攀升的今天显得特别重要。本研究根据 2006—2011 年南太平洋的生产统计数据及环境因子资料建立栖息地指数模型进行渔情预报, 旨在为我国渔业生产提供一定的指导。

2. 适应性指数模型分析

SI 模型表明, 长鳍金枪鱼栖息地指数 (资源密度) 与 Chl、SST 和 SSS 存在着正态分布关系 ($P < 0.01$)。这一关系也在其他研究中得到证实 (Bellido et al. , 2001; 范江涛等, 2011; 陈新军等, 2009; Zainuddin et al. , 2008; Lehodey et al. , 1998)。但是, 在以作业产量为基础建立的栖息地指数模型, 比较不同栖息地指数的作业渔区数和渔获量比重有一定的差异 (表 3-12 和表 3-13), HSI 大于 0.6 以上的海域, 渔获量比重总体达到 78.8% (表 3-13), 而作业渔区的比重只有 44.2% (表 3-12)。这一差异说明: 长鳍金枪鱼资源集中时, 以作业产量为基础的 SI 值较高, 而以作业渔区数为基础的 SI 值较低, 反之亦然。

3. 长鳍金枪鱼栖息地指数模型的完善

尽管长鳍金枪鱼渔场分布与海洋环境因子关系密切, 上述模型也取得了较好的预测精度, 但长鳍金枪鱼具有垂直分布的现象 (林显鹏等, 2011), 通常 105 m 水层和 205 m 水层温度也是寻找中心渔场的指标之一 (范江涛等, 2011)。此外, 其他海洋环境因子如海面高度 (SSH)、锋面、温跃层、大尺度海洋事件等影响到长鳍金枪鱼渔场丰度的变化。因此, 在以后的研究中需综合考虑上述环境因子, 加之综合分析与研究, 以完善长鳍金枪鱼栖息地模型，弥补该模型在渔场预报中的不足。同时，结合实时海况资料，对长鳍金枪鱼渔场分布的实时动态进行分析，旨在为我国渔业生产提供科学依据。

六、长鳍金枪鱼栖息地模型渔情预报验证

渔情预报是渔场学的重要研究内容，准确的渔情预报可为捕捞生产提高渔获产量并降低燃油成本。海洋遥感和地理信息系统技术的发展为渔情的准确预报提供了可能。但是，渔情预报的基础是掌握和了解研究对象的渔场分布规律及其与海洋环境之间的关系，因此用何种方法和模型来建立、表达中心渔场与海洋环境之间的关系，显得尤为重要。目前，常用的方法有频度分析法、案例推理法、模糊类比法等（Wang 和 Wang，2006；Lauver et al.，2002；Nieto et al.，2001；Aoki et al.，1989；苗振清和严世强，2003；范江涛等，2010）。南太平洋长鳍金枪鱼是南太平洋海域金枪鱼延绳钓重要的经济目标种类，也是我国南太平洋延绳钓渔船的主要捕捞对象。如何结合多个环境因子，借助地理信息系统技术，来实现南太平洋长鳍金枪鱼渔场的智能化和可视化，以降低渔船寻找中心渔场的盲目性，这也是渔业企业和科研部门极为关注的问题。为此，本节重点尝试利用栖息地指数方法（Brown et al.，2000；冯波等，2007；Bertignac et al.，1998）来建立渔情预报模型，提出一种检验渔情预报精度的方法。

（一）材料与方法

1. 数据来源及处理

渔情预报模型参照第二节所述模型。采用验证模型的原始生产数据为上海金优远洋渔业有限公司 2010 年南太平洋金枪鱼延绳钓生产数据，由于生产数据中 1 月与 11 月的数据缺失，故只统计剩余月份，依据前文所述将 7 月分为 7 月 1—20 日和 7 月 21—31 日两部分。环境数据［包括表温（SST），55 m（T55），105 m（T105），155 m（T155），205 m（T205）水温，海面高度（SSH），叶绿素 a 浓度（Chl-a）］来自美国哥伦比亚大学的卫星遥感数据（http：//iridl.ldeo.columbia.edu/docfind/databrief/cat-ocean.html）。

以经纬度 1°×1° 为空间统计单位作为一个渔区，按月对生产数据的作业位置、产量和放钩数进行初步统计，以 SST、T55、T105、T155、T205、SSH、Chl-a 数据输入模型，计算出每个 1°×1° 范围内的平均栖息地指数（HSI）。

2. 验证方法

模型验证的基本方法是将生产统计数据和栖息地指数分级，看其级别是否能对应以及是否具有相关性。

1）生产数据及 HSI 的分级

本节将 2010 年生产统计数据和栖息地指数均分为 5 个级别。将产量统计数据 PRO 采用自然边界法（Natural Breaks）进行划分，$0 \leqslant PRO < 500$，记为等级 1；$500 \leqslant PRO < 1\ 000$，记为等级 2；$1\ 000 \leqslant PRO < 5\ 000$，记为等级 3；$5\ 000 \leqslant PRO < 10\ 000$，记为等级 4；$PRO > 10\ 000$，记为等级 5。

同样，栖息地指数也划分为 5 个等级，即：$0.0 \leqslant HSI < 0.1$，记为等级 1；$0.1 \leqslant HSI < 0.3$，记为等级 2；$0.3 \leqslant HSI < 0.5$，记为等级 3；$0.5 \leqslant HSI < 0.7$，记为等级 4；$0.7 \leqslant HSI \leqslant 1.0$，记为等级 5。

2）验证方法

对于同一个作业渔区（$1° \times 1°$），如果其产量数据级别与栖息地指数级别相同或相差之绝对值小于等于 2，则认为模型能够准确预测该渔区渔场形成的情况，即渔场的适宜度；如果级别相差之绝对值大于 2，则认为模型不能正确预测。

（二）结果

1. 栖息地指数分布及其与产量叠加分布图

根据已建立的栖息地指数模型，利用研究海域 2010 年各月 SST、T55、T105。T155、T205、SSH、Chl-a 数据获得了各渔区 HSI 值，并绘制各月 HSI 分布图（其中 7 月分为 7 月中上旬和 7 月下旬），并将同期产量进行空间叠加（图 3-43a-l）。实际作业渔场基本上都分布在 HSI 为 0.5 以上的海域，但 HSI 值为 0.5 以上的渔区要比实际作业的渔区多。

2. 渔场预报验证结果

根据表 3-14 统计，1—3 月份中心渔场预报准确率为 62%，期间作业渔区数分别为 7 个、12 个、10 个；4—6 月份预报准确率提高到 83%，期间作业渔区数分别为 12 个、13 个和 18 个；7 月中上旬和 9 月份预报准确率为 61%，期间作业渔区分别为 17 个和 14 个；7 月下旬到 8 月份预报准确率为 59%，期间作业渔区分别为 15 个和 19 个；10—12 月份预报准确率为 74% 期间作业渔区分别为 15 个，14 个和 18 个。1—12 月份预报平均准确率为 70%。

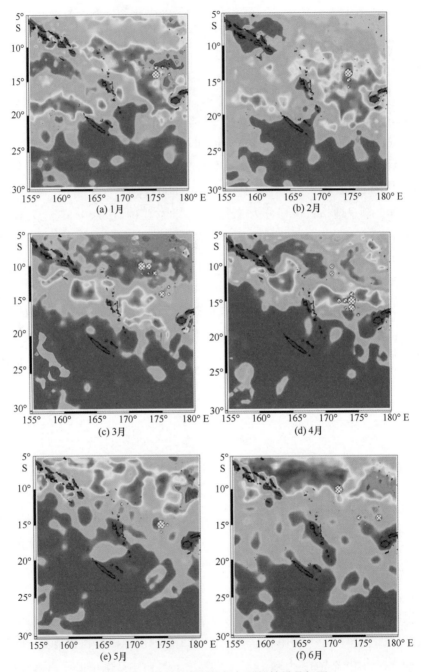

图 3-43　各月份实际渔场与预报结果叠加图

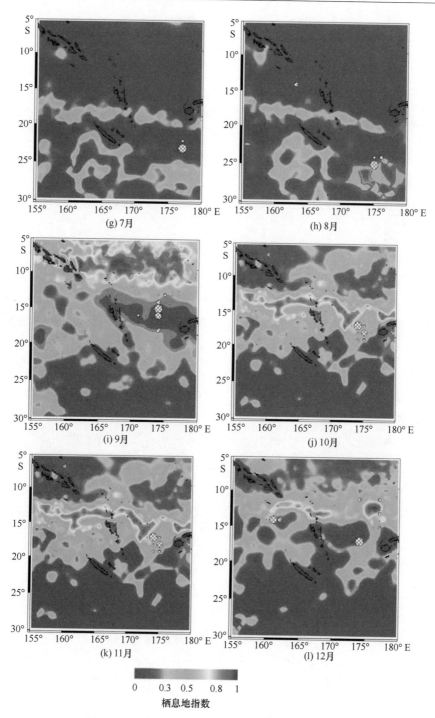

图 3-43　各月份实际渔场与预报结果叠加图（续）

表 3-14　中心渔场预报结果统计

月份	作业渔区数	预测正确		预测不正确	
		渔区数	比例	渔区数	比例
1—3 月	29	18	62%	11	38%
4—6 月	43	36	83%	7	27%
7 月中上旬，9 月	31	19	61%	12	39%
7 月下旬，8 月	34	20	59%	14	41%
10—12 月	47	35	74%	12	26%
合计	184	128	70%	56	30%

3. 验证结果的相关性分析

首先，计算分级前各月产量和全年产量与 HSI 的相关性检验，并以 $\alpha = 0.05$ 做显著性检验。通过相关性检验表明，各月份与全年的产量和 HSI 的显著性水平都小于 0.05，即可以认为各月份和全年的渔获产量与 HSI 之间关系密切。

其次，计算分级后各季度产量（图 3-44）和全年产量（图 3-45）的等级，并与 HSI 对应等级进行相关检验，探讨它们之间的相关程度。分析发现，分级后各季度与全年产量等级与 HSI 之间的显著性水平都小于 0.05，即可认为分级后各季度与全年产量等级与 HSI 关系密切（图 3-46、图 3-47）。HSI 模型可较为准确地用来预测南太平洋长鳍金枪鱼渔场。

（三）讨论与分析

本节根据已建立的栖息地指数模型，利用 SST、T55、T105、T155、T205、SSH、Chl-a 7 个海洋环境因子，借助自主开发的渔情预报系统，实现了渔情预报可视化。根据 2010 年各月实际产量分布与理论计算获得 HSI 分析，其平均渔场预报精度达到了 70%。在所有月份中，实际作业渔场的范围基本上落在渔情预报的理论范围内。因此，本研究所建立的渔情预报模型和开发的软件系统用来预测南太平洋长鳍金枪鱼渔场是可行的。

当然，渔情预报的精度和检验方法还有进一步改进的地方，比如在模型构建中需要考虑水温锋面（即水温水平梯度）、海洋环境因子的时空尺度等，也可以通过新的生产统计数据来不断更新和完善渔情预报模型。这些都需要在今后的渔情预报系统研发中加以考虑。

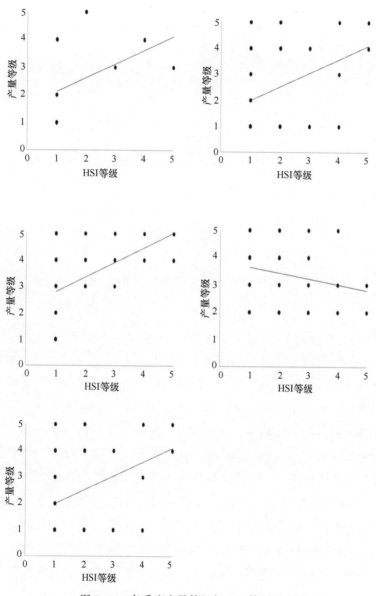

图 3-44 各季度产量等级与 HSI 等级关系图

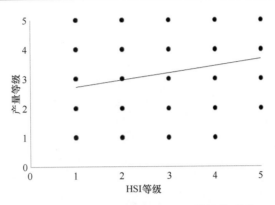

图 3-45　2010 年产量等级与 HSI 等级关系图

第三节　中西太平洋鲣鱼栖息地指数研究

一、概述

20 世纪 80 年代以来，中西太平洋鲣鱼（*Katsywonus pelamis*）围网渔业迅速发展，近几年来的年产量平均为 125×10^4 t，约占世界总产量的 50% 以上（苗振清和黄锡昌，2003；王宇，2000；Jose 和 Sofia，2001；Collelte 和 Nauen，1983），同时也是我国金枪鱼的重要捕捞对象。研究认为，中西太平洋鲣鱼与海洋环境关系密切，如 ENSO、水温等（Hampton et al.，1997；1997）。栖息地指数（Habitat suitability Index，HSI）模型用来模拟生物体对其周围栖息环境要素反应，已广泛应用于物种管理、鱼类分布等领域（Duel et al.，1996；Gore 和 Hamilton，1996；Maddock，1999）。Nishida 等（2003）提出开发基于印度洋鱼类栖息地的海洋生态模型，研究各种海洋要素对鱼类分布的综合影响。王家樵（2006）采用标准化后的 CPUE 的相对比值表示栖息地适度指数建立了栖息地模型。陈新军等（2007）用标准的栖息地建模方法对印度洋大眼金枪鱼栖息地特征进行研究，比较不同评价法对栖息地适宜度的表达差异，并对渔场预报作了实证分析。但国内外还未见利用栖息地指数的概念来研究中西太平洋鲣鱼渔场分布的相关报道，为此，本研究尝试栖息地指数模型，分析海表温（SST）与高产作业频次、SST 与产量的关系，探索其在渔场预报中可行性，从而为我国中西太平洋金枪鱼围网的高效捕捞提供科学依据。

二、基于表温的中西太平洋金枪鱼围网鲣鱼栖息地指数研究

根据 1990—2001 年中西太平洋海域（20°N—25°S，175°W 以西）金枪鱼围网作业产量和作业次数，结合海水表面温度数据，以高产频次的相对比值表示栖息地适宜指数 HSI，采用三种方法建立 HSI 模型，根据建立的模型，对1990—2001 年各月 HSI 值与实际作业产量进行验证；同时，利用 2003 年 SST数据计算其各季度 HSI 值，用来验证预测中心渔场的可行性。结果表明，采用模型 I 时，主要产量分布在 HSI>0.4 的区域；采用模型 II 时，主要产量分布在 HSI>0.6 的区域；采用模型 III 时，主要产量分布在 HSI>0.8 的区域。三种模型结果比较，认为模型 III 更符合鲣鱼的分布特征。本研究还探索了 HSI模型在中心渔场预报上的可行性。

（一）材料与方法

1. 数据来源

（1）鲣鱼渔获数据来源于南太平洋渔业委员会。时间跨度为 1990—2001年及 2003 年。空间分辨率为 5°×5°，时间分辨率为月。数据内容包括作业位置、作业时间、渔获量和投网次数。

（2）中西太平洋海域 SST 资料来源于哥伦比亚大学环境数据库 http：//iridl. ldeo. columbia. edu。空间分辨率为 1°×1°，数据的时间分辨率为月。

2. 数据处理

（1）以 SST 0.5℃ 为间距，统计 1990—2001 年 5°×5° 渔区内高产量（月产量在 500 t 及以上）的作业频次（NET）。

（2）我们假定最高作业次数 NET_{max} 为鲣鱼资源分布最多的海域，认定其栖息地指数 HSI 为 1，而作业次数 0 时通常认为是鲣鱼资源分布很少的海域，认定其 HSI 为 0（Mohri，1998；Mohri，1999）。HSI 计算公式如下：

$$HSI = \frac{NET_T}{NET_{max}}$$

式中，NET_{max} 为最大作业次数。

（3）利用偏态函数分布、正态函数分布、外包络分布方法，分别建立SST 和 HSI 之间的关系模型。利用 DPS 软件进行求解。通过此模型将 SST 和HSI 两离散变量关系转化为连续随机变量关系，其中 SST 对应的高产频次代表

该 SST±0. 25℃范围内的高产频次。

（4）验证与实证分析。根据以上建立的模型，对 1990—2001 年各月 HSI 值与实际作业产量进行验证；同时，利用 2003 年 SST 数据计算其各季度 HSI 值，探讨预测中心渔场的可行性。

（二）结果分析

1. SST 和高产作业频次的关系

统计表明，1990—2001 年高产（月产量在 500 t 及以上）作业频次集中出现在 SST 为 28~30.5℃的海域，尤以 29~30℃最明显，占总累计高产频次的 78.9%（表 3-15）。

表 3-15　1990—2001 年中西太平洋金枪鱼围网各表温区间累计高产频次

表温区间（℃）	25~25.5	25.5~26	26~26.5	26.5~27	27~27.5	27.5~28
高产频次	1	3	4	15	23	55
表温区间（℃）	28~28.5	28.5~29	29~29.5	29.5~30	30~30.5	30.5~31
高产频次	174	422	877	765	156	8

2. 建立 HSI 模型（图 3-46）

1）模型 I（偏态分布法）

SST 和高产作业次数的关系式为：

$$NET_T = \frac{1}{3.938\,7 - 0.267\,601SST + 0.004\,546SST^2}$$

拟和模型通过显著性检验（P<0.01）（表 3-16）。

表 3-16　方差分析表

方差来源	平方和	Df	均方	F 值	P 值
回　归	1 032 683	2	516 341.5	128. 542 8	0. 000 1
剩　余	36 151.96	9	4 016. 885		
总　的	1 068 835	11	97 166.81		

栖息地指数模型为：

$$HSI = \frac{1}{1\,649.252\,8 \times (3.938\,7 - 0.267\,601SST + 0.004\,546SST^2)}$$

$$(3-6)$$

2）模型Ⅱ（正态分布法）

SST 和高产作业次数的关系式为：

$$NET_T = \frac{4\ 156.449\ 9}{1 + 16.870\ 1\exp[-(-63.383\ 841SST + 4.320\ 0SST^2 - 0.073\ 546SST^3)]}$$

拟和模型通过显著性检验（$P<0.01$）（表 3-17）。

表 3-17　方差分析表

方差来源	平方和	Df	均方	F 值	显著水平
回 归	1 051 143	4	262 785.8	103.975 6	0.000 1
剩 余	17 691.66	7	2 527.38		
总 的	1 068 835	11	97 166.81		

栖息地指数模型为：

$$HSI = \frac{4.481\ 2}{1 + 16.870\ 1\exp[-(-63.384\ 1SST + 4.320\ 0SST^2 - 0.073\ 546SST^3)]}$$

$$(3-7)$$

3）模型Ⅲ（外包络法）

取各 SST 所对应的最大 HSI 值，建立 HSI 函数。由此可得栖息地指数模型：

$$HSI = \begin{cases} 1, & (29 < SST \leq 29.5) \\ 0, & (SST > 31, \ SST \leq 25) \\ \dfrac{1}{15}SST - \dfrac{5}{3}, & (25 < SST \leq 28) \\ 0.8SST - 22.2, & (28 < SST \leq 29) \\ -\dfrac{2}{3}SST + \dfrac{62}{3}, & (29.5 < SST \leq 31) \end{cases} \qquad (3-8)$$

3. 验证分析

根据模型Ⅰ、Ⅱ和Ⅲ，分别计算 1990—2001 年各月 HSI 值与实际作业产量叠加，进行空间分布分析。由图 3-47 可知，中西太平洋金枪鱼围网鲣鱼产量主要分布在赤道及赤道以南的低纬度区域，三个模型计算得到的 HSI 均能反映主要渔场的所在地，模型Ⅰ反映的主要产量分布 HSI>0.4 的区域，产量占总产量 65.51%；模型Ⅱ反映的主要产量分布 HSI>0.6 的区域，产量占总产量 72.99%；模型Ⅲ反映的主要产量分布 HSI>0.8 的区域，产量占总产量

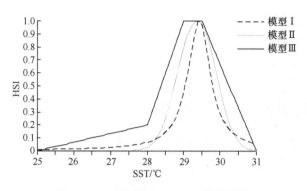

图 3-46　三种模型 SST-HSI 曲线比较

69.69%（表 3-18），因此模型Ⅲ更为合适。同时，发现模型Ⅰ与模型Ⅱ的
HSI 等值线分布具有一定的相似性，两者相比较发现：模型Ⅰ中的 HSI = 0.4
等值线相当于模型Ⅱ中的 HSI = 0.6 等值线，HSI = 0.6 等值线相当于模型Ⅱ中
的 HSI = 0.8 等值线。

表 3-18　1990—2001 年三种模型不同 HSI 水平值累计产量所占总产量百分比

HSI	模型Ⅰ		模型Ⅱ		模型Ⅲ	
	累计产量	占总产量百分比/%	累计产量	占总产量百分比/%	累计产量	占总产量百分比/%
0～0.1	493 733	6.45	468 980	6.13	19 149	2.50
0.1～0.2	764 555	9.99	296 538	3.88	219 932	2.87
0.2～0.3	742 465	9.70	262 693	3.43	81 367	1.06
0.3～0.4	638 162	8.34	333 046	4.35	133 992	1.75
0.4～0.5	694 205	9.07	323 910	4.23	193 307	2.53
0.5～0.6	687 965	8.99	381 787	4.99	414 149	5.41
0.6～0.7	776 786	10.15	617 960	8.08	466 945	6.10
0.7～0.8	653 732	8.54	791 453	10.34	790 021	10.33
0.8～0.9	757 466	9.90	1 191 583	15.57	1 224 737	16.01
0.9～1	1 442 263	18.85	2 983 382	38.99	4 107 733	53.69

4. 实证分析

　　利用模型Ⅲ，结合 2003 年各季度表温数据，对 2003 年各季度 HSI 进行分
析，并与实际产量进行空间叠加分布（图 3-48）。从图 3-48 可知，高产区域
主要分布在 HSI>0.8 的区域（图 3-48a～d）。这进一步说明，模型Ⅲ能够较

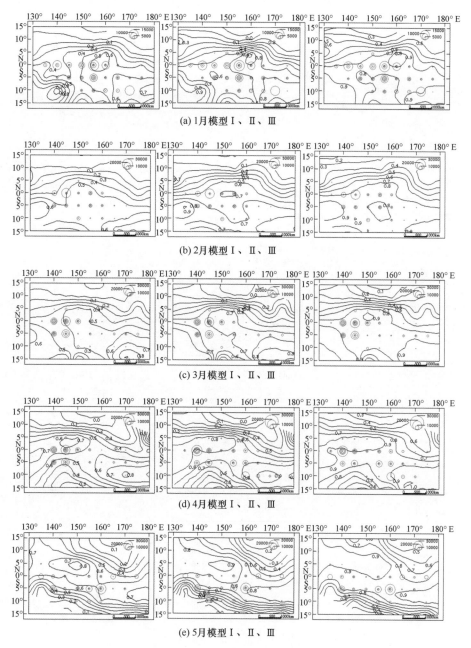

(a) 1月模型 I、II、III

(b) 2月模型 I、II、III

(c) 3月模型 I、II、III

(d) 4月模型 I、II、III

(e) 5月模型 I、II、III

图 3-47　三种模型 1990—2001 年各月 HSI 和产量叠加图

为准确地预报鲣鱼中心渔场的分布。

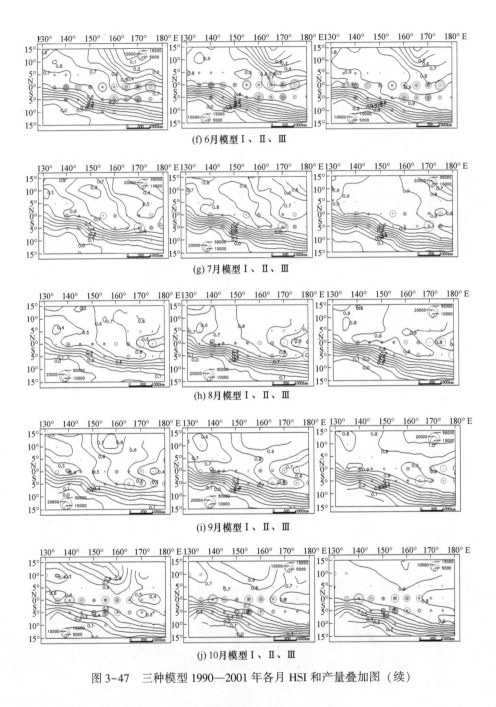

(f) 6月模型 I、II、III

(g) 7月模型 I、II、III

(h) 8月模型 I、II、III

(i) 9月模型 I、II、III

(j) 10月模型 I、II、III

图 3-47　三种模型 1990—2001 年各月 HSI 和产量叠加图（续）

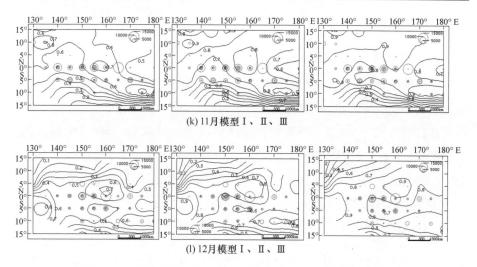

(k) 11月模型 Ⅰ、Ⅱ、Ⅲ

(l) 12月模型 Ⅰ、Ⅱ、Ⅲ

图 3-47 三种模型 1990—2001 年各月 HSI 和产量叠加图（续）

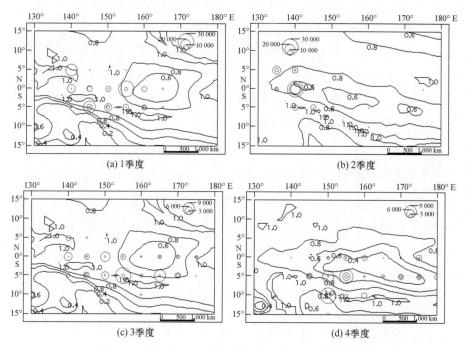

(a) 1季度

(b) 2季度

(c) 3季度

(d) 4季度

图 3-48 2003 年 1~4 季度模型Ⅲ栖息地和产量叠加图

（三）讨论

1. 鲣鱼 HSI 模型比较

不同的模型计算出的 HSI 空间分布有所不同，但获得的鲣鱼栖息地适宜指数基本上反映了鲣鱼实际产量的分布。比较而言，模型Ⅲ更符合实际情况，因为在高 HSI 值（>0.8）的海域，其产量占了总量的 69.7%，HSI 在 0.6~0.8 海域占了总产量的 16.4%；而模型Ⅰ、模型Ⅱ分别只占了 28.7%、54.5% 和 18.7%、18.4%。因此，我们可利用模型Ⅲ来初步分析 HSI 空间分布，并预测中心渔场分布的可能性，科学指导渔业生产。

2. HSI 建模

王家樵（2006）、Mohri（1998，1999）、冯波（2003）、冯波和许柳雄（2004）、陈新军（2007）等将渔获频次最高的环境变量区间对应的栖息地指数规定为 1，即最适宜区域；分布区间以外的栖息地指数则规定为 0，而 0~1 之间的指数直接按线性关系进行模拟，但是实际上各因素和 HSI 之间并非呈现简单的线性关系。本研究采用非线性模型（偏态、正态分布）和外包络法进行比较，发现采用外包络法能更好模拟鲣鱼分布。但本研究由于海洋环境数据的局限，仅从表温这一单因素分析，今后研究的方向将应结合更多的环境因子，以便建立更为准确的 HSI 模型。

3. 渔场预测的可行性

利用本研究所得栖息地模型来选择中心渔场需要非常谨慎，因为本研究 HSI 是采用高产频次获得的，而不是总产量。此外 HSI 模型所采用的渔场环境指标尚不充分，而且为多年平均值，仅体现了鲣鱼渔场的总体状况。但高产频次的多少从一定的程度上也能反映鲣鱼渔场的变化，对渔业生产有着一定的指导作用。在较高的 HSI 值海域进行更多的捕捞生产，可能是很好的策略。未来开发实时的动态微观多因素栖息地模型将有助于更好地指导生产。

三、利用水温垂直结构研究中西太平洋鲣鱼栖息地指数

根据 1990—2001 年中西太平洋海域（20°N—25°S，175°W 以西）金枪鱼围网作业产量和作业次数，结合不同水层的水温及其温差数据（海表温度 SST，12.5 m、237.5 m 和 287.5 m 温度，137.5 m 与 287.5 m 温差），以高产频次的相对比值分别建立各因素的栖息地指数 SI，建立单因素一元非线形回

归模型。采用连乘法、最小值法、最大值法、算术平均法和几何平均法建立综合栖息地 HSI 指数，并对 1990—2001 年各月 HSI 值与实际作业产量进行验证。结果表明，采用连乘法和最小值法时，主要产量分布在 HSI<0.5 以下的区域；采用算术平均法和几何平均法时，主要产量分布在 0.3<HSI<0.8 的区域；采用最大值法，主要产量分布在 HSI>0.7 的区域，其产量占总产量的87%。五种模型结果比较，认为最大值法能更好地反映中心渔场分布和符合鲣鱼的分布特征。采用最大值法推算 2003 年各月 HSI 值，并与实际产量分布进行实证分析，发现其各月产量主要分布在 HSI>0.8 的区域，说明利用 HSI 模型来预测中心渔场是可行的。

（一）材料与方法

1. 数据来源

（1）鲣鱼渔获数据来源于南太平洋委员会（SPC）。时间跨度为 1990—2001 年及 2003 年，空间分辨率为 5°×5°，时间分辨率为月。数据内容包括作业位置、作业时间、渔获量和投网次数。

（2）研究表明，在 0~300 m 不同层的 18 个温度指标中，影响鲣鱼分布的最为显著的因子为：SST，12.5 m（$T_{12.5}$）、237.5 m（$T_{237.5}$）和 287.5 m（$T_{287.5}$）水层温度，137.5 m 与 187.5 m 间温度梯度（$T_{137.5~187.5}$，℃/m）（Hampton，1997）。因此选取上述参数作为表示水温垂直结构的指标。

中西太平洋海域 SST 及上述不同水层温度资料来源于哥伦比亚大学环境数据库 http://iridl.ldeo.columbia.edu。时间跨度为 1990—2001 年及 2003 年。空间分辨率为 1°×1°，数据的时间分辨率为月。

2. 数据处理

（1）以 SST 和各水层温度 0.5℃ 为间距，统计 1990—2001 年 5°×5° 渔区内高产量（月产量在 500 t 及以上）的作业频次（NET）；$T_{137.5~187.5}$ 以每米温差 0.01℃ 为间距，统计 1990—2001 年 5°×5° 渔区内高产量的作业频次。

（2）假定最高作业频次 NET_{max} 为鲣鱼资源分布最多的海域，认定其栖息地适应指数 HSI 为 1；作业频次为 0 时，则认为是鲣鱼资源分布很少的海域，认定其 HSI 为 0（冯波等，2007；Nishida et al.，2003）。单因素栖息地指数 SI 计算公式如下：

$$SI = \frac{NET_i}{NET_{max}}$$

式中，NET_{max} 为所有渔区中最高作业频次；NET_i 为 i 渔区的作业频次。

（3）利用一元非线性方法，分别建立 SST 等 5 个水温因子和 SI 之间的关系模型。利用 DPS 软件进行求解。通过此模型将 SST 等水温因子和 SI 两离散变量关系转化为连续随机变量关系，其中 SST 对应的高产频次代表该 SST±0.25℃ 范围内的高产频次；$T_{137.5\sim187.5}$ 对应的高产频次代表该值±0.005℃ 范围内的高产频次。然后用以下 5 种方法建立综合 HSI 模型，即连乘法（continued product，CP），最小值法（minimum，Min），最大值法（maximum，Max），算术平均法（arithmetic mean，AM）和几何平均法（geometric mean，GM）：

$$HSI = \prod_{i=1}^{5} SI_i \quad (3-9) \text{（Alexander et. al, 2006）}$$

$$HSI = Min(SI_1,\ SI_2,\ SI_3,\ SI_4,\ SI_5)$$
$$(3-10) \text{（Guda et. al, 2006）}$$

$$HSI = Max(SI_1,\ SI_2,\ SI_3,\ SI_4,\ SI_5) \quad (3-11)$$

$$HSI = \frac{1}{5} \sum_{i=1}^{5} SI_i \quad (3-12) \text{（George et. al, 2000）}$$

$$HSI = \sqrt[5]{\prod_{i=1}^{5} SI_i} \quad (3-13) \text{（Chris et. al, 2002）}$$

（4）验证与实证分析。根据以上模型，对 1990—2001 年各月 HSI 值与实际作业产量进行比较分析，选取最优 HSI 模型。利用最优 HSI 模型，根据 2003 年 SST 等数据计算其各月 HSI 值，并探讨采用 HSI 模型预测中心渔场的可行性。

（二）结果分析

1. 水温因子和高产作业频次的关系

统计表明（表3-19），高产频次分别集中分布在 SST 为 28.5~30℃、$T_{12.5}$ 为 28~30.5℃、$T_{237.5}$ 为 12~18℃、$T_{287.5}$ 为 10~16℃ 和 $T_{137.5\sim187.5}$ 为 0.05~0.14℃ 的海域，分别占总频次的 82.5%、94.3%、85.4%、94.6% 和 92.6%。

表3-19　1990—2001 年中西太平洋金枪鱼围网各温度梯度累计高产频次

海表温度		12.5 m		237.5 m		287.5 m		137.5~187.5 m	
温度（℃）	高产频次	温度（℃）	高产频次	温度（℃）	高产频次	温度（℃）	高产频次	温度梯度（℃/m）	高产频次
25~25.5	2	25~25.5	2	9.5~10	1	9.5~10	1	0.01	9
25.5~26	1	25.5~26	1	10~10.5	1	10~10.5	1	0.02	17

续表

海表温度		12.5 m		237.5 m		287.5 m		137.5~187.5 m	
温度 （℃）	高产 频次	温度 （℃）	高产 频次	温度 （℃）	高产 频次	温度 （℃）	高产 频次	温度梯度 （℃/m）	高产 频次
26~26.5	4	26~26.5	4	10.5~11	8	10.5~11	8	0.03	45
26.5~27	7	26.5~27	7	11~11.5	15	11~11.5	15	0.04	53
27~27.5	13	27~27.5	13	11.5~12	38	11.5~12	38	0.05	99
27.5~28	38	27.5~28	38	12~12.5	73	12~12.5	73	0.06	182
28.5~29	172	28.5~29	172	12.5~13	134	12.5~13	134	0.07	276
29~29.5	408	29~29.5	408	13~13.5	188	13~13.5	188	0.08	363
29.5~30	792	29.5~30	792	13.5~14	207	13.5~14	207	0.09	332
30~30.5	711	30~30.5	711	14~14.5	318	14~14.5	318	0.1	318
30.5~31	278	30.5~31	278	14.5~15	258	14.5~15	258	0.11	280
31~31.5	77	31~31.5	77	15~15.5	230	15~15.5	230	0.12	223
				15.5~16	190	15.5~16	190	0.13	143
				16~16.5	165	16~16.5	165	0.14	99
				16.5~17	157	16.5~17	157	0.15	33
				17~17.5	135	17~17.5	135	0.16	23
				17.5~18	82	17.5~18	82	0.17	4
				18~18.5	67	18~18.5	67	0.18	2
				18.5~19	55	18.5~19	55		
				19~19.5	55	19~19.5	55		
				19.5~20	30	19.5~20	30		
				20~20.5	38	20~20.5	38		
				20.5~21	15	20.5~21	15		
				21~21.5	23	21~21.5	23		
				21.5~22	16	21.5~22	16		
				22~22.5	3	22~22.5	3		
				22.5~23	1	22.5~23	1		

2. 单因素 SI 模型

SST 和高产作业频次的拟和关系式（P<0.01）为：

$$NET_{T1} = \frac{1}{3.9387 - 0.267601SST + 0.004546SST^2}$$

SI_1–SST 模型为：

$$SI_1 = \frac{1}{1649.2528 \times (3.9387 - 0.267601SST + 0.004546SST^2)}$$

$T_{12.5}$ 和高产频次的拟和关系式（$P<0.01$）为：

$$NET_{T2} = \frac{1}{3.219\,1 - 0.218\,621T_{12.5} + 0.003\,713T_{12.5}{}^2}$$

SI_2–$T_{12.5}$ 模型为：

$$SI_2 = \frac{1}{994.671\,8(3.219\,1 - 0.218\,621T_{12.5} + 0.003\,713T_{12.5}{}^2)}$$

$T_{237.5}$ 和高产频次的拟和关系式（$P<0.01$）为：

$$NET_{T3} = \frac{1}{0.253\,701 - 0.033\,9597T_{237.5} + 0.001\,1537T_{237.5}{}^2}$$

SI_3–$T_{237.5}$ 模型为：

$$SI_3 = \frac{1}{273.622\,63(0.253\,701 - 0.033\,9597T_{237.5} + 0.001\,1537T_{237.5}{}^2)}$$

$T_{287.5}$ 和高产频次的拟和关系式（$P<0.01$）为：

$$NET_{T4} = \frac{1}{0.359\,705 - 0.058\,676T_{287.5} + 0.002\,407T_{287.5}{}^2}$$

SI_4–$T_{287.5}$ 模型为：

$$SI_4 = \frac{1}{472.730\,97(0.359\,705 - 0.058\,676T_{287.5} + 0.002\,407T_{287.5}{}^2)}$$

$T_{137.5\sim187.5}$ 和高产频次的拟和关系式（$P<0.01$）为：

$$NET_{T5} = \frac{1}{0.0308\,55 - 0.622\,332T_{137.5\sim187.5} + 3.434\,0T_{137.5\sim187.5}{}^2}$$

SI_5–$T_{137.5\sim187.5}$ 模型为：

$$SI_5 = \frac{1}{472.730\,97(0.030\,855 - 0.622\,332T_{137.5\sim187.5} + 3.4340T_{137.5\sim187.5}{}^2)}$$

3. HSI 计算及比较

利用 CP 等 5 种方法分别计算综合 HSI，并统计 1990—2001 年间不同 HSI 值所对应的产量及其所占总产量的百分比（表 3-20）。采用 CP 和 MIN 方法计算时，主要产量分布在 HSI<0.5 以下的区域；采用 AM 和 GM 方法计算时，主要产量分布在 0.3<HSI<0.8 的区域，且均呈中间分布比重大，两端分布比重小的特征；采用 MAX 方法计算时，主要产量分布在 HSI>0.7 的区域，其产量占总产量的比重达 87%（表 3-20）。比较认为，MAX 计算所得的结果更能反映中心渔场分布状况。

表3-20　1990—2001年5种模型不同HSI水平值累计产量所占总产量百分比

栖息地指数HSI	连乘法CP		最小值法MIN		最大值法MAX		算术平均法AM		几何平均法GM	
	累计产量	占总产量	累计产量	占总产量	累计产量	占总产量	累计产量	占总产量	累计产量	占总产量
~0.1	4 665 810	0.610	989 149	0.129	0	0	20 129	0.003	40 727	0.005
0.1~0.2	1 156 320	0.151	1 588 745	0.208	14 820	0.002	99 070	0.013	233 635	0.031
0.2~0.3	744 904	0.097	1 287 882	0.168	40 119	0.005	215 264	0.028	561 595	0.073
0.3~0.4	366 271	0.048	1 230 693	0.161	85 992	0.011	568 226	0.074	830 939	0.109
0.4~0.5	297 335	0.039	1 168 945	0.153	183 314	0.024	956 233	0.125	1 143 442	0.149
0.5~0.6	198 607	0.026	405 652	0.053	111 274	0.015	1 408 854	0.184	1 347 136	0.176
0.6~0.7	134 344	0.018	539 306	0.070	563 105	0.074	1 609 179	0.210	1 352 241	0.177
0.7~0.8	46 277	0.006	237 227	0.031	402 030	0.053	1 500 148	0.196	1 198 428	0.157
0.8~0.9	40 050	0.005	179 414	0.023	1 404 413	0.184	977 013	0.128	682 245	0.089
0.9~1	1 326	0.000	24 231	0.003	4 846 177	0.633	297 128	0.039	260 856	0.034

利用 MAX 计算所得的 1990—2001 年各月综合 HSI 值与实际作业产量进行空间叠加分析（图 3-49）。由图 3-49 可知，中西太平洋金枪鱼围网鲣鱼产量主要分布在赤道及赤道以南的低纬度区域，主要产量分布在 HSI>0.7 的区域。

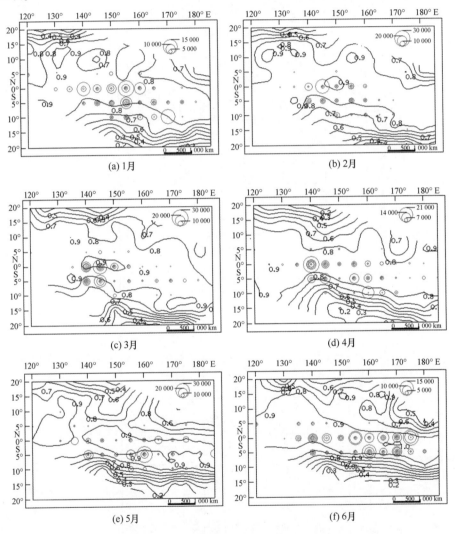

图 3-49　1990—2001 年各月最大值法计算的综合 HSI 值和产量叠加图

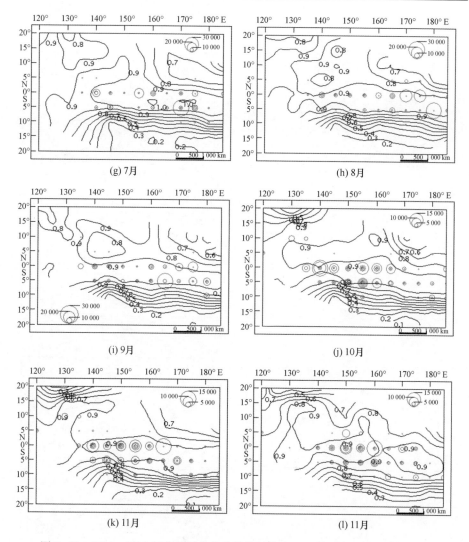

图 3-49　1990—2001 年各月最大值法计算的综合 HSI 值和产量叠加图（续）

4. 实证分析

利用 MAX 法结合 2003 年各月水温数据计算其 HSI 值，并与实际产量进行空间叠加分析（图 3-50）。从图 3-50 可知，2003 年上半年产量分布较为集中，下半年较分散，高产区域主要分布在 HSI>0.6 的区域。这说明，MAX 模型能够较为准确地预报鲣鱼中心渔场的分布。

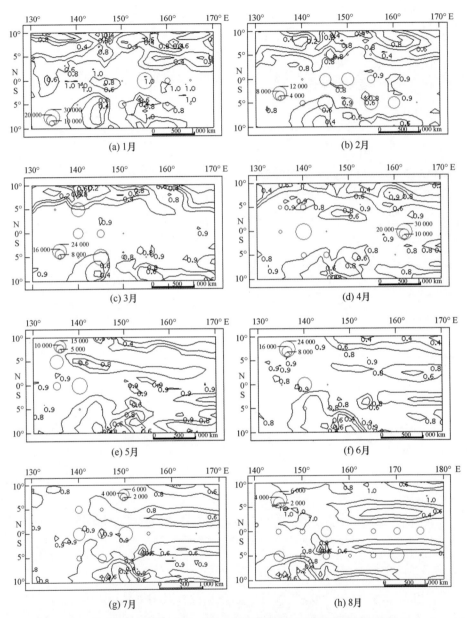

图 3-50　2003 年各月最大值法计算的综合 HSI 值和产量叠加图

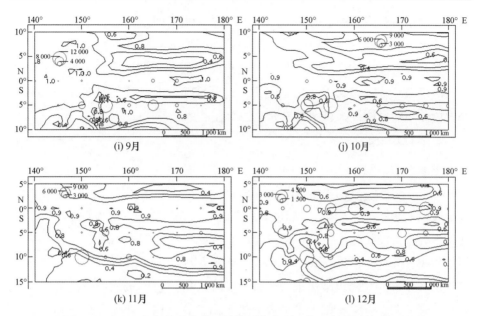

图 3-50　2003 年各月最大值法计算的综合 HSI 值和产量叠加图（续）

（三）讨论

1. 鲣鱼空间分布

从鲣鱼 1990—2001 年的累计月产量和栖息地指数叠加图以及 2003 年月产量和栖息地指数叠加图可以得到，鲣鱼在中西太平洋主要分布在赤道及赤道以南低纬度区域，上半年分布较为集中，而下半年的分布相对分散。分析 2003 年的各月产量分布还可发现下半年产量分布较上半年向东移动，这与鲣鱼作适温洄游的结论相一致。饵料生物发生变化也是一个重要的原因，东太平洋赤道海域的上升流，受到季风影响，向西流动的南赤道海域蕴藏着丰富的浮游生物，下半年较上半年季风减弱，饵料生物不再向西传输减少。

2. 不同综合 HSI 模型比较

不同的模型计算出的 HSI 空间分布有所不同，但获得的鲣鱼栖息地适宜指数基本上反映了鲣鱼实际产量的分布。比较而言，连乘法和最小值法给出了较为保守的估计，所指示的鲣鱼分布区域较狭窄（表 3-20），这与陈新军（2007）等研究印度洋大眼金枪鱼采用连乘法和最小值法时得到的结论一致。采用算术平均法和几何平均法时，给出较为中立的估计，因此出现主要产量分布呈中间比重大，两端比重小的特征。采用最大值法时，给出了较为乐观的估计，用所有因子中最大 SI 值来反映综合 HSI，即是采用每个位置上影响最大的因子 SI 来表示综合 HSI 值，得到产量主要分布在 HSI 值（>0.8）的海域，符合我们提出的高栖息地指数有高产量的假设预期。因此，我们采用最大值法来联立各强相关因子栖息地指数，分析综合 HSI 空间分布，并预测中心渔场分布的可能性，科学指导渔业生产。

3. HSI 建模问题探讨

王家樵（2006）、Mohri（1998，1999）、冯波（2003）、冯波和许柳雄（2004）、冯波等（2007）将渔获频次最高的环境变量区间对应的栖息地指数规定为 1，即最适宜区域；分布区间以外的栖息地指数则规定为 0，而 0~1 之间的指数直接按线性关系进行模拟，但是实际上各因素和 HSI 之间并非呈现简单的线性关系。郭爱（2009）等仅从表温单因素分析采用非线性模型（偏态、正态分布）和外包络法进行比较，发现采用外包络法能更好模拟鲣鱼分布。本研究在单因素基础上，系统分析水温垂直结构，增加了其他与鲣鱼分布强相关的因子，进行联立，有效弥补了单因素的不足。另外，本研究直接建立了可供计算的经验模型，已知水温垂直结构的相关数据，即可得到相对应的 HSI，根据实时的环境数据便可作出实时的决策，判断作业位置，大大提高了决策效率。

4. 中心渔场预测的可行性

造成模型预测结果的不确定性主要分为三方面：一是模型曲线的可靠性。二是输入数据的代表性。三是模型的结构。本研究通过采用多个强相关因子来提高曲线可靠性，选取最能反映 WCPO 鲣鱼分布的典型数据来提高数据的代表性，选取 5 种不同的模型来优化模型结构，从而整体降低模型的不确定性。同时，利用本研究所得栖息地模型来选择中心渔场需要非常谨慎，因为本研究 HSI 是采用高产频次获得的，而不是总产量，而且为多年平均值，仅体现了鲣鱼渔场的总体状况。但高产频次的多少从一定的程度上也能反映鲣鱼渔场的变化，对渔业生产有着一定的指导作用。在较高的 HSI 值海域进行更多的捕捞生产，可能是很好的策略。

第四节　东太平洋黄鳍金枪鱼栖息地指数研究

一、概述

黄鳍金枪鱼（*Thunnus albacares*）隶属鲈形目（Perciformes）鲭亚目（Scombroidei）鲭科（Scombridae）金枪鱼属（*Thunnus*），广泛分布于太平洋、印度洋和大西洋，是一种高度洄游的大洋性鱼类，同时也是一种重要的商业性鱼类（Avise 和 Lansman，1983）。黄鳍金枪鱼大部分时间栖息在混合层内部，偶尔在温跃层上界以下，受温度梯度影响大（Holland et al.，1990；Brill et al.，1999；Dagorn et al.，2006）。影响黄鳍金枪鱼的渔获率环境因子很多，涉及水温、盐度、叶绿素和溶解氧等（Lee et al.，1999；Mohri 和 Nishida，2007；Marsac，2002）。Romena（2001）指出成年黄鳍金枪鱼的渔场分布受 20℃等温线影响。Song 等（2008）分析得出黄鳍金枪鱼的垂直分布和温跃层有关，但有关温跃层特征参数的时空分布和黄鳍金枪鱼的渔场分布的关系少有报道。Maury 等（2001）指出，表温对延绳钓金枪鱼单位捕捞努力量渔获量（CPUE）影响很小。

东太平洋海域是指 40°N—40°S，150°W 以东至美洲大陆沿岸的热带太平洋海域，该海域金枪鱼渔业具有悠久的历史，黄鳍金枪鱼是主要捕捞对象。栖息地指数（Habitat Suitability Index，HSI）最早由美国地理调查局国家湿地研究中心鱼类与野生生物署于 20 世纪 80 年代初提出，被用来描述野生动物的栖息地质量，随后 HSI 模型被广泛地应用于物种的管理和生态恢复研究以及鱼类渔场分析。本研究利用我国东太平洋黄鳍金枪鱼延绳钓生产统计数据，对东太平洋黄鳍金枪鱼渔场的空间分布特征进行分析，探讨海洋环境与黄鳍金枪鱼产量和 CPUE 的关系，建立黄鳍金枪鱼栖息地适应性模型，为东太平洋黄鳍金枪鱼渔业渔情预报提供参考。

二、基于栖息地指数的东太平洋黄鳍金枪鱼渔场预测

黄鳍金枪鱼是东太平洋海域重要的金枪鱼种类之一，也是我国金枪鱼延绳钓的主要捕捞对象之一。本节根据 2011 年东太平洋海域（20°N—35°S、85°—155°W）延绳钓生产统计数据，结合海洋遥感获得的表温（SST）和海面高度（SSH）的数据，运用一元非线性回归方法，以渔获量为适应性指数，

按季度分别建立了基于 SST 和 SSH 的黄鳍金枪鱼栖息地适应性指数，采用算术平均法获得基于 SST 和 SSH 环境因子的栖息地指数综合模型，并用 2012 年各月实际作业渔场进行验证。研究结果显示，黄鳍金枪鱼渔场多分布在 SST 为 24~29℃、SSH 为 0.3~0.7 m 的海域。采用一元非线性回归建立的各因子适应性曲线拟合度比较高，而且方差分析显示 SI 模型均为显著（$P<0.05$）。2012 年中心渔场的预报准确性达 66% 以上，具有较高预报准确度，可为金枪鱼延绳钓渔船寻找中心渔场提供指导。

（一）材料与方法

生产统计资料来自上海金优远洋渔业有限公司 2011—2012 年在东太平洋公海金枪鱼延绳钓生产数据。其中 2011 年的数据用于黄鳍金枪鱼栖息地研究，2012 年的数据用于栖息地指数模型验证。共 6 艘生产船，每艘船吨位均为 157 t，主机功率均为 407 kW，冷海水保鲜。作业海域为东太平洋海域（20°N—35°S、85°—155°W）。数据包括作业时间、作业位置、黄鳍金枪鱼渔获量（kg）、钩数，SST 数据来自美国国家航空航天局的卫星遥感（http://poet.jpl.nasa.gov/），表温数据空间分辨率为 1°×1°。

1. 渔场与海表温度（SST）的关系

首先以经纬度 1°×1° 为空间统计单位，按月对其作业位置、产量和放钩数进行初步统计，并计算平均每千钩产量（CPUE，kg/千钩）。不考虑船长水平和海洋环境条件，因属于同一作业船型，因此我们初步认定 CPUE 可作为表征渔场分布的指标之一（陈新军，2004a）。通常在作业渔船下钩之前，船长会根据探鱼仪映像、海洋环境状况、周围渔船作业情况进行综合判断，使得作业渔船往往会集中在某一区域，作业渔船之间会产生外部性，从而影响到 CPUE 的值（陈新军，2004b）。因此，利用频度分析法按 SST 1° 为组距来分析各月产量、CPUE 和 SST 的关系，获得各月作业渔场最适 SST 范围。

2. 渔场与海面高度（SSH）的关系

海面高度（SSH，单位 m）的数据来自哥伦比亚大学卫星遥感网站（http://iridl.ldeo.columbia.edu/docfind/databrief/cat-ocean.html），数据空间分辨率为 1°×1°。利用频度分析法按海面高度 0.1 m 为组距来分析各月产量、CPUE 与 SSH 的关系，获得各月作业渔场最适环境要素范围。

3. 栖息地模型的建立

以经纬度 1°×1° 为空间统计单位，按照 1—3 月、4—6 月、7—9 月和

10—12 月对其作业位置、产量和放钩数进行初步统计。利用产量分别与 SST、SSH 来建立相应的适应性指数（SI）模型。本研究假定最高产量 PRO_{max} 为黄鳍金枪鱼资源分布最多的海域，认定其栖息地指数为 1；作业产量为 0 时，则认定是长鳍金枪鱼资源分布较少的海域，认定其 HSI 为 0（Mohri 和 Nishida，1999）。单因素栖息地指数 SI 计算公式如下：

$$SI_i = \frac{PRO_i}{PRO_{i,\ max}}$$

式中，SI_i 为 i 月得到的适应性指数；$PRO_{i,max}$ 为 i 月的最大产量。

利用一元非线性回归建立 SST、SSH 与 SI 之间的关系模型，利用 DPS7.5 软件求解。通过此模型将 SST、SSH 与 SI 两离散变量关系转化为连续随机变量关系。利用算术平均法（arithmetic mean model，AMM）（Brown et al.，2000；Hess 和 Bay，2000）计算栖息地综合指数 HSI，HSI 在 0（不适宜）到 1（最适宜）之间变化。算术平均值法在金枪鱼栖息地指数模型的建立中应用广泛（Wang 和 Wang，2006；Zainuddin et al.，2008；冯波等，2007）。计算公式如下：

$$HSI = \frac{(SI_{SST} + SI_{SSH})}{2}$$

式中，SI_{SST}、SI_{SSH} 分别为 SI 与 SST、SSH 的适应性指数。

4. 渔情预报验证

验证模型的原始生产数据为上海金优远洋渔业有限公司 2012 年东太平洋金枪鱼延绳钓生产数据。其验证方法为：

（1）将 2012 年生产统计数据和栖息地指数均分为 5 个级别。将产量统计数据 PRO 采用自然边界法（Natural Breaks）（Smith，1986）进行划分，0≤PRO<500，记为等级 1；500≤PRO<1 000，记为等级 2；1 000≤PRO<5 000，记为等级 3；5 000≤PRO<10 000，记为等级 4；PRO>10 000，记为等级 5。同样，栖息地指数也划分为 5 个等级，即：0.0≤ HSI <0.1，记为等级 1；0.1≤ HSI <0.3，记为等级 2；0.3≤ HSI <0.5，记为等级 3；0.5≤ HSI <0.7，记为等级 4；0.7≤ HSI ≤1.0，记为等级 5。

（2）对于同一个作业渔区（1°×1°），如果其产量数据级别与栖息地指数级别相同或相差之绝对值小于等于 2，则认为模型能够准确预测该渔区渔场形成的情况，即渔场的适宜度；如果级别相差之绝对值大于 2，则认为模型不能正确预测。

（二）结果

1. 产量及 CPUE 的逐月分布

分析认为，高产（月产量超过 200 t）分布在 2—3 月以及 6 月，产量最高为 2 月，达到 250 t 以上（图 3-51b），占全年总产量的 12.6%，其 CPUE 为 79.5 kg/千钩（图 3-51a）。产量最低的为 4 月，仅为 77.8 t（图 3-51b），占全年总产量的 3.9%，其 CPUE 为 31.2 kg/千钩（图 3-51a）。

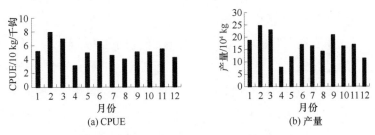

图 3-51　黄鳍金枪鱼延绳钓 CPUE 和产量月变化

2. 产量及 CPUE 与 SST 的关系

由图 3-52 可知，1—3 月产量和 CPUE 较高的 SST 为 24~27℃；4—6 月产量和 CPUE 较高的 SST 为 25~29℃；7—9 月产量与 CPUE 的吻合度不高，在 20~24℃时，产量不高，反而 CPUE 较高。10—12 月产量和 CPUE 较高的 SST 为 25~28℃。

3. 产量和 CPUE 与 SSH 的关系

由图 3-53 可知，1—3 月产量最高时 SSH 为 0.3 m，1 月和 3 月 CPUE 最高时 SSH 为 0.3 m，2 月 CPUE 最高时 SSH 为 0.2 m；4—5 月产量和 CPUE 较高的 SSH 为 0.3~0.8 m；6 月产量和 CPUE 最高的 SSH 均为 0.6 m；7 月和 8 月产量最高时的 SSH 为 0.6 m，7 月和 8 月 CPUE 最高的 SSH 为 0.5 m；9 月和 10 月产量最高时的 SSH 为 0.4 m，但其 CPUE 最高的 SSH 分别为 0.3 m 和 0.5 m。11 月和 12 月产量和 CPUE 均最高的 SSH 分别为 0.6 m 和 0.4 m。

4. 黄鳍金枪鱼 HSI 模型的建立

利用一元非线性回归拟合以 SST 和 SSH 为基础的 SI 曲线。拟合的 SI 曲线模型见表 3-21，各回归模型的方差分析显示 SI 模型均为显著（$P<0.05$）。分季度绘制各因子 SI 曲线拟合图（图 3-54）。

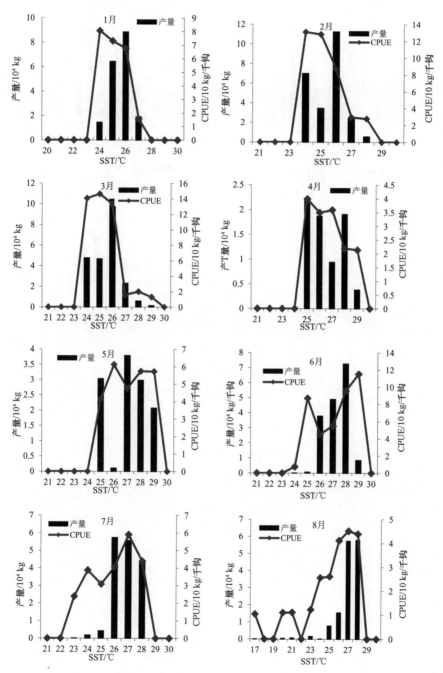

图 3-52　黄鳍金枪鱼延绳钓月产量和 CPUE 与 SST 关系

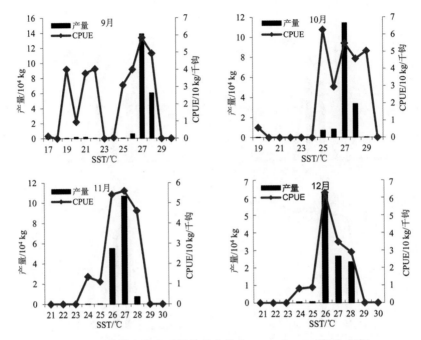

图 3-52   黄鳍金枪鱼延绳钓月产量和 CPUE 与 SST 关系（续）

表 3-21   各月黄鳍金枪鱼月栖息地指数模型

月份	变量	适应性指数模型	P 值
1—3 月	SST	SI = exp（-2.350 3×（SST-28.901 7））^2	0.000 1
	SSH	SI = exp（-13.572 3×（SSH-0.316 4））^2	0.000 1
4—6 月	SST	SI = exp（-0.955 2×（SST-25.229 5））^2	0.0001
	SSH	SI = exp（-263.404 0×（SSH-0.603 9））^2	0.012
7—9 月	SST	SI = exp（-2.480 2×（SST-27.003 3））^2	0.000 3
	SSH	SI = exp（-276.004 0×（SSH-0.604 2））^2	0.023
10—12 月	SST	SI = exp（-2.511 9×（SST-26.175 9））^2	0.031
	SSH	SI = exp（-215.805 8×（SSH-0.318 9））^2	0.028

5. 模型验证分析

由表 3-22 可反映出各月份 HSI 为 0.6 以上时的作业点个数，其各月占全月作业点数的比重在 60%～75%。HSI 为 0.6 以上时，全年作业点个数为 265个，占总作业点数的 66.42%，因此模型能够较好的反映南东太平洋黄鳍金枪鱼渔场的分布情况。

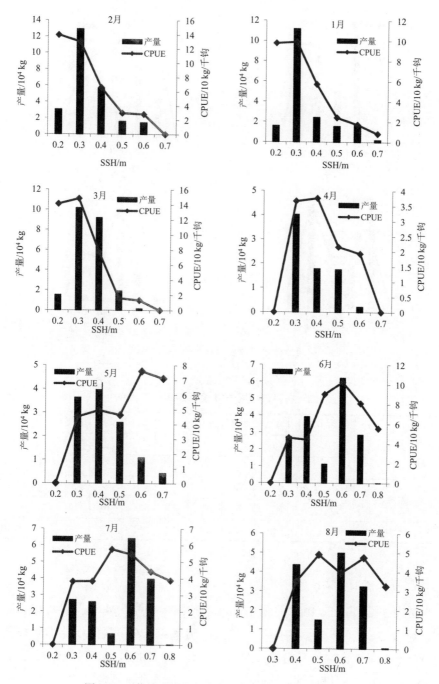

图 3-53　黄鳍金枪鱼月产量和 CPUE 与 SSH 的关系

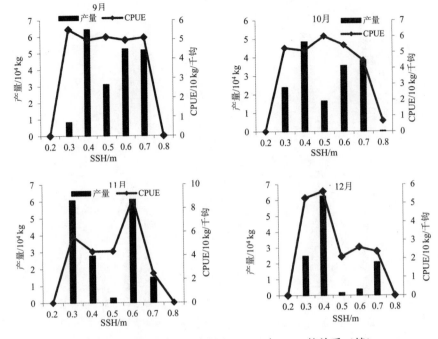

图 3-53　黄鳍金枪鱼月产量和 CPUE 与 SSH 的关系（续）

表 3-22　各月份不同 HSI 值下的实际作业点个数

HSI	1月	2月	3月	4月	5月	6月	7月	8月	9月	10月	11月	12月
[0, 0.2)	3	1	2	0	1	3	2	3	0	4	1	1
[0.2, 0.4)	2	4	4	1	3	7	7	5	5	7	3	2
[0.4, 0.6)	8	3	3	6	4	3	9	7	6	5	5	4
[0.6, 0.8)	8	7	5	4	9	12	14	13	10	12	6	7
[0.8, 1)	13	9	11	13	15	18	13	17	17	13	9	10

6. 渔情预报验证结果

　　由表 3-23 可知，1—3 月份中心渔场预报准确率为 60%，期间作业渔区数分别为 17 个、18 个；4—6 月份预报准确率为 62%，期间作业渔区数分别为 10 个和 14 个；7—9 月份预报准确率为 68%，期间作业渔区数分别为 13 个和 15 个；10—12 月份预报准确率为 71%，期间作业渔区分别为 13 个，14 个和 14 个。1—12 月份预报平均准确率为 66%。

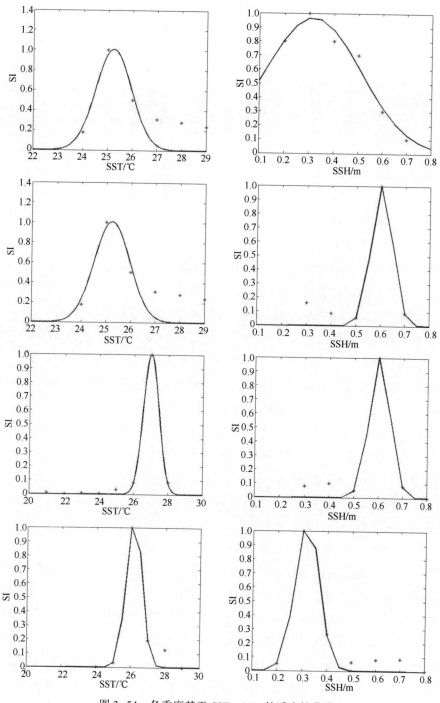

图 3-54 各季度基于 SST、SSH 的适应性曲线

表 3-23　中心渔场预报结果统计

月份	作业渔区数	预测正确的渔区数	比例	预测不正确渔区数	比例
1—3 月	35	21	60%	14	40%
4—6 月	24	15	62%	9	38%
7—9 月	28	19	68%	9	32%
10—12 月	41	29	71%	12	29%
合计	128	84	66%	44	34%

(三) 讨论与分析

(1) 温度是影响海洋鱼类活动的最重要的环境因子之一，直接或间接地影响到鱼类资源量的分布、洄游和空间集群等 (Vinas et al., 2004)，本研究着重对东太平洋海域黄鳍金枪鱼作业渔场的月变化及其与 SST 关系进行了分析，通过产量与 CPUE 2 个因子分析了其作业渔场的季节变化，得出了渔场空间分布的一些初步规律，作业渔场多分布在 SST 为 24~29℃ 的海域，约占总渔获量的 96% 以上，上述 SST 范围可作为全年各月中心渔场分布的指标之一。尽管所分析的数据来源和空间尺度不一，但本研究结果与崔雪森等 (2005) 的研究结论基本一致。该研究结果可为渔业生产提供参考。

(2) 海面高度 (SSH) 虽然没有像水温那样显著影响鱼类活动，但是 SSH 也是影响鱼类洄游、集群和分布的关键性因素之一 (陈新军，2004)。本研究分析了黄鳍金枪鱼作业渔场的月变化及其与 SSH 关系，作业渔场多分布在 SSH 为 0.3~0.7m 的海域，约占总渔获量的 95% 以上，上述 SSH 范围可作为全年各月中心渔场分布的指标之一。

(3) 本研究根据已建立的栖息地指数模型，利用 SST 和 SSH 两个海洋环境因子对东太平洋黄鳍金枪鱼渔场进行了预测。根据 2012 年各月实际产量分布与理论计算获得 HSI 分析，其平均渔场预报精度达到了 66%。在所有月份中，实际作业渔场的范围基本上落在渔情预报的理论范围内。因此，本研究所建立的渔情预报模型用来预测东太平洋黄鳍金枪鱼渔场是可行的。当然，渔情预报的精度和检验方法还有进一步改进的地方，比如在模型构建方面应考虑更多的环境因子，并且要不断的通过新的生产统计数据来更新和完善渔情预报模型。

(4) 东太平洋黄鳍金枪鱼资源作为我国重要的金枪鱼目标种群，其渔场的位置及其与环境的关系，特别是在国际油价日益攀升的背景下，显得尤为重要。本研究根据 SST 和 SSH 等环境因子建立栖息地指数模型进行渔情预报。研究表明各环境因子与渔场位置的关系均为显著，对于指导渔业生产，节省生产成本有一定指导意义。

尽管上述建立的东太平洋黄鳍金枪鱼栖息地指数模型有较高的精确度，但是黄鳍金枪鱼渔场还与深层水温结构、叶绿素浓度、温跃层、饵料生物分布、锋面和涡以及 ENSO 等有关（Holland et al.，1990；Brill et al.，1999；Dagorn et al.，2006；Romena，2001；Song et al.，2008），这些因素对黄鳍金枪鱼渔场均有一定的影响。因此，基于温度、海面高度的栖息地指数模型仍然存在一定缺陷，在以后的研究中需综合考虑上述因子，以完善黄鳍金枪鱼栖息地模型，为海洋渔业生产提供科学参考。

第四章　栖息地指数在近海鲐鱼的应用

鲐鱼（*Scomberjaponicus*）属于近海浮游性鱼类，广泛地分布在西太平洋以及沿岸区域。其资源主要由韩国、日本和中国（包括台湾省）的灯光围网渔船所捕获。国内外学者（陈忠卫和李长松，1996；Yamada et al.，1998；刘勇等，2002；孙耀等，2003；李振太和许柳雄，2005）对鲐鱼渔业生物学进行了比较系统的研究。研究认为，我国近海鲐鱼资源出现了下降趋势（程家骅和林龙山，2004；王凯等，2007；张红亮，2007），东、黄海大型灯光围网（不含群众灯光围网作业）鲐鱼产量在 1.8 万～2.3 万 t 间波动（李纲等，2007）。由于鲐鱼是一种中上层鱼类，厄尔尼诺现象等对鲐鱼的渔获量和资源量会产生明显的影响（洪华生和何发祥，1997；Sun 等，2006）。鱼类栖息地是渔业资源与渔场学的重要研究内容（Laurs et al.，1984；Polovina et al.，2001；Steven et al.，2007），栖息地分布范围的变化直接受到各种环境因子的影响，进而也影响到鱼类的资源量及其空间分布。本章重点利用栖息地理论和方法，对近海鲐鱼栖息地分布、中心渔场分布以及气候变化对栖息地的影响等进行研究。

第一节　水温变动对东黄海鲐鱼栖息地的影响

本节根据 1999—2007 年我国大型灯光围网的鲐鱼生产统计数据，结合海洋遥感获得的表温（SST）数据，分析了渔汛期间各月鲐鱼的适宜 SST 范围，探讨了水温变动情况下鲐鱼栖息地的变化趋势。研究结果表明，东黄海鲐鱼 7—12 月的适宜 SST 范围为 15～30℃。当 SST 分别增加 0.5℃、1℃、2℃、4℃ 情况下，东黄海鲐鱼的可能潜在栖息地有明显向极地移动的趋势，由位于太平洋北纬 26°N 转移到北纬 38°N 附近。研究结果可为鲐鱼资源的可持续利用和潜在栖息地的分布提供依据。

一、材料与方法

(一) 材料来源

本节的渔获生产统计数据来自上海海洋大学鱿钓技术组。时间为 1999—2007 年 7—12 月，数据包括作业日期、作业位置、渔区总产量（t）、放网次数和平均网次产量（t/net），研究区域为东海 25°—38°N、121°—128°E。时间分辨率是按月，空间分辨率为 0.25°×0.25°表示一个渔区。表温（SST）来源于 OceanWatch 网站（http：//oceandata. sci. gsfc. nasa. gov/MODISA/Mapped/Monthly/4km/SST/），空间分辨率为 0.05°×0.05°。按空间分辨率 0.25°×0.25°进行处理。

(二) 研究方法

（1）一个渔区的产量和 CPUE 统计。分别统计 1999—2007 年 7—12 月各月每一个渔区（0.25°×0.25°）内产量和作业次数，并以此计算获得单船平均月产量（CPUE），计算公式如下：

$$CPUE_i = \frac{CATCH_i}{NET_i}$$

式中：$CPUE_i$ 为渔区 i 的鲐鱼资源丰度（t/网次）；$CATCH_i$ 为渔区 i 的产量（单位：t）；NET_i 为渔区 i 的作业次数（单位：网次）。

（2）鲐鱼栖息地分布。利用统计获得的 CPUE 进行绘制空间分布图，从而可以获得基于渔获统计的鲐鱼栖息地分布图，也可以探讨其各月的栖息地空间分布规律。

（3）鲐鱼栖息的适宜表温分析。利用频度分析法，分析各月 CPUE 与 SST 的关系，获得各月最适的 SST 范围。

（4）水温升高对鲐鱼栖息地分布的影响预测。研究认为（Solomon et al.，2007），预计几十年以后全球温度会变暖 1.8~4.08℃，海平面升高幅度为18~59 cm，为此本研究模拟四种 SST 升高的情况：1）每月 SST+0.5℃；2）每月 SST+1℃；3）每月 SST+2℃；4）每月 SST+4℃。

二、研究结果

(一) CPUE 时空分布

由图 4-1 可知，7 月平均 CPUE 最低，不足 15 t/网次，11 月和 12 月的

CPUE 值为最高，均超过 25 t/网次。根据图 4-2 所示，7—12 月栖息地有明显南北移动的趋势，7—8 月主要分布在 26°—28′N、122°30′—124°30′E；9—10 月主要分布在 33°—37°30′N、123°—124°30′E；11—12 月主要分布在 32°30′—34°N、124°—125°30′E。

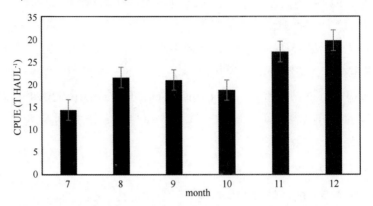

图 4-1　1999—2007 年 7—12 月各月东黄海鲐鱼平均 CPUE 分布

（二）各月鲐鱼的适宜表温分析

由图 4-3 可知，7—9 月的适宜 SST 范围与 10—12 月明显不同。7 月份 CPUE 主要分布在 SST 为 24～30℃的海域，其中高 CPUE 分布在 SST 为 27～30℃附近的海域；8 月份 CPUE 趋向于 SST 为 24～30℃的海域，其中高 CPUE 更趋向于 SST 为 28～29℃的海域；9 月份 CPUE 集中在 SST 为 20～29℃的海域，其中高 CPUE 主要集中在 SST 为 25～28℃的海域；10 月 CPUE 范围基本在 SST 为 15～27℃的海域，其中高 CPUE 范围基本在 SST 为 17～25℃的海域；11 月 CPUE 主要分布区域在 SST 为 12～23℃的海域，其中高 CPUE 主要分布区域在 SST 为 19～21℃的海域；12 月 CPUE 适合 SST 为 8～20℃的海域，其中高 CPUE 更适合 SST 为 10～17℃的海域。

（三）鲐鱼潜在栖息地分布及水温上升对潜在栖息地的影响

以各月最适 SST 为依据，选择 CPUE 值高的 8—11 月份，绘制了潜在栖息地分布图（图 4-4），由图 4-4 可知，8 月份潜在栖息地主要分布在 26°—31.5°N，122.5°—128°E；9 月份潜在栖息地主要分布在 26°—33°N，121°—128°E；10 月份潜在栖息地主要分布在 30°—38°N，121°—128°E；11 月份潜在栖息地主要分布在 27.5°—337.5°N，121°—128°E。

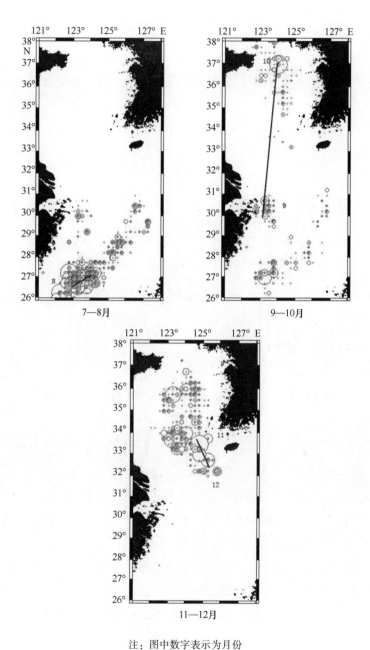

7—8月

9—10月

11—12月

注：图中数字表示为月份

图4-2　1999—2007年东黄海鲐鱼每月CPUE空间分布图

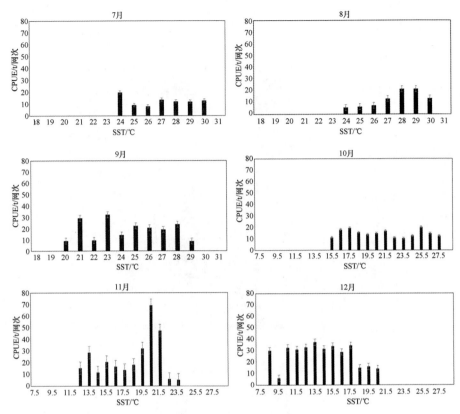

图 4-3　1999—2007 年 7—12 月各月 SST 与 CPUE 的关系

　　在水温上升 0.5℃、1℃、2℃、4℃情况下，其各月潜在栖息地的变化情况见图 4-5。由图 4-5 可知，随着水温上升，鲐鱼潜在栖息地逐渐北移。8 月份，水温上升 0.5℃时，其潜在栖息地最南边界从目前的 31.5°N 北移到 33°N；水温上升 1℃时，向北移至 33.5°N；水温上升 2℃时，继续向北移至 36°N；水温上升 4℃时，到达北纬 36.5°N 附近。9 月份，水温上升 0.5℃时，其潜在栖息地最南边界从目前的 30.5°N 北移到 31.5°N；水温上升 1℃时，向北移至 32.5°N；水温上升 2℃时，继续向北移至 34.5°N；水温上升 4℃时，到达北纬 36°N 附近。10 月份，水温上升 0.5℃时，其潜在栖息地最南边界从目前的 30°N 北移至 30.5°N；水温上升 1℃时，向北移至 31°N；水温上升 2℃时，继续向北移至 32°N；水温上升 4℃时，到达北纬 33.5°N 附近。11 月份，水温上升 0.5℃时，其潜在栖息地最南边界从目前的 27°N 北移到 28°N；水温上升 1℃时，向北移至 29°N；水温上升 2℃时，继续向北移至 31°N；水温上升 4℃

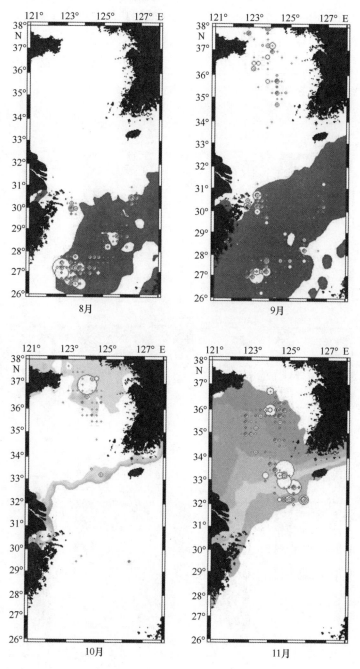

图 4-4 1999—2007 年 8—11 月鲐鱼 CPUE 与水温分布叠加图

时，到达北纬 34°N 附近。

由表 4-1 可知，8—11 月份东黄海鲐鱼的栖息地面积随温度上升呈减少趋势。其中在各月水温上升 0.5℃、1℃、2℃、4℃时，8 月份栖息地面积分别减少 34%、53%、67%、87%；9 月份的栖息地面积分别减少 15%、30%、24%、53%；10 月份则分别增加 4%、7%、2% 和减少 17%；11 月份分别减少 9%、0%、3%、50%。

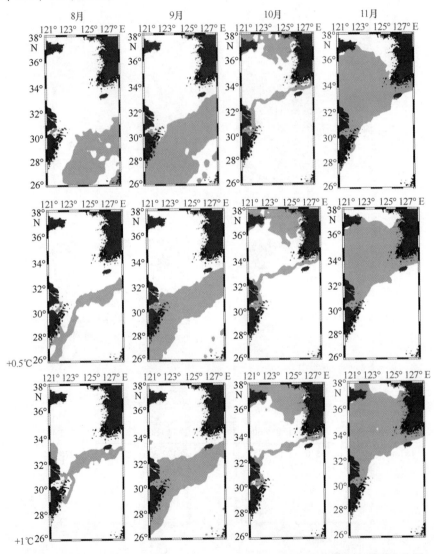

图 4-5　水温上升 0.5℃、1℃、2℃、4℃后 8—11 月鲐鱼潜在栖息地预测分布图

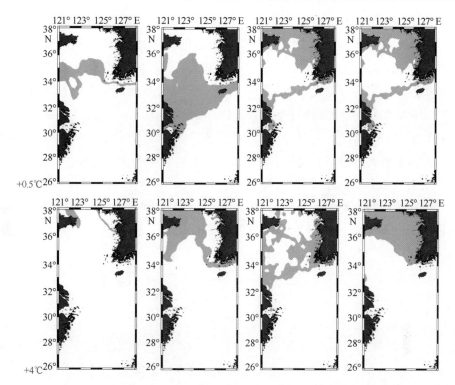

图 4-5　水温上升 0.5℃、1℃、2℃、4℃后 8—11 月鲐鱼潜在栖息地预测分布图（续）

表 4-1　东黄海鲐鱼各月潜在栖息地面积随水温上升的变化情况

月份	8 月		9 月		10 月		11 月	
水温	面积 /km²	面积减小 百分比/%	面积 /km²	面积减小 百分比/%	面积 /km²	面积增加 百分比/%	面积 /km²	面积减小 比例/%
SST	193 861		298 067		159 901		275 572	
SST+0.5℃	128 589	34.0	255 606	15.0	166 503	4.1	252 402	9.0
SST+1℃	91 198	53.0	209 158	39.0	172 356	7.0	276 227	不变
SST+2℃	64 432	67.0	228 491	24.0	163 209	2.0	269 645	3.0
SST+4℃	25 345	87.0	140 695	53.0	133 676	(−17.0)*	140 482	50

* 表示减少百分比

三、讨论与分析

经过各年间经纬度的产量统计比重和渔场重心的情况结合分析，发现近 9

年来鲐鱼的产量分布主要集中在 26°—38°N、121°—128°E 范围内的海域内。渔场的重心由北向南偏移。崔科和陈新军（2005）对鲐鱼渔场的分布及其重心的年际变动进行比较分析，宋海棠等（1995）、杨红等（2001）对鲐鱼、鲹鱼的围网渔场变化研究发现鲐鱼的渔场重心变化主要受沿岸水团和外海高盐水团的强弱变化影响，当沿岸水团势力弱而外海水团势力强时，渔场分布相对比较集中；外海势力与沿岸水团的势力相等时渔场的分布范围就很广，鲐鱼的产量也高；当沿岸水团势力强于外海势力时，渔场向南偏移，产量较少。这些说明鲐鱼渔场的差异是由黑潮分支、台湾暖流、长江冲淡水、黄海冷水团等不同性质的水流相互作用形成的。东黄海鲐鱼每年作南向北的洄游，不同的学者对不同海域的渔业的鲐鱼资源进行研究，发现也存在很大的差异（Hwang，1999；Hiyama et al.，2002）。

在本研究中，对 9 年 7—12 月的探捕数据平均 CPUE 值统计，显示了东黄海鲐鱼的潜在栖息地随月份变化的情况（图 4-3）。其中 CPUE 值最高的月份和产量相对较高的产量出现在 9 月份（图 4-3）。HUNG（2010）已经证明了总的平均 CPUE 值与海水温度呈负相关，尤其是对于浅水域捕捞而言。从图 4-4 中发现 7、8 月是捕捞的淡季，同时发现捕捞的旺季从 9 月直到 12 月。平均每个月大于 20 t/网次，主要的渔场位于 25°—38°N，122°—127°E。

本研究中根据适宜的 SST 范围利用直方图分析每个月中的 CPUE 值（图 4-3）。7 月、8 月、9 月三个月份的最适宜温度是 24～30℃，随着季节变动，东黄海鲐鱼作南向北的洄游，10 月、11 月、12 月份的最适宜温度是 15～19℃。长江冲淡水与台湾暖流也会影响东黄海鲐鱼的围网渔场形成及作业位置等，同时影响鲐鱼的生殖、洄游、繁殖、生长等。本研究中所模拟的几种场景中表明了海表水温会影响鲐鱼的越冬洄游路线，水温下降有可能会使海域内的鲐鱼南下洄游受阻，而进入东海北部的海域过冬，这些都有可能影响潜在栖息地的迁徙路线。

厄尔尼诺、拉尼娜事件对我国气候以及东海的海洋环境影响都很大（朱家喜，2003）。资料显示，东海海域的海表温呈上升趋势，同时浙江近海鲐鱼 CPUE 与海表温呈正相关，而东海北部鲐鱼 CPUE 与海水呈负相关。研究发现，厄尔尼诺温度距平的平均值能够简单地反映鲐鱼资源的歉丰年（张洪亮等，2007）。拉尼娜事件不利于东黄海鲐鱼的资源补充和发生（洪华生等，1997）。

水温上升是全球气候变化的一个重要现象。本研究通过分析鲐鱼栖息地的适宜表温范围，来预测不同水温上升情况下，东黄海鲐鱼适宜栖息地迁移及其面积变化。研究表明，水温上升对鲐鱼栖息地范围影响是显著的，且不同月份的影响情况明显有差异。这一研究结果为今后预测鲐鱼资源时空变化及其科学管理提供了基础。

第二节　多种数据源下鲐鱼栖息地模型及预测结果的比较

由于多来源的海洋遥感数据常以不同时间、空间分辨率呈现，并具有不同的误差，因此，以鲐鱼栖息地为例，有必要分析数据源的差异是否会对研究结果产生显著性的影响，是否会影响基于不同数据源估计的模型对其他数据的适用性。本节利用多个海洋遥感网站提供的叶绿素浓度与海表水温数据，采用线性回归与随机检验方法，分析了不同数据源对栖息地模型构建及其预测效果的影响。研究结果表明：不同数据源的数据之间常存在系统性偏差，从而使得模型参数的估计具有显著性差异；多源环境数据间的离散性反映数据存在随机误差，环境数据的随机误差将使模型结果具有随机性，因此本研究建议定量分析模型结果的不确定性，以使模型结果得到科学应用。

一、材料与方法

（一）数据

1. 渔业数据

1998—2008 年我国东、黄海鲐鱼灯光围网渔业数据来自上海海洋大学鱿钓技术组，该数据包含生产日期（年、月）、渔业公司名、作业位置、捕捞网次、捕捞产量等字段，数据空间分辨率为 0.5°，时间分辨率为月（李纲等，2009）。东、黄海鲐鱼灯光围网渔业渔场可分为北渔场（32°N 以北），长江口及舟山近海渔场，台湾东北部、舟山外海渔场（官文江等，2009）。由于近海岸叶绿素浓度数据的精度较差，因此，本研究仅分析来自台湾东北部、舟山外海渔场的 7—9 月的数据。

2. 环境数据

1998—2008 年的海表水温（SST: Sea Surface Temperature）数据分别来自美国俄勒冈州立大学 [http://orca. science. oregonstate. edu/, AVHRR (Advanced Very High Resolution Radiameter) 水温数据]、美国国家海洋和大气管

理局（NOAA：National Oceanic and Atmospheric Administration）太平洋海洋环境实验室（http：//oceanwatch. pifsc. noaa. gov/las/servlets/dataset，AVHRR，Pathfinder V5-5.1）及中国国家海洋信息中心（http：//www. cora. net. cn/，中国近海及邻近海域海洋再分析数据）。数据时间分辨率均为月，空间分辨率分别为 0.167°、0.1° 与 0.5°，为区分，上述海表水温数据分别记作 SST-ORE、SST-CWH 与 SST-CRA。

1998—2008 年的叶绿素浓度（Chl：Chlorophyll-a concentration）数据分别来自美国国家航空航天局（NASA：National Aeronautics and Space Administration）水色数据网站〔http：//oceancolor. gsfc. nasa. gov/，SeaWiFS（Sea-viewing Wide Field-of-view Sensor）水色数据的 3 级产品〕、NOAA 太平洋海洋环境实验室（http：//oceanwatch. pifsc. noaa. gov/las/servlets/dataset，SeaWiFS 叶绿素浓度）。数据时间分辨率均为月，空间分辨率分别为 0.083° 与 0.1°。同样，上述叶绿素浓度数据分别记作 Chl-OCR 与 Chl-CWH。

2008 年 8—9 月的 Terra MODIS（Moderate Resolution Imaging Spectroradiometer）叶绿素浓度与海表水温数据（分别记作 Chl-MDS，SST-MDS）来自 NASA 水色数据网站（http：//oceancolor. gsfc. nasa. gov/，Terra MODIS 的 3 级产品，海表水温为 4u 夜间数据）。数据时间分辨率均为月，空间分辨率均为 0.083°。

1998—2007 年的生产统计数据用于估计、构建栖息地模型，2008 年的生产统计数据用于评价模型预测效果。

（二）方法

1. 环境数据的处理与分析

由于渔业数据的空间分辨率为 0.5°，因此，当环境数据的空间分辨率大于 0.5° 时，本研究取其在 0.5°×0.5° 网格内的平均值。若环境数据的空间分辨率等于 0.5°，但环境数据网格中心与渔业数据网格中心不一致时，则采用双线性内插法，以获得与渔业数据网格相对应的环境数据。

根据渔业数据的捕捞时间与位置，提取对应的叶绿素浓度与海表水温数据，并分别对来源不同的叶绿素浓度或海表水温数据进行线性回归分析以判断数据是否存在系统性偏差，即回归直线是否显著偏离 $Y=X$ 直线。若回归直线的截距与斜率在其 95% 置信区间内分别包含 0 与 1，则认为回归直线没有显著偏离 $Y=X$ 直线，不存在系统性偏差；若否，则判断存在系统性偏差。

2. 栖息地模型的构建

据 Chen 等，本研究采用算术平均法（AMM：Arithmetic Mean Model）构建栖息地指数（HSI：Habitat Suitability Index）：

$$\text{HSI} = \frac{I_{\text{CHL}} + I_{\text{SST}}}{2} \tag{4-1}$$

其中 I 为叶绿素浓度或海表水温数据所对应的适宜性指数（Suitability Index）。I 的计算方程为：

$$I_{\text{CHL}} = e^{-a(\ln(\text{CHL})-b)^2} \tag{4-2}$$

$$I_{\text{SST}} = e^{-c(\text{SST}-d)^2} \tag{4-3}$$

其中，ln 为自然对数，a、b、c、d 为参数，其估算方法如下：

1）分别将叶绿素浓度按 0.05 mg/m^3，海表水温按 $0.3℃$ 间隔，对叶绿素浓度与海表水温进行分类，并统计各类总产量。

2）根据 1）的结果，按式（4-4）估算 I：

$$I_X = \frac{C_{X,i}}{C_{X,M}} \tag{4-4}$$

其中，X 为叶绿素浓度或海表水温，$C_{X,i}$ 为 X 分类间隔 i 所对应的捕捞产量，$C_{X,M}$ 为 X 分类中的最大产量。

3）根据式（4-2）、式（4-3），利用非线性最小二乘法估计 a、b、c、d，其中叶绿素浓度与海表水温数据分别取分类间隔的中间值。

3. 栖息地模型拟合结果的分析

由于存在多版本的叶绿素浓度与海表水温数据，因此 a 与 b 或 c 与 d 有多个估计。为比较数据差异是否足以使估计的参数显著不同，本研究采用随机检验方法（Randomization Tests）计算各参数的 95% 置信区间（见下文），当参数估计值不在该置信区间内，则认为数据差异使估计的参数显著不同，反之亦然。随机检验方法估计 a 与 b 的 95% 置信区间的方法为：1）对某捕捞位置，存在两个叶绿素浓度，其分别来自 Chl-OCR 与 Chl-CWH，因此，可以随机选择其中之一作为该捕捞位置的叶绿素浓度值，若对每个捕捞位置的叶绿素浓度进行随机选择，则可生成新的叶绿素浓度时间系列；2）对上述叶绿素浓度时间系列，可用之前的方法估计 a 与 b；3）将 1）与 2）过程重复 2 000 次，则可获得 a 与 b 的经验分布，并可计算 2.5% 与 97.5% 分位数以作为其 95% 置信区间。c 与 d 的 95% 置信区间的估计与上述过程一致，在此简略。

2组叶绿素浓度、3组海表水温数据,可组合成6个栖息地模型(表4-2),利用6个栖息地模型及其对应的环境数据,计算1998—2007年各捕捞位置的栖息地指数,并对该6个栖息地指数进行线性相关分析。

表4-2　栖息地模型的定义

输入数据		栖息地模型
叶绿素浓度	海表水温	
Chl-OCR	SST-CWH	HSI1
Chl-OCR	SST-ORE	HSI2
Chl-OCR	SST-CRA	HSI3
Chl-CWH	SST-CWH	HSI4
Chl-CWH	SST-ORE	HSI5
Chl-CWH	SST-CRA	HSI6

4. 栖息地模型预测效果的比较

由于栖息地模型常用于预测潜在渔场(Chen et al.,2009),而我国大型灯光围网渔业普遍使用探鱼仪,其捕捞位置通常与渔场位置相对应,因此,本研究利用2008年8月、9月的环境数据(7月SeaWiFS的叶绿素浓度数据缺失)及6个栖息地模型,估计潜在渔场位置,并计算当月潜在渔场的捕捞产量占当月总捕捞产量的比重,将其作为预报成功率,以比较6个栖息地模型的预测效果。

由于不同栖息地模型计算的栖息地指数存在差异,其判断潜在渔场的阈值可能不同,本研究利用1998—2007年的渔业数据及6个栖息地模型计算的栖息地指数按下述方法定义各栖息地模型潜在渔场预测的阈值,即:1)将捕捞产量按各栖息地指数排序;2)按栖息地指数增大方向,计算累积捕捞产量;3)当累积捕捞产量占总产量的50%时,其对应的栖息地指数作为潜在渔场预测的阈值,而栖息地指数大于该阈值的海域则定义为潜在渔场。

本研究比较两类数据输入条件下的模型预测效果:1)使用与模型对应的数据作为输入(表4-2);2)Chl-MDS,SST-MDS作为所有模型的输入。

二、结果

(一)环境数据的分析

2组叶绿素浓度或3组海表温度数据之间均存在显著线性相关性($n =$

270，$P<0.001$），表 4-3 显示，仅 SST-CRA 与 SST-ORE 之间的线性关系与直线 Y=X 没有显著性差异，这表明系统性偏差存在于 Chl-OCR 与 Chl-CWH，SST-CWH 与 SST-CRA 及 SST-CWH 与 SST-ORE 之间。同时，由图 4-6 可知，叶绿素浓度数据具有相对较好的一致性，但不同类型的海表温度数据之间存在较大的离散度。

表 4-3　线性回归分析

自变量 X	应变量 Y	回归方程	95%置信区间	
			斜率	截距
ln（CHL-OCR）	ln（CHL-CWH）	$Y = 0.98X - 0.06$	[0.96，1.00]	[-0.09，-0.03]
SST-ORE	SST-CWH	$Y = 0.75X + 7.54$	[0.68，0.82]	[5.59，9.50]
SST-CRA	SST-ORE	$Y = 1.04X - 1.00$	[0.96，1.11]	[-3.09，1.09]
SST-CRA	SSTCWH	$Y = 0.82X + 5.38$	[0.73，0.92]	[2.72，8.03]

（二）栖息地模型拟合结果的比较

由图 4-7、图 4-8、表 4-4 可知，模型参数均得到较好估计。图 4-7、图 4-8 显示使用不同来源的数据，环境变量对应的适宜性指数存在较大差异，如图 4-8 所示，在 28.7~29.0℃ 区段，三个海表水温数据对应的适宜性指数分别为 1.00、0.64 及 0.23。

从表 4-4 可知，对于叶绿素浓度数据，基于 Chl-OCR 拟合的参数 a 不在随机检验方法估计的 95%置信区间内；而对于海表水温数据，基于 SST-CWH 拟合的参数 c 与 d、基于 SST-CRA 拟合的参数 d 均不在随机检验方法估计的 95%置信区间内。因此，可认为叶绿素浓度或海表水温数据之间的差异足以使估计的参数显著不同。

6 个栖息地模型计算的栖息地指数均存在显著线性相关关系（$n = 270$，$P<0.001$，图 4-9）。如图 4-9 显示，HSI1 与 HSI4、HSI2 与 HSI5，HSI3 与 HSI6 具有最佳相关关系（$r = 0.99$）。由表 4-2 可知，HSI1 与 HSI4、HSI2 与 HSI5，HSI3 与 HSI6 分别具有相同海表水温数据，但叶绿素浓度数据不同；同时，结合图 4-7 可知，对于本研究，海表水温数据的不一致是导致栖息地指数不一致的主要原因。

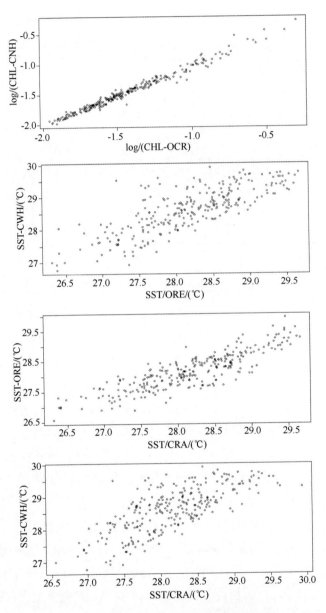

图 4-6 叶绿素浓度与海表水温数据散点图

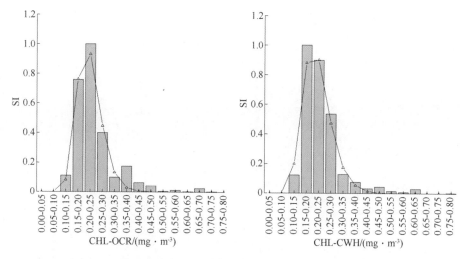

图 4-7　叶绿素浓度与适宜性指数，其中直条线为式（4-4）计算，
曲线为式（4-2）计算

表 4-4　适宜性指数（SI）模型的参数与随机检验方法估计的 95% 置信区间

数据	参数估计				95% 置信区间
	参数	估计值	t 值	P 值	
Chl-OCR	a	9.81	9.36	<0.000 1	[7.08, 9.24]
	b	1.58	110.86	<0.000 1	[1.57, 1.62]
Chl-CWH	a	7.30	10.58	<0.000 1	[7.08, 9.24]
	b	1.61	104.20	<0.000 1	[1.57, 1.62]
SST-CWH	c	0.89	4.79	0.001 0	[0.90, 4.25]
	d	28.86	330.95	<0.000 1	[28.32, 28.57]
SST-ORE	c	1.77	4.28	0.001 6	[0.90, 4.25]
	d	28.41	373.68	<0.000 1	[28.32, 28.57]
SST-CRA	c	2.28	4.80	0.000 7	[0.90, 4.25]
	d	28.24	472.40	<0.000 1	[28.32, 28.57]

（三）栖息地模型预测结果的比较

在 6 个栖息地模型中，参数 a 与 c 较小者，其计算的栖息地指数通常偏大，如 HSI4，反之则偏小如 HSI3（表 4-4，表 4-5）。栖息地指数偏大，其预测渔场的阈值则会偏高，如表 4-5 所示。但受数据随机性影响，该值具有一

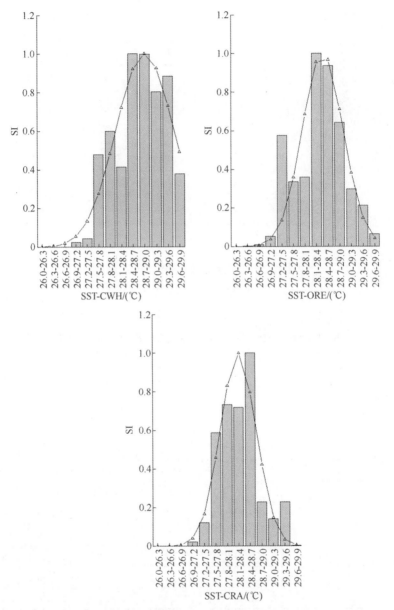

图4-8　海表温度与适宜性指数，其中直条线为式（4-4）计算，
曲线为式（4-3）计算

定随机性，如 HSI2 的阈值比 HSI3 小。同时，如表4-5 所示，大于阈值的记录比例均小于 50%，这表明选择的阈值具有相对较好的效率。

当各栖息地模型使用其对应环境数据时，其预报成功率相对较高，但存

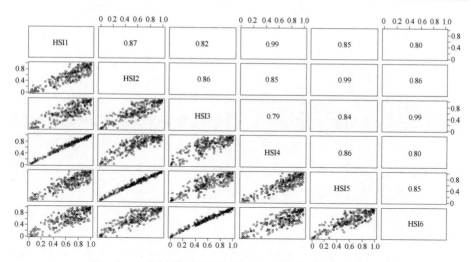

图 4-9　栖息地模型计算的栖息地指数散点图及相关系数

在较大随机性，如 HSI1 在 8 月预测效果较差，而在 9 月则较好，同样，HSI3 与 HSI6 在 8 月预测效果均较好，而在 9 月则较差（表 4-5）。

当使用 Chl-MDS 与 SST-MDS 数据作为输入时，各模型预报成功率在 8 月均较低，而在 9 月，除 HSI5 与 HSI6 外，各模型预报成功率均较差（表 4-5）。

表 4-5　渔场阈值与预报成功率

栖息地模型	阈值	记录比例	预报成功率（1）		预报成功率（2）	
			8 月	9 月	8 月	9 月
HSI1	0.77	40%	0.48	0.92	0.26	0.05
HSI2	0.66	41%	0.95	0.71	0.26	0.12
HSI3	0.69	38%	0.97	0.04	0.25	0.09
HSI4	0.78	44%	0.62	0.92	0.40	0.07
HSI5	0.72	39%	0.63	0.71	0.25	0.98
HSI6	0.69	41%	0.97	0.33	0.25	0.98

注：记录比例是指栖息地指数大于阈值的记录所占总记录的比例；预报成功率（1）是使用与模型对应的数据作为输入；预报成功率（2）是指 Chl-MDS，SST-MDS 作为模型的数据输入。

三、讨论

（一）栖息地模型

Chen 等（2009）采用了叶绿素浓度、海表水温、盐度及海面高度距平数据构建了东海鲐鱼栖息地指数模型；同时，环境数据分类间隔等也对模型拟合具有影响。但本研究旨在研究数据源不同对栖息地模型的影响，因此主要考察模型及其预测结果的一致性，为简化分析，本研究固定环境变量的分类间隔，并仅使用了两个环境变量。

（二）数据源不同对模型的影响

本研究数据 Chl-OCR 与 Chl-CWH 均源自 SeaWiFS 传感器，SST-CWH 与 SST-ORE 均源自 AVHRR 传感器，而 SST-CRA 数据也同化了 AVHRR 传感器的海表水温资料（韩桂军等，2009），因此这些数据具有较好的同源性，数据间存在显著相关关系（图 4-6）。尽管如此，数据的反演与处理误差足以导致参数估计存在显著不同（表 4-4），基于不同数据源拟合的模型不具有一般适用性，即不能适用于其他数据（表 4-5）。导致这种结果的主因是不同源数据之间存在系统性偏差，即偏离了 $Y=X$ 直线（表 4-3）。对于 Terra MODIS 数据，尽管 Chl-MDS 与 Chl-OCR 或 Chl-CWH 不存在显著系统性偏差，但 SST-MDS 与 SST-CWH、SST-ORE、SST-CRA 均存在显著系统性偏差。

对渔业资源变动规律的研究，常需要长时间系列数据，因此，当使用海洋环境数据时，必须考虑数据的一致性，特别是遥感数据，因为不同传感器均有一定的使用寿命如 SeaWiFS 数据有效期为 1997—2010 年（但 2007 年以后，部分月份数据存在缺失），而不同传感器间的数据可能存在系统性偏差（Wu et al.，2012；官文江等，2013）。当数据存在系统性偏差时，在使用数据前，必须采用相关方法进行校正，以保持数据的一致性（官文江等，2013）。

（三）模型结果的不确定性及其影响

环境数据除存在系统性偏差外，还具有随机误差（Wu et al.，2012；Martin et al.，2004）（图 4-6）。数据的随机误差直接导致模型预测结果存在不确定性，如表 4-5 所示，不同模型相同月份的预报成功率存在较大不同。

当前大多数研究，仅使用数据的一个版本（Chen et al.，2009；Tian et al.，2009；Chen et al.，2010）如 Chl-OCR 或 Chl-CWH，此时，输入数据的随机性误差及其引起的模型结果的不确定性不易引起研究者的注意与重视，如利用栖息地模型计算栖息地指数时，通常不估计其置信区间（Lee et al.，2006；Tian et al.，2009；Chen et al.，2010；Vaygham et al.，2013），这有可能对资源的开发、管理与保护产生不良后果。因此，本研究建议采用已校正系统性偏差的多源数据及模特卡罗模拟方法（Lee et al.，2006）构建栖息地指数的置信区间，以定量描述栖息地指数的不确定性，为栖息地指数数据的科学使用提供依据。

第三节　基于遥感水质的夏季东海鲐鱼渔情预报研究

海洋水质是海洋环境的重要参数之一，其涉及叶绿素、透明度、海流等因素，间接表达了海洋环境分布情况。海洋水质是否可以用于预测鲐鱼渔场分布，是否与鲐鱼渔场形成有关联，为此，本研究开展了基于遥感水质的鲐鱼渔情预报研究，本研究根据 2007—2009 年 7—9 月渔汛期间我国鲐鱼灯光围网在东海的生产数据，利用海表温、叶绿素浓度、悬浮物浓度和透明度等遥感水质数据，分别将作业网次比重和单网次产量（CPUE）作为适应性指数，利用算术平均数（AM）和几何平均数（GM）分别建立基于海表温、叶绿素浓度、悬浮物浓度和透明度的综合栖息地指数模型。结果表明，AM 栖息地指数模型和 GM 栖息地指数模型拟合效果较好（$P<0.01$），在 HSI 大于 0.5 的海域，2007—2009 年 7—9 月平均作业网次比重在 65% 以上，各月平均 CPUE 均高于 19.82 t/net。研究认为，AM 模型稍优于 GM 模型。利用 2010 年 7—9 月生产数据及遥感水质数据对 AM 模型进行验证，分析认为，87% 以上的作业网次和产量分布在 HSI 高于 0.5 的海域，CPUE 为 14~17 t/net，且较稳定，波动较小。研究认为，基于遥感水质数据的 AM 栖息地指数模型能较好地预测东海鲐鱼渔场。

一、材料与方法

（一）材料

鲐鱼生产数据由中国远洋渔业分会上海海洋大学鱿钓技术组提供，时间为 2007—2010 年的 7—9 月，统计资料包括日期、经度、纬度、产量和作业网次。时间分辨率为天（d），空间分辨率为 0.5°×0.5°。

遥感水质数据由国家海洋局第二海洋研究所提供，时间跨度为 2007—2010 年的 7—9 月。数据字段包括日期、经度、纬度、海表温（sea surface temperature，SST）、叶绿素 a 浓度（$Chl-a$）、悬浮物浓度（suspended sediment concentration，SSC）、透明度（seechi disk depth，SDD）等。空间范围为 20°—40°N、120°—130°E，空间分辨率为 3 km×3 km。

（二）分析方法

（1）研究认为，作业网次可代表鱼类资源的分布情况（Andrade 和 Garcia，1999），单位捕捞努力量渔获量（$CPUE$）可作为渔业资源密度指标（Bertrand et al.，2002），因此，利用作业网次和 $CPUE$ 分别与 SST、叶绿素 a 浓度、悬浮物浓度和透明度来建立相应的适应性指数（SI）模型。本研究假定最高作业网次频次 NET_{max} 或 $CPUE_{max}$ 为鲐鱼资源分布最多的海域，认定其栖息地指数（HSI）为 1；作业网次或 $CPUE_{max}$ 为 0 时，则认定是鲐鱼资源分布较少的海域，认定其 HSI 为 0（Mohri，1999）。单因素栖息地指数 SI 计算公式如下：

$$SI_{i,\ NET} = \frac{NET_{ij}}{NET_{i,\ max}} SI_{i,\ CPUE} = \frac{CPUE_{ij}}{CPUE_{i,\ max}} \qquad (4-5)$$

式中，$SI_{i,NET}$ 为 i 月以作业网次为基础得到的适应性指数；NET_{ij} 为 i 月 j 渔区的作业次数，$NET_{i,max}$ 为 i 月的最大作业网次；$SI_{i,CPUE}$ 为 i 月以 $CPUE$ 为基础得到的适应性指数；$CPUE_{i,\ max}$ 为 i 月的最大 CPUE，$CPUE_{ij}$ 为 i 月 j 渔区的 CPUE。

$$SI_i = \frac{SI_{i,\ NET} + SI_{i,\ CPUE}}{2} \qquad (4-6)$$

式中，SI_i 为 i 月的适应性指数。

（2）利用正态分布函数回归建立 SST、叶绿素 a 浓度、悬浮物浓度和透明度与 SI 之间的关系模型，利用 DPS7.5 软件求解。通过此模型将 SST 等 4 个因子和 SI 两离散变量关系转化为连续随机变量关系。

（3）利用算术平均法（arithmetic mean，AM）和几何平均法（geometric mean，GM）计算栖息地综合指数 HSI，HSI 在 0（不适宜）到 1（最适宜）之间变化。计算公式如下：

$$HSI = \frac{(SI_{SST} + SI_{CHL} + SI_{SSC} + SI_{SDD})}{4} \tag{4-7}$$

$$HSI = \sqrt[4]{SI_{SST} \times SI_{CHL} \times SI_{SSC} \times SI_{SDD}} \tag{4-8}$$

式中，SI_{SST}、SI_{Chl}、SI_{SSC} 和 SI_{SDD} 分别为 SI 与 SST、SI 与 Chl、SI 与 SSC 和 SI 与 SDD 的适应性指数。

（4）验证与实证分析。利用 2007—2009 年的数据来建立模型，然后对 2010 年各月 SI 值与实际作业渔场进行验证，探讨预测中心渔场的可行性。

二、结果

（一）作业网次、$CPUE$ 与各遥感水质的关系

7 月，高频次作业网次分布在海表温为 25.5~27℃，叶绿素浓度为 0~0.4 mg/m³，悬浮物浓度为 0.1~0.4 mg/L 和透明度为 20~30 m 的海域，其占月总作业网次的比重分别为 81.23%、90.35%、87.40% 和 77.75%，对应的 $CPUE$ 分别为 12.47~30.59 t/net、21.20~46.36 t/net、13.62~32.62 t/net 和 16.72~42.64 t/net（图 4-10a，d，g，j）。

8 月，高频次作业网次分布在海表温为 26~28℃，叶绿素浓度为 0.2~0.5 mg/m³，悬浮物浓度为 0.1~0.4 mg/L，透明度为 10~25 m 的海域，其占月总作业网次的比重分别为 100%、90.07%、96.58% 和 93.59%，其对应的 $CPUE$ 分别为 11.46~28.64 t/net、11.77~34.24 t/net、22.69~28.48 t/net 和 19.75~36.04 t/net（图 4-10b，e，h，k）。

9 月，高频次作业网次分布在海表温为 24.5~27.5℃，叶绿素浓度为 0.1~0.9 mg/m³，悬浮物浓度为 0.1~0.5 mg/L 和透明度为 5~20 m 的海域，其占月总作业网次的比重分别为 90.17%、82.31%、93.45% 和 82.31%。其相应的 $CPUE$ 分别为 14.27~22.99 t/net、16.26~23.05 t/net、13.91~22.71 t/net 和 15.64~27.01 t/net（图 4-10c，f，i，l）。

（二）HSI 模型的建立

利用一元非线性回归拟合以 SST、叶绿素浓度、悬浮物浓度和透明度为基础的 SI 曲线（图 4-11）。拟合的 SI 曲线模型见表 4-6，且各回归模型的方差分析显示 SI 模型均极显著（$P<0.01$）。

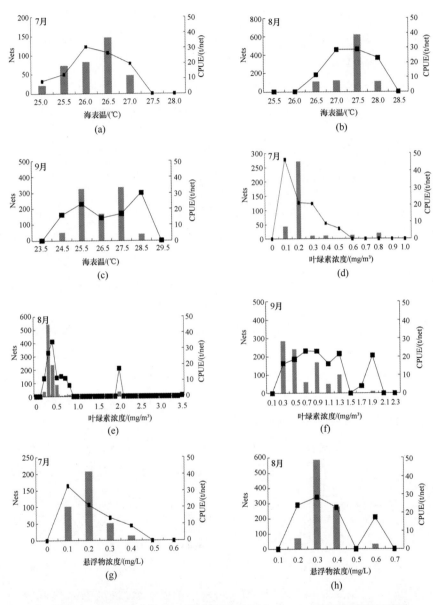

图4-10　2007—2009年7—9月鲐鱼作业网次、CPUE与各环境因子关系

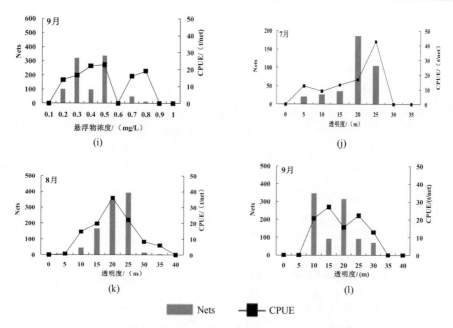

Nets ━■━ CPUE

图 4-10　2007—2009 年 7—9 月鲐鱼作业网次、CPUE 与各环境因子关系（续）

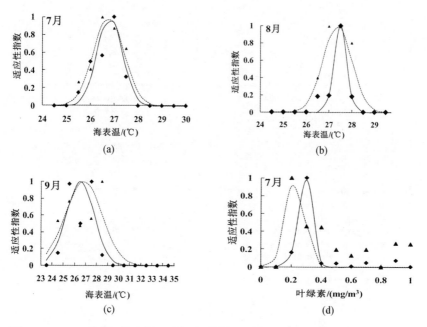

图 4-11　7—9 月基于海表温、叶绿素浓度、悬浮物浓度和透明度的适宜性曲线

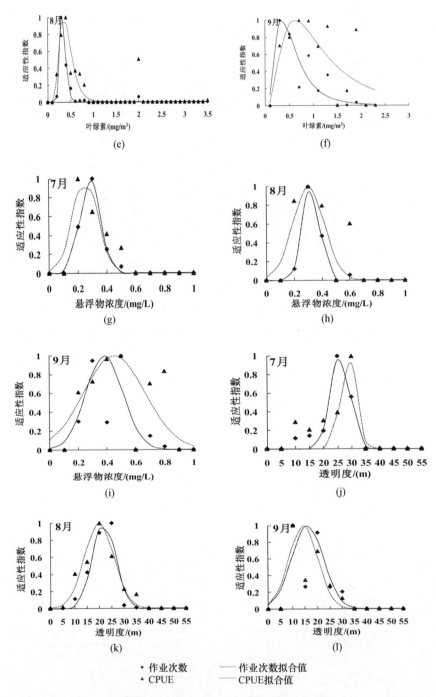

图 4-11　7—9 月基于海表温、叶绿素浓度、悬浮物浓度和透明度的适宜性曲线（续）

表 4-6　2007—2009 年 7—9 月鲐鱼栖息地指数模型

月份	变量	适应性指数模型	P 值
7 月	SST	$SI=[exp(-1.811\,9\times(SST-26.803\,1)^2)+exp(-1.215\,2\times(SST-26.759)^2)]/2$	0.000 1
	Chl-a	$SI=[exp(-232.586\,3\times(Chl-0.289\,7)^2)+exp(-134.686\,4\times(Chl-0.226\,3)^2)]/2$	0.008
	SSC	$SI=[exp(-101.480\,2\times(SSC-0.284\,9)^2)+exp(-66.203\,4\times(SSC-0.250\,6)^2)]/2$	0.000 1
	SDD	$SI=[exp(-0.040\,8\times(SDD-26.107\,7)^2)+exp(-0.064\,2\times(SDD-28.872\,1)^2)]/2$	0.000 2
8 月	SST	$SI=[exp(-6.664\,9\times(SST-27.493\,9)^2)+exp(-1.268\,4\times(SST-27.363)^2)]/2$	0.000 1
	Chl-a	$SI=[exp(-12.001\times(1.167\,8+LN(Chl))^2)+exp(-3.692\,2\times(1.058\,3+LN(Chl))^2)]/2$	0.000 1
	SSC	$SI=[exp(-127.796\,9\times(SSC-0.321\,5)^2)+exp(-39.181\,1\times(SSC-0.301\,7)^2)]/2$	0.000 3
	SDD	$SI=[exp(-0.022\,1\times(SDD-21.848\,8)^2)+exp(-0.013\,9\times(SDD-19.872\,2)^2)]/2$	0.000 1
9 月	SST	$SI=[exp(-0.319\,7\times(SST-26.506\,8)^2)+exp(-0.181\,8\times(SST-26.823\,7)^2)]/2$	0.003
	Chl-a	$SI=[exp(-1.312\,8\times(1.048\,5+LN(Chl))^2)+exp(-1.006\,2\times(0.475\,5+LN(Chl))^2)]/2$	0.000 1
	SSC	$SI=[exp(-30.265\,2\times(SSC-0.383\,9)^2)+exp(-10.872\,7\times(SSC-0.452\,9)^2)]/2$	0.007 7
	SDD	$SI=[exp(-0.012\times(SDD-16.039)^2)+exp(-0.014\,7\times(SDD-14.341\,6)^2)]/2$	0.008 5

（三）HSI 模型分析

利用 SI_{SST}、SI_{Chl}、SI_{SSC} 和 SI_{SDD} 建立的 HSI 模型获得各月的 HSI 指数（表 4 -7），研究表明，HSI<0.3 时，7 月 AM 和 GM 的作业网次比重分别为 3.75% 和 17.96%，CPUE 大部分低于 10 t/net，仅少量 CPUE 高于 10 t/net；8 月 AM 和 GM 的作业网次比重分别为 4.03% 和 0，CPUE 较低，大部分低于 10 t/net，最高 CPUE 为 16.70 t/net；9 月 AM 和 GM 的作业网次比重均为 0，CPUE 均

为 0。

$HSI>0.5$ 时，7 月 AM 和 GM 的作业网次比重分别为 64.88% 和 26.27%，$CPUE$ 均 15 t/net 以上；8 月 AM 和 GM 的作业网次比重分别为 83.66% 和 71.07%，$CPUE$ 均 10 t/net 以上；9 月 AM 和 GM 的作业网次比重分别为 85.92% 和 71.07%，$CPUE$ 大部分在 15 t/net 以上，仅出现个别 $CPUE$ 低至 4 t/net。综上所述，AM 和 GM 模型均能较好地反映鲐鱼中心渔场的分布，但 $HSI>0.5$ 时，AM 模型获得的作业网次比重均高于 GM 模型得到的作业网次比重，表明 AM 模型稍优于 GM 模型。

表 4-7　2007—2009 年 7—9 月不同 SI 值下的作业网次比重和 $CPUE$

HSI	7月 AM		7月 GM		8月 AM		8月 GM		9月 AM		9月 GM	
	作业网次比重（%）	CPUE（t/net）	作业网次比重（%）	CPUE（t/net）	作业网次比重（%）	CPUE（t/net）	作业网次比重（%）	CPUE（t/net）	作业网次比重（%）	CPUE（t/net）	作业网次比重（%）	CPUE（t/net）
0~0.1	0.00	0.00	12.60	10.38	0.00	0.00	0.00	0.00	0.00	0.00	0.00	0.00
0.1~0.2	3.22	9.25	0.00	0.00	3.52	16.79	0.00	0.00	0.00	0.00	0.00	0.00
0.2~0.3	0.54	6.00	5.36	8.52	0.52	7.60	0.00	0.00	0.00	0.00	0.00	0.00
0.3~0.4	3.49	9.08	3.75	17.43	2.90	9.34	8.73	13.96	0.00	0.00	8.73	13.96
0.4~0.5	27.88	11.88	52.01	22.63	9.41	11.89	20.20	18.81	14.08	14.75	20.20	18.81
0.5~0.6	12.06	20.31	11.80	49.14	6.31	12.37	5.68	27.01	20.41	21.90	5.68	27.01
0.6~0.7	48.79	31.41	10.46	16.74	21.10	28.10	18.89	22.23	0.11	4.00	18.89	22.23
0.7~0.8	4.02	26.27	4.02	26.27	52.22	31.17	34.50	16.83	53.38	18.74	34.50	16.83
0.8~0.9	0.00	0.00	0.00	0.00	1.76	30.35	10.59	21.19	9.93	22.11	10.59	21.19
0.9~1	0.00	0.00	0.00	0.00	2.28	24.55	1.42	21.77	2.07	17.16	1.42	21.77

（四）渔场分布验证

根据 AM 模型计算 2010 年 7—9 月 HSI 分布，并与实际作业情况进行比较（图 4-11、表 4-8）。分析认为，HSI 大于 0.5 的作业网次和产量百分比分别为 87.64% 和 90.73%，$CPUE$ 均高于 14 t/net；而 HSI 低于 0.5 的 $CPUE$ 变动较大，低于 14 t/net 较多（表 4-8）。7 月，HSI 整体较低，作业网次和产量均较低，平均 CPUE 低于 10 t/net。HSI 大于 0.5 的海域主要分布在 122.5°—123.5° E，26.5°—28° N、125°—126° E，26°—28.5° N 和 127°—128° E，26.5°—31°N；8 月，HSI 大于 0.5 的海域主要分布在 122.5°—128°E，26°—31°N 的西南—东北向带状海域。作业网次和产量主要分布在 HSI 大于 0.7 的

122.5°—126°E，26.5°—28.5°N 海域，平均 CPUE 高达 16.68 t/net；9 月，HSI 大于 0.5 的海域主要分布在 122.5°—128°E，26°—31°N 的西南-东北向带状海域，最适 HSI 范围比 8 月较广。作业主要分布在 123°—126°E，27°—29°N 海域，平均 *CPUE* 为 14.72 t/net。

表 4-8　2010 年 7—9 月基于 *AM* 模型下不同栖息地指数的产量和作业网次分布

HSI	产量（t）	作业网次	CPUE（t/net）	作业网次百分比（%）	产量百分比（%）
0~0.1	0	0	0	0	0
0.1~0.2	188	9	20.89	0.81	1.12
0.2~0.3	448	54	8.30	4.87	2.68
0.3~0.4	171	13	13.15	1.17	1.02
0.4~0.5	744	61	12.20	5.51	4.45
0.5~0.6	1 881	131	14.36	11.82	11.25
0.6~0.7	5 388	384	14.03	34.66	32.21
0.7~0.8	6 735.6	388	17.36	35.02	40.27
0.8~0.9	1 170	68	17.21	6.14	7.00
0.9~1	0	0	0.00	0.00	0.00

三、结论与讨论

（一）鲐鱼渔场与遥感水质关系

鲐鱼作为东海重要的上层渔业资源，对其管理和持续开发非常重要。本研究根据海洋遥感水质数据海表温、叶绿素浓度、悬浮物浓度和透明度建立栖息地指数模型进行渔场预报及渔情预测。研究表明，东海南部不同月份的鲐鱼渔场水质均有差异。李纲和陈新军（2009）研究认为鲐鱼产量与当年 *SST* 成正比，7—9 月东海南部渔场适宜 SST 分别为 27~29℃、28~30℃和 27~28℃，最适叶绿素浓度为 0.10~0.30 mg/m³。而郑波等（2008）利用 GLM 和 GAM 模型研究认为东海南部作业渔场集中在 122.5°—124°E、26.5°—28°N，适宜表温为 26.5~30℃。作业渔场由于受到东黄海混合水、浙江沿岸水和黑潮支梢台湾海峡北上的暖水之间交互作用生成的锋涡、流隔与上升流的影响（杨红等，2001；张晶和韩士鑫，2004），夏季透明度水域明显扩大，透明度有所增高，达 20~25 m（朱兰部和赵保仁，1991），7—9 月作业渔场的平均透明度分别为（20.23±5.35）m、（18.95±5.57）m 和（16.46±5.63）m，7

月透明度值最高，9月份开始，作业海区的透明度，已普遍开始减少；悬浮物浓度均较低，7—9月份作业渔场平均悬浮物浓度分别为（0.22±0.08）mg/L、（0.26±0.21）mg/L 和（0.28±0.14）mg/L，作业渔场悬浮物浓度均偏低。

（二）*HSI* 模型分析

CPUE 作为鱼类资源丰度指标（Bertrand et al.，2002），捕捞努力量作为捕捞鱼类偏好指标（Andrade 和 Garcia，1999）。以 *CPUE* 和捕捞努力量建立的 *SI* 模型表明，鲐鱼资源丰度（*CPUE*）和作业网次均与海表温、叶绿素浓度、悬浮物浓度和透明度存在正态分布关系（$P<0.01$）。但是，以作业网次为基础的 SI 值与以 *CPUE* 为基础的 SI 值有所差异，因此，取两者均值更能客观反映鲐鱼渔场分布。这在其他鱼类研究（Tian et al.，2009；陈新军等 2009）也得到应用。*AM* 和 *GM* 模型结果表明，*HSI* 大于0.5时，AM 模型的各月作业网次比重均在65%以上，各月平均 *CPUE* 均在19.8 t/net 以上；*GM* 模型的8—9月作业网次比重在70%以上，但7月作业网次比重低至26.2%，各月平均 *CPUE* 也均在19.8 t/net 以上。主要网次均集中在 *AM* 和 *GM* 模型 *HSI* 值的0.6~0.8，高 *HSI* 值的作业网次依次降低，*CPUE* 较高，但仍出现了一定的波动（表4-7）。研究认为，*AM* 模型预测鲐鱼渔场稍优于 *GM* 模型。

基于 *AM* 模型的2010年7—9月 *HSI* 分布与实际作业渔场叠加结果表明，*HSI* 高于0.5的作业网次和产量比重分别为87.64%和90.73%，*CPUE* 较稳定，为14~17 t/net；*HSI* 低于0.5时，作业网次和产量比重均较低，*CPUE* 波动较大，平均 *CPUE* 为11.32 t/net，远低于 14 t/net（表4-7）。2010年8—9月90%以上的作业网次和产量分布在 *HSI* 高于0.5的海区，但7月作业渔船主要集中 *HSI* 为0.3~0.5的海域，且 CPUE 普遍较低，这可能归因于作业网次的限制。同时，2010年7月栖息地指数较往年较小，可能由于叶绿素和悬浮物浓度偏高，而透明度偏低，导致作业海域栖息地指数较小。但是，从另一方面讲，模型还需要进一步改进。

（三）鲐鱼栖息地指数模型的完善

尽管上述建立的鲐鱼栖息地指数模型预测鲐鱼渔场达到较高的精确度，但是，鲐鱼渔场不仅仅与海表温、叶绿素浓度、悬浮物浓度和透明度紧密相关，东海盐度（郑波等，2008；苗振清，1993）、海面高度（李纲和陈新军，2009）、温跃层（Chen et al.，2009）、海流（张晶和韩士鑫，2004）、天气状况（张晶和韩士鑫，2004）、水团（苗振清，1993；苗振清，2003）等都对作业渔场分布产生了一定的影响，因此，仅基于水质数据的栖息地指数模型仍存在一定的缺陷，在以后的研究中需综合考虑上述一些环境因子，以便完善模型达到更好地预测鲐鱼渔场目的，同时，结合实际海况情况，综合栖息地指数模型的输出结果，对鲐鱼渔场进行实时动态监测和分析，为渔场生产提供科学参考。

第四节　基于多遥感因子的东海鲐鱼栖息地指数模型研究

东海海域渔场形成与环境关系极为密切，表温、叶绿素等对鲐鱼渔场形成影响极为显著。本研究拟用 1998—2004 年我国大型灯光围网产量数据及环境遥感数据，采用多种栖息地指数方法，来建议东海鲐鱼 7—9 月栖息地分布。研究结果表明，90% 的鲐鱼产量集中在表温 SST 为 28~29.4℃，表层盐度 SSS 为 33.6~34.2，叶绿素 a 浓度为 0.15~0.50 mg/m³，及海面高度距平均值 SSHA 为 -0.1~1.1 m 的区域内。4 个 HSI 模型中，AIC 分析认为，AMM 模型为最适模型。基于 AMM 模型估算，2004 年 7—9 月，月 HSI 大于 0.6 分布在 123—125°E，及 27°30′—28°00′N 的海域，这与同一时期的产量分布一致。研究表明，AMM 模型能对东海鲐鱼栖息地进行有效预测。

一、材料与方法

（一）捕捞及环境数据

1998 年至 2004 年中国大陆大型灯光围网渔业的商业渔获量和捕捞努力量数据来自上海海洋大学灯光围网渔业技术组。这些数据包括渔船名称、捕捞地点和时间、每网渔获量以及网次。名义 CPUE 用每网中捕获量的重量（吨/网）来计算。

本研究选用了四个环境变量，即表温 SST、海面高度距平均值 SSHA、盐度 SSS 和叶绿素 Chl-a（Yatsuia et al.，2002；Hiyama et al.，2002；Yatsu et al.，2005；Sun et al.，2006；崔科和陈新军，2007；李纲等，2008；郑等，2008）。每月空间分辨率为 0.5° 的 SST 数据可以从美国国家航空航天局（NASA）的物理海洋学数据分发存档中心（PODAAC）网站上获取（http：// poet.jpl.nasa.gov）。每月空间分辨率也为 0.5° 的 SSS 和 SSHA 数据集可从 IRI/ LDEO 气候数据图书馆下载（http：//iridl.ldeo.columbia.edu）。每月源于海洋

宽视野传感器（SeaWiFS）且空间分辨率为 9 km 的叶绿素 a 三级标准映射图像可从 NASA 戈达德太空飞行中心网站获取（http：//oceancolor. gsfc. nasa. gov）。

（二）数据处理

每月 0.5°×0.5° 内捕捞单位的名义 CPUE 可通过下式进行计算：

$$CPUE_{ymij} = \frac{Catch_{ymij}}{Net_{ymij}} \qquad (4-9)$$

式中，$CPUE_{ymij}$、$catch_{ymij}$ 和 Net_{ymij} 分别表示为在 y 年，m 月，经度 i，纬度 j 下的每月名义 CPUE、捕获量和网次。

相对丰度指数（RAI）可通过下式进行计算：

$$RAI_{ymij} = \frac{CPUE_{ymij}}{CPUE_{max}} \qquad (4-10)$$

式中，RAI_{ymij} 是在 y 年，m 月，经度 i，纬度 j 下的相对丰度指数。$CPUE_{max}$ 是 7 月到 9 月间每月最大的 $CPUE$。RAI 的值被认为是栖息地质量的指标值，并且被认为与实际的适应性指数（SI）相类似。0 和 1 分别表示完全不适宜和完全适宜的栖息地（Bayer 和 Porter，1988）。

（三）HSI 模型

1. 栖息地适宜性模型

HSI 模型通常从一个或多个相关的栖息地变量中计算某一给定物种的 HSI（美国鱼类和野生生物管理局，1980a，1980b）。HSI 代表模型的输出并且是一个变量值为 0~1 间的单变量（Brooks，1997）。栖息地变量可被视为模型的输入，且这些输入对海洋鱼类环境状况进行了典型的描述。本研究中选择了四个栖息地变量（图 4-12），分别为 SST、SSHA、Chl-a 和 SSS。CPUE 与每个变量间的关系都可转化成适应性指数（SI）的曲线，该曲线是连续的且取值在 0~1.0 之间。来源于每个变量的 SI 值随后组合成 HSI 经验模型（图 4-12）。HSI 经验模型可采用以下模型中的一种形式：

连乘模型（CPM；Grebenkov et al.，2006）

$$HSI = SI_1 \times SI_2 \times SI_3 \times SI_4 \qquad (4-11)$$

最小值模型（MINM；Van der Lees et al.，2006）

$$HSI = Min(SI_1, \ SI_2, \ SI_3, \ SI_4) \qquad (4-12)$$

算数平均模型（AMM；Hess 和 Bay，2000）

$$HSI = (SI_1 + SI_2 + SI_3 + SI_4)/4 \qquad (4-13)$$

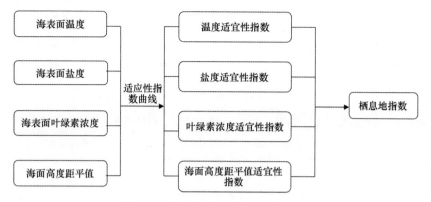

图 4-12　鲐鱼栖息地指数的计算过程

几何平均模型（GMM；Lauver et al.，2002）

$$HSI = (SI_1 \times SI_2 \times SI_3 \times SI_4)^{1/4} \tag{4-14}$$

2. 模型的选择与验证

针对上述四个模型，每网次 HSI 的可能性和信息量准则（AIC）可用下式表示：

$$L(data/\theta) = \prod_{n}^{i=1} \frac{1}{\sqrt{2\pi}\delta} \exp\left[-\frac{(RAI_i - HSI_i)^2}{2\delta^2}\right] \tag{4-15}$$

$$AIC = -2\ln(L_{max}) + 2m \tag{4-16}$$

式中，$L(data/\theta)$ 是设置给定参数 θ 时观测数据的可能性；矢量 θ 表示所有参数的向量；RAI_i 和 HSI_i 分别是指数据集第 i 个点处的实际 HSI 和模型输出结果；n 是观察次数（$n = 3\ 367$）；m 是模型参数的数量（$m = 4$）；L_{max} 是 $L(data/\theta)$ 的最大值。

得出最小 AIC 的模型被选为最优模型。这被用来进行模型的检测和验证。

3. HSI 分布图的绘制

HSI 和捕获量数据的空间分布可用 Marine Explorer（4.0 版）绘图得到。

二、结论

（一）四个不同变量的适宜性指数曲线

鲐鱼广泛分布在 SST 为 25.6~30.0℃、SSS 为 32.6~34.4、Chl-a 为 0.05 ~4.7 mg/m³ 和 SSHA 为-1.5~1.9 m 的海域，但是 SST、SSS、Chl-a 和 SSHA

这四个变量的最适宜范围分别为 28.0~29.4℃、33.6~34.2、0.15~0.50 mg/m³和−0.1~1.1 m（表4-9）。在环境变量最适宜范围的海域中，其捕获量分别占总捕获量的 92.9%、90.5%、91.5% 和 97.9%（表4-9）。RAI 与环境变量间的 4 条 SI 曲线如表 4-10 和图 4-13 所示（$P<0.01$）。

表4-9　海表温度（℃，SST）、盐度（psu，SSS）、叶绿素 a（mg.m⁻³，Chl-a）、海面高度异常（m，SSHA）范围及最适宜范围和渔获量百分比

环境变量	范围	最适宜范围	最适宜范围渔区渔获量百分比
SST	25.6~30.0	28.0~29.4	92.9%
SSS	32.6~34.4	33.6~34.2	90.5%
Chl−a	0.05~4.7	0.15~0.50	91.5%
SSHA	−1.5~1.9	−0.1~1.1	97.9%

表4-10　适合的适宜性指数（SI）模型及其参数估计

变量	SI 模型	F 值	P 值
SST	$\exp(-1.372\,8\,(X_{SST}-28.70)^2)$	10.51	0.002 3
SSS	$\exp(-5.515\,4\,(X_{SSS}-33.81)^2)$	30.75	0.000 1
Chl−a	$\exp(-0.551\,7\,(\ln(X_{Chl-a})+1.378)^2)$	15.60	0.000 1
SSHA	$\exp(-1.326\,0\,(X_{SSHA}-0.471\,2)^2)$	71.48	0.000 1

（二）HSI 模型的选择

HSI 的值可分别从四个经验模型中估算得出公式（3-6），且拟合的优度可用公式（3-7）和（3-8）进行评估（表4-11）。对四个模型而言，最小 HSI 值（0.241 8）的标准差来自于 AMM，而最大值（0.349 9）来自于 GMM。AMM 得到的 AIC 值（321.41）是四个模型中最小的，而 GMM 得到的 AIC 值（377.38）是最大的，这就表明 AMM 是能最好估计鲐鱼栖息地适宜性的方法。

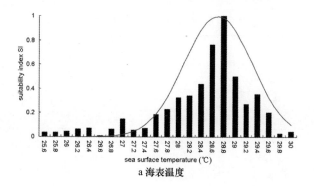

a 海表温度

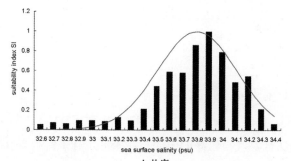

b 盐度

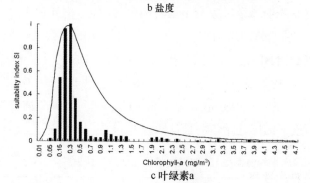

c 叶绿素a

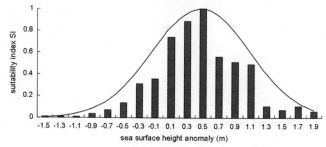

d 海面高度异常

图 4-13　东海夏季鲐鱼海表温度（℃）、盐度、叶绿素 a（mg·m^{-3}）、海面高度异常（m）适宜性指数（SI）曲线分布图

表 4-11 四个 HSI 模型的比较

参数	连乘模型 （CPM）	最小值模型 （MINM）	算术平均值模型 （AMM）	几何平均值模型 （GMM）
变量数	4	4	4	4
观测数	540	540	540	540
平均值	0.303 7	0.415 3	0.670 8	0.567 9
标准差	0.293 9	0.313 8	0.241 8	0.349 9
峰度	-1.123 4	-1.382 6	-0.448 6	-1.027 5
偏度	0.563 6	0.001 4	-0.750 2	-0.684 0
最小值	0.000 0	0.000 0	0.000 0	0.000 0
最大值	0.949 3	0.973 7	0.987 2	0.987 1
95% CI	0.024 8	0.026 5	0.020 4	0.029 6
AIC 值	340.4	326.6	321.4	377.4

（三）HSI 模型的验证

基于 SST、SSS、Chl-a 和 SSHA 的数据，HSI 使用 AMM 进行估算（表 4-12）。高的捕捞网次被发现与较高的 HSI 值相关联。HSI 值小于 0.2 的区域没有捕捞网次，这就表明该区域完全不适合鲐鱼的栖息。HSI 值在 0.2 和 0.5 之间的区域有 10.19%的总捕捞网次，且每个捕捞网次的捕获量达 16~27 t，表明这些区域可能适合鲐鱼。HSI 值在 0.5 和 0.7 之间的区域有 10.70%的总捕捞网次，且每个捕捞网次捕获量达 11~16 t，表明这些区域较适宜鲐鱼。79.11%的捕捞网次发生在 HSI 值大等于 0.7 的区域，且每个捕捞网次捕获量超过 18 t，表明这些区域是鲐鱼的最佳栖息地。

表 4-12 基于算术平均值模型（AMM）的栖息地适宜性指数（HSI）及其渔获量

HSI	网次	网次比重（%）	平均网次产量（t/net）
0~0.1	0	0.00	0.00
0.1~0.2	0	0.00	0.00
0.2~0.3	45	5.73	16.55
0.3~0.4	26	3.31	20.62
0.4~0.5	9	1.15	27.00
0.5~0.6	8	1.02	15.75
0.6~0.7	76	9.68	11.39
0.7~0.8	203	25.86	18.82
0.8~0.9	418	53.25	18.19
0.9~1.0	0	0	0

根据 2004 年海洋遥感数据，利用 AMM 估算到的 HSI 值，绘制出了每月 HSI 的空间分布、捕捞网次和捕获量（图 4-14 和图 4-15）。研究发现，7—9 月的主要捕捞区域位于 123°—125°E 和 27°30′—28°N 的海域，其每月的 HSI 超过 0.6（图 4-14、图 4-15）。这就意味着 AMM 可对鲐鱼的栖息地作出合理的预测。

三、讨论

鱼类栖息地是渔业资源管理和可持续开发的重要组成。本节中，我们发现四个环境因子 SST、SSS、SSHA 和 Chl-a 能用于预测东海鲐鱼的栖息地适宜性指数。之前的研究发现，鲐鱼作业渔场主要集中于 122.5°—124°E 和 26.5°—28°N 的海域（崔科和陈新军，2005），且这些区域的 HSI 值超过 0.6。

CPUE 被视为鱼类丰度的指数（Bertrand et al.，2002），捕捞努力量被视为鱼类出现率和可用性的指数（Andrade 和 Garcia，1999）。2004 年，HSI 值大等于 0.6 的区域占总捕捞网次的 88.79%，且每个捕捞网次的捕获量达 17 t，表明预测的 HSI 非常接近利用 2004 年的实际生产情况，可利用鲐鱼适宜栖息地模型来预测其栖息地分布。然而，部分绘制的捕获量和捕捞网次跌至低于 HSI 为 0.6 的等值线（图 4-15），且最高的 CPUE（27.0 t/网）位于 HSI 在 0.4~0.5 之间的区域（表 4-12）。这可能是由有限的捕捞网次所导致，总共只有 9 次。HSI 模型可能也需要在未来进一步改进。

四个环境变量所估计的 HSI 为鲐鱼的栖息地提供了可靠的预测。这可能是由于以下几点原因：第一，该鱼属于大洋性物种且栖息于上层海水；第二，该鱼每年都会进行季节性迁徙且集中于适宜环境条件的锋面或涡旋（陈新军，2004；郑波等，2008）；第三，该鱼通常偏爱于栖息在环境变量处于适宜范围内的区域（Belyaev 和 Rygalov，1987；崔科和陈新军，2005；Sun et al.，2006）。7—9 月该鱼主要栖息在 SST 为 26.5~30℃ 和 SSS 为 33.3~34.3 的海域（陈新军，2004；崔科和陈新军，2005），这与本研究中发现的 SI 指数范围相类似。四个重要的环境变量也被用于其他渔业的研究中，并成功地显示了鱼类分布/栖息地与这些变量间的关系（Zainuddin et al.，2006；Gallienne et al.，2004）。

研究发现，不同的 HSI 模型往往会产生不同的结果（表 4-11）。HSI 平均值的变化范围是从 0.303 7（CPM）到 0.670 8（AMM），其标准差的变化范围是从 0.241 8（AMM）到 0.349 9（GMM），斜率值的变化范围是从 -0.750 2

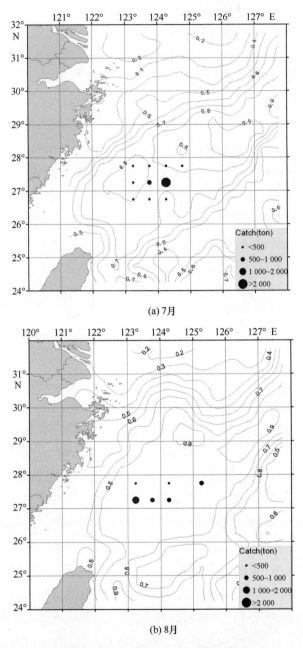

(a) 7月

(b) 8月

注：等值线和黑色圆圈分别代表 HSI 和渔获量

图 4-14　基于算术平均值模型（AMM）的栖息地适宜性指数（HSI）的分布

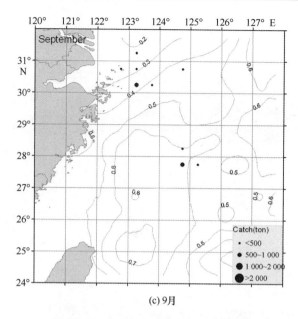

注：等值线和黑色圆圈分别代表 HSI 和渔获量

图 4-14　基于算术平均值模型（AMM）的栖息地适宜性指数（HSI）的分布（续）

（AMM）到 0.563 6（CPM）。最合适的 HSI 模型是通过基于 ACI 最小值（321.4）的 AMM 估算的，因此，除了被选中的环境变量，还需要重点关注最合适模型和指标的选择，特别是对渔业资源的保护和管理。为了评估经验模型的性能，模型输出结果与相应丰度的密度作对比。然而这种方法并不等同于检测 HSI 模型在预测某一物种栖息地质量时的准确性（Wakeley，1988）。在评估栖息地质量时，重要的是抓住栖息地特点和栖息地选择与物理环境和目标物种栖息地偏好间的联系，因为只有精确的 HSI 模型才能给出可靠的评估（Fukuda et al.，2006）。本研究中，我们发现 AMM 能够很好地量化东海鲐鱼的栖息地。

　　与 HSI 模型预测相关的不确定性通常有以下三个来源。第一是 SI 曲线的可靠性。获取可靠、单变量的 SI 曲线所代表的物种适宜环境范围是非常重要的。这个曲线的可靠性可能会受到专业知识、经验数据和先前研究的影响。本节中，获取重要的概率密度函数（$P<0.01$）来描述渔业资源数据。第二个来源是输入数据的代表选取。样品必须要能反映出研究区域变量的总体分布，因此检测和验证模型可用以改进 HSI 曲线的拟合优度，并且数据收集可用于减少输入数据的不确定性（Van et al.，2001）。第三是 HSI 模型的结构。不同

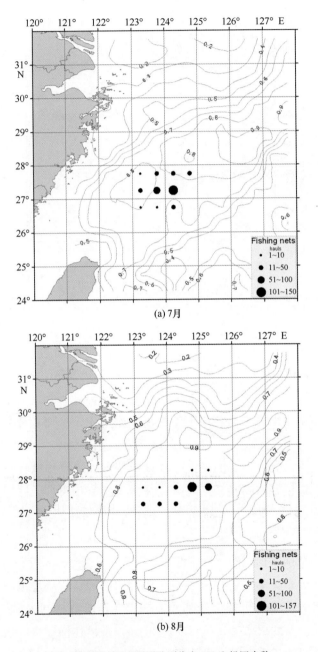

(a) 7月

(b) 8月

注：等值线和黑色圆圈分别代表 HSI 和投网次数

图 4-15　基于算术平均值模型（AMM）的栖息地适宜性指数（HSI）分布图

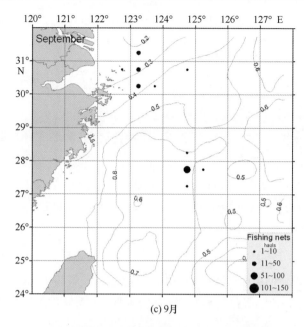

(c) 9月

注：等值线和黑色圆圈分别代表 HSI 和投网次数

图 4-15　基于算术平均值模型（AMM）的栖息地适宜性指数（HSI）分布图（续）

模型所得到的输出结果都会有很大的不同，可使用信息标准（如：AIC 和贝叶斯信息准则）来选择最优模型。AIC 在检测不同规格模型功能间差异的重要性方面具有优势（Akaike，1973）。Sakamoto 等（1986）描述了一个可替代 AIC 的准则，称为 BIC（Adkison et al.，1996），这也是个用于选择最优模型的工具（Wang 和 Liu，2006）。

　　也可以应用 HSI 模型来识别潜在的渔场，但这应当非常谨慎。本研究中，CPM 和 MNM 可能不适合去确定潜在的渔场，因为较高的捕捞网次发生在 HSI 水平较低的区域，这与我们的假设产生了矛盾。GMM 可以得出相对较好的结果但仍存在较大误差。针对上述模型，如果 SI 值的四个变量处于都等于 0 的极端条件下，HSI 值也等于 0。所以三个估算的方法都不适合应用于该鱼栖息地的研究。然而，AMM 不受这两种极端条件（SI 值过高或过低）的影响，其所估算的 HSI 值可能是可靠的。因此，针对渔民们所提出的捕获量优化策略会将目标区域与高栖息地适应性指数相联系。一个结合了地形和海流等更多环境变量的动态、实时栖息地模型可能对识别潜在渔场做进一步的改进，以此来识别出关键的栖息地（如产卵场和肥育场），但开发这种模型还需要未来更多的研究。这些关键的栖息地的识别对这些基于生态系统的渔业资源管理起着至关重要的作用。

第五节　利用栖息地指数预测近海鲐鱼热点区

本节根据 1998—2011 年中国灯光围网渔业数据和海洋环境数据，包括海面高度 SSH、表温 SST 及表温梯度 GSST，开发 HSI 模型来对鲐鱼的月热点分布进行定义。将鲐鱼的分布分为三个区域，并分别建立 HSI 模型。根据捕捞努力量在三个环境变量上的丰度分布情况，计算 SI 及建立单个环境变量 SI 模型。三个 SI 模型用 AMM 和 GMM 建立综合 HSI 模型。结果表明，基于 AMM 的 HSI 模型比基于 GMM 的 HSI 模型能更好地对鲐鱼进行评估，栖息地月纬向变化趋势研究与捕捞努力量重心变化一致。并利用 2011 年渔业数据进行验证，结果显示两者能较好的吻合，研究表明基于 AMM 的 HSI 能对中国东海海域鲐鱼热点区进行预测。

一、材料与方法

（一）渔业及遥感数据

1998 年至 2011 年鲐鱼商业渔获量和努力量数据来自中国大型灯光围网渔业的渔捞日志。这些数据包括捕捞日期、渔船名称、捕捞地点、渔获量和投网次数。基于捕捞作业的报告地点，每月的渔获量和捕捞努力量数据按 $0.17° \times 0.17°$ 进行整理。

遥感数据包括每月的 SST（分辨率为 0.1°）和 SSH（分辨率为 0.25°），数据来源于 NOAA（http：//oceanwatch. pifsc. noaa. gov/las/servlets/dataset）。SST 数据是经过平均的，SSH 数据是经过插值到 0.17°的网格内并使之与渔获量和捕捞努力量数据相匹配。表温梯度（GSST；Chen et al，2009b）的计算公式为：

$$GSST_{i, j} = \sqrt{\frac{(SST_{i, j-1} - SST_{i, j+1})^2 + (SST_{i-1, j} - SST_{i+1, j})^2}{2}} \quad (4 - 17)$$

（二）适应性指数（SI）

每单位捕捞努力量的渔获量（CPUE）和捕捞努力量普遍被用来建立适应性指数（SI）模型（Yen et al.，2013）。本研究中，我们使用捕捞努力量

（捕捞网次）来计算鲐鱼的适应性指数（SI）。根据关于环境变量的捕捞努力量频率分布，每个环境变量在每个月的 SI 可通过下式进行计算：

$$SI = \frac{Effort_i}{MaxEffort} \tag{4 - 18}$$

式中，$Effort_i$ 是在环境变量范围内第 i 个区间的累计捕捞投网次数。SI 值的最大值和最小值，即 0 和 1 分别表明不适宜和最适宜的栖息地（美国渔业及野生动物管理局，1998）。SI 值和每个区间的中点被用作于输入数据以适应 SI 模型。描述 SI 和环境变量间关系的公式定义如下（Chen et al.，2009b）：

$$SI_{SST} = Exp\left[a\left(SST - SST_{Mzx-effort}\right)^2\right] \tag{4 - 19}$$

$$SI_{SSH} = Exp\left[a\left(SSH - SSH_{Mzx-effort}\right)^2\right] \tag{4 - 20}$$

$$SI_{GSST} = Exp\left[a\left(\ln\frac{GSST}{GSST_{Max-effort}}\right)^2\right] \tag{4 - 21}$$

式中，a 是模型需要估算的模型参数，$SST_{Max-effort}$、$SSH_{Max-effort}$、$GSST_{Max-effort}$ 是每个环境变量的值所对应的最大工作频率。SI 值大于 0.8 的环境变量范围被认为是鲐鱼栖息地的最佳海况（Tian et al.，2009；Chang et al.，2013）。

中国东海和黄海的海洋环境随着显著的季节变化有非常大的不同（Tseng et al.，2000）。中国东海和黄海边境地区的环境因子（如：SST、叶绿素浓度、水团分布和海流）与中国东海南部和黄海北部有所不同（Li et al.，2006；Shi 和 Wang，2012）。根据先前研究的结论（Guan et al，2009；2011），我们基于纬度将中国东海和黄海划分成 3 个区域以降低 SI 模型的不确定性（区域 A：25°—30°N，中国东海南部；区域 B：30°—34°N，中国东海北部和黄海南部；区域 C：34°—38°N，黄海北部）。

（三）HSI 模型的建立

结合每个区域月环境变量的 SI 模型来开发经验 HSI 模型。本研究中选择了两种广泛使用的模型：算数平均模型（AMM；Hess and Bay，2000）和几何平均模型（GMM；Chris et al.，2002；Lauver et al.，2002）

$$HSI_{AMM} = \frac{SI_{SST} + SI_{SSH} + SI_{GSST}}{3} \tag{4 - 22}$$

$$HSI_{GMM} = \sqrt[3]{SI_{SST} \times SI_{SSH} \times SI_{GSST}} \tag{4 - 23}$$

由于每个环境因子的 SI 范围均在 0~1 之间，HSI 模型的输出值也在 0~1 的范围内。模型性能已经过对 HSI 不同范围分组总渔获量和努力量的百分比的对比（［0, 0.2］；［0.2, 0.4］；［0.4, 0.6］；［0.6, 0.8］；［0.8, 1.0］）。我们也比较了捕捞努力量百分比和每个基于 AMM 和 GMM 的 HSI 模型所得到的 HSI 区间中点间的相关系数。能得出较高相关系数的模型就意味着是合适的模型。

（四）验证 HSI 模型

1998—2010 年的渔业资源和遥感数据被应用于评估 HSI 的建模。将 2011 年的环境数据输入到 HSI 模型中来预测 HSI 的值，与此同时，还绘制了 2011 年渔获量分布图，并验证了 HSI 与渔获量是否存在一致关系（Marne Explore4.0 版）。

基于最优模型得出预测 HSI 值大于 0.95 的区域被定义为"热点区域"（Chang et al.，2013）。1998—2010 年每月热点区域的平均纬度被用来检测热点的时空变化。捕捞努力量的纬向重心描述了鲐鱼南北迁徙的特征，并由 Lehodey 等（1997）通过下式计算得出：

$$G_i = \frac{\sum (L_i \times E_i)}{\sum E_i} \tag{4-24}$$

式中，L_i 是第 i 个 0.17°×0.17° 网格纬度的中点，E_i 是第 i 个网格的总捕捞努力量。对比这两种不同类型的纬度可用于验证最优 HSI 模型的可用性。

二、结论

（一）捕捞船的月空间分布

捕捞地点的数据被用于构建中国大型灯光围网渔业在 1998—2010 年每月的地理分布图。捕捞地点的季节性变化与中国东海和黄海鲐鱼储备的季节性迁徙相一致。一般来说，中国东海的渔业从 7 月开始，渔船在 9 月或 11 月转移到黄海，捕捞活动通常在 12 月于黄海东南部结束。然而，在某些年份，如 2007 年、2009 年和 2010 年，渔船在 12 月于东海开始运作（图 4-16）。在 1998 年至 2010 年期间，捕捞努力量纬度重心的时间变化表明，其重心经常稳定地位于中国东海南部，但在其他月份南北振荡（图 4-17）。例如，在 1998 年、1999 年、2006 年、2007 年和 2010 年 9 月的重心分布在中国东海南部，而重心在 2002 年至 2005 年期间和 2007 年坐落在中国东海北部，2000 年、2001 年和 2008 年在黄海北部。此外，冬季的重心会逐渐从黄海北部南移。大多数年份 11 月的重心固定在黄海北部，但在 2009 年和 2010 年，重心转移到了黄海南部。

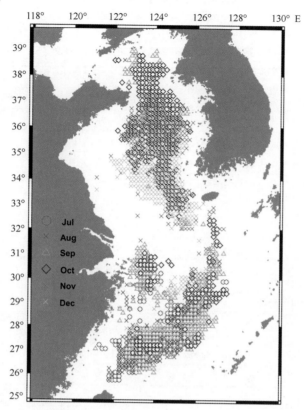

图 4-16　1998—2010 年中国大型灯光围网渔业在中国东海和黄海每月捕捞地点的分布

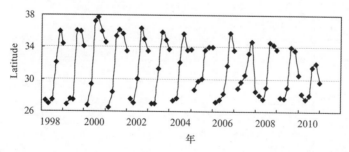

图 4-17　1998—2010 年每月捕捞努力量重心的纬度

（二）环境变量的适应性指数

环境变量如 SST、SSH 和 GSST 的拟合 SI 模型和统计分析均显示在表 4-13 中。除了区域 B 8 月 SST 和区域 A 10 月 GSST 的 SI 模型，所有的 SI 模型均非常显著，因此，这两种情况下的渔业数据和环境数据将不被用于 HSI 建模。

表 4-13　每月区域 A（中国东海南部）、区域 B（中国东海北部和黄海南部）和区域 C（黄海北部）基于 SST、SSH 和 GSST 的适应性指数（SI）模式

月	变量	Area A	
		SI 模型	P
7 月	SST	$SI = exp\ (-1.677\ 4 \times (SST-28.5)^2)$	0.000 1
	SSH	$SI = exp\ (-0.007\ 1 \times (SSH-65)^2)$	0.001 2
	GSST	$SI = exp\ (-0.664\ 9 \times (ln\ (GSST) +1.204\ 0)^2)$	0.004 5
8 月	SST	$SI = exp\ (-1.240\ 3 \times (SST-29.5)^2)$	0.023 2
	SSH	$SI = exp\ (-0.006\ 5 \times (SSH-65)^2)$	0.036 6
	GSST	$SI = exp\ (-1.120\ 3 \times (ln\ (GSST) +1.204\ 0)^2)$	0.032 1
9 月	SST	$SI = exp\ (-0.794\ 1 \times (SST-28.5)^2)$	0.000 1
	SSH	$SI = exp\ (-0.008\ 7 \times (SSH-65)^2)$	0.000 1
	GSST	$SI = exp\ (-1.105\ 7 \times (ln\ (GSST) +1.204\ 0)^2)$	0.000 1
10 月	SST	$SI = exp\ (-1.024\ 9 \times (SST-26.5)^2)$	0.007 8
	SSH	$SI = exp\ (-0.003\ 1 \times (SSH-65)^2)$	0.007 8
	GSST	$SI = exp\ (-6.529\ 2 \times (ln\ (GSST) +0.356\ 7)^2)$	0.159 8
11 月	SST	—	—
	SSH	—	—
	GSST	—	—
12 月	SST	$SI = exp\ (-0.814\ 5 \times (SST-17.5)^2)$	0.003 6
	SSH	$SI = exp\ (-0.012\ 2 \times (SSH-45)^2)$	0.016 0
	GSST	$SI = exp\ (-0.250\ 6 \times (ln\ (GSST) +2.302\ 6)^2)$	0.001 3
月	变量	Area B	
		SI 模型	P
7 月	SST	—	—
	SSH	—	—
	GSST	—	—
8 月	SST	$SI = exp\ (-0.528\ 1 \times (SST-29.5)^2)$	0.179 9
	SSH	$SI = exp\ (-0.0174\ 1 \times (SSH-55)^2)$	0.010 3
	GSST	$SI = exp\ (-1.102\ 1 \times (ln\ (GSST) +1.204\ 0)^2)$	0.005 5
9 月	SST	$SI = exp\ (-0.402\ 2 \times (SST-26.5)^2)$	0.029 9
	SSH	$SI = exp\ (-0.011\ 6 \times (SSH-55)^2)$	0.000 1
	GSST	$SI = exp\ (-1.654\ 8 \times (ln\ (GSST) +1.204\ 0)^2)$	0.003 5

月	变量	Area B	
		SI 模型	P
10 月	SST	$SI = \exp\,(-1.218\,8 \times\,(SST-21.5)^2)$	0.011 1
	SSH	$SI = \exp\,(-0.017\,7 \times\,(SSH-55)^2)$	0.003 5
	GSST	$SI = \exp\,(-1.426\,0 \times\,(\ln\,(GSST)\,+0.693\,1)^2)$	0.005 4
11 月	SST	$SI = \exp\,(-0.165\,0 \times\,(SST-20.5)^2)$	0.079 5
	SSH	$SI = \exp\,(-0.005\,3 \times\,(SSH-55)^2)$	0.000 1
	GSST	$SI = \exp\,(-0.523\,5 \times\,(\ln\,(GSST)\,+1.204\,0)^2)$	0.000 1
12 月	SST	$SI = \exp\,(-0.244\,2 \times\,(SST-14.5)^2)$	0.003 3
	SSH	$SI = \exp\,(-0.023\,5 \times\,(SSH-45)^2)$	0.000 1
	GSST	$SI = \exp\,(-0.806\,8 \times\,(\ln\,(GSST)\,+1.204\,0)^2)$	0.000 1

月	变量	Area C	
		SI 模型	P
7 月	SST	—	—
	SSH	—	—
	GSST	—	—
8 月	SST	—	—
	SSH	—	—
	GSST	—	—
9 月	SST	$SI = \exp\,(-0.691\,7 \times\,(SST-24.5)^2)$	0.045 3
	SSH	$SI = \exp\,(-0.008\,5 \times\,(SSH-35)^2)$	0.018 2
	GSST	$SI = \exp\,(-1.310\,5 \times\,(\ln\,(GSST)\,+1.204\,0)^2)$	0.006 2
10 月	SST	$SI = \exp\,(-0.407\,7 \times\,(SST-19.5)^2)$	0.000 1
	SSH	$SI = \exp\,(-0.005\,3 \times\,(SSH-45)^2)$	0.000 1
	GSST	$SI = \exp\,(-0.837\,8 \times\,(\ln\,(GSST)\,+1.204\,0)^2)$	0.000 1
11 月	SST	$SI = \exp\,(-0.374\,2 \times\,(SST-16.5)^2)$	0.000 6
	SSH	$SI = \exp\,(-0.005\,4 \times\,(SSH-45)^2)$	0.006 3
	GSST	$SI = \exp\,(-0.831\,3 \times\,(\ln\,(GSST)\,+1.204\,0)^2)$	0.000 1
12 月	SST	$SI = \exp\,(-0.606\,6 \times\,(SST-13.5)^2)$	0.007 3
	SSH	$SI = \exp\,(-0.008\,5 \times\,(SSH-35)^2)$	0.018 2
	GSST	$SI = \exp\,(-1.219\,2 \times\,(\ln\,(GSST)\,+1.204\,0)^2)$	0.004 6

环境变量（$SI \geqslant 0.8$）的最佳范围在不同月份和区域（图 4-18）均有不

同。然而，这些差异在同一季节和区域会有所降低。例如：区域 A 在 7 月、8 月和 9 月的 SST 最佳范围分别为 28.1～28.9℃、29.1～29.9℃ 和 28.0～29.0℃，而区域 B 在 9 月的 SST 最佳范围为 25.8℃和 27.2℃之间，区域 C 在 23.9℃和 25.1℃之间（表 4-14）。一般情况下，SST 的最佳范围会随季节发生变化且会随着纬度升高而下降。SSH 最佳范围的时空变化特征类似于最佳的 SST 范围。最佳的 GSST 在所有月份和区域几乎降至 0.2～0.5℃，除了 10 月（区域 A 和 B）和 12 月（区域 A）。区域 A 9 月的 GSST 最佳范围最低，仅在 0.04℃和 0.26℃之间（表 4-14）。

表 4-14　区域 A（中国东海南部）、区域 B（中国东海北部和黄海南部）和区域 C（黄海北部）栖息地最适环境范围及其捕捞努力量百分比

月份	环境变量	区域 A		区域 B		区域 C	
		最优范围	捕捞努力量百分比	最优范围	捕捞努力量百分比	最优范围	捕捞努力量百分比
7 月	SST（℃）	28.1～28.9	55.5	—	—	—	—
	SSH（cm）	59～71	59.0	—	—	—	—
	GSST（℃）	0.17～0.53	39.2	—	—	—	—
8 月	SST（℃）	29.1～29.9	63.9	—	—	—	—
	SSH（cm）	59～71	54.2	—	—	—	—
	GSST（℃）	0.19～0.47	46.4	—	—	—	—
9 月	SST（℃）	28.0～29.0	53.1	25.8～27.2	30.9	23.9～25.1	45.5
	SSH（cm）	60～70	56.1	51～59	51.9	40～50	51.7
	GSST（℃）	0.19～0.47	82.1	0.21～0.43	25.4	0.19～0.47	44.3
10 月	SST（℃）			21.1～21.9	41.8	18.8～20.2	35.3
	SSH（cm）			52～58	68.7	39～51	49.3
	GSST（℃）			0.34～0.74	43.9	0.18～0.50	39.8
11 月	SST（℃）	—	—	19.4～21.7	39.1	15.7～17.3	50.6
	SSH（cm）	—	—	49～62	55.9	39～51	53.5
	GSST（℃）	—	—	0.16～0.58	36.3	0.18～0.51	38.4
12 月	SST（℃）	17.0～18.0	45.3	13.5～15.5	50.2	12.9～14.1	55.8
	SSH（cm）	41～49	58.6	42～48	49.5	30～40	50.2
	GSST（℃）	0.04～0.26	28.6	0.18～0.51	44.8	0.20～0.46	49.3

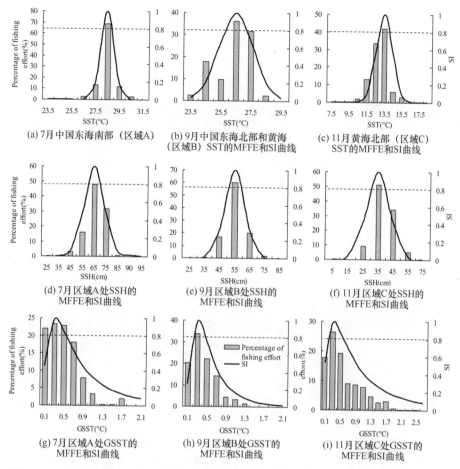

图 4-18 基于捕捞努力量的各月鲐鱼适应性指数（SI）曲线（虚线表示 SI 值为 0.8）

（三）HSI 模型的比较

在 HSI 模型的每个值，估算得出的捕捞努力量和渔获量百分比被用于比较 AMM 和 GMM 模型的性能。由于空间原因，此处只给出代表月份和区域的部分比较结果（图 4-19）。7 月，根据 AMM 在区域 A 得到捕捞努力量的 64.3%和渔获量的 63.5%发生在 HSI 大于 0.6 的阶层，而根据 GMM 得到捕捞努力量的 54.2%和渔获量的 54.7%（图 4-19a）。9 月，根据 AMM 在区域 B 得出鲐鱼首选的栖息地拥有总捕捞努力量的 65.4%和总渔获量的 61.5%。相比之下，根据 GMM 在区域 B 得出 HSI 值大于 0.6 的捕捞努力量和渔获量百分比，却分别降至 50.1%和 43.7%（图 4-19b）。对于 AMM，当 HSI 值超过 0.6 时，超过 70%的捕捞努力量和渔获量发生在 11 月区域 C，但对于 GMM，捕捞努力量和渔获量的百分比均降至 12%（图 4-19c）。在较差的栖息地（HSI 小于 0.2），AMM 得到的捕捞努力量和渔获量百分比要远小于 GMM 得到的结果。例如在 7 月区域 A，较差的栖息地根据 AMM 只能得到捕捞努力量的 0.05% 和渔获量的 0.02%，而根据 GMM 却能得到捕捞努力量的 17.1% 和渔获量的 17.8%（图 4-19c）。

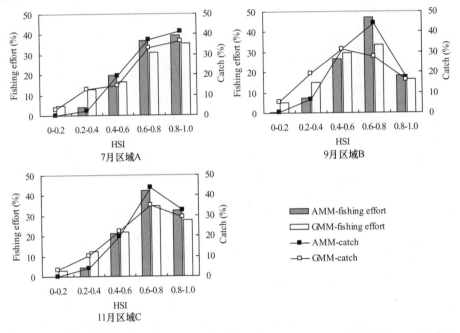

图 4-19　基于 AMM 和 GMM 的 HSI 模型得出不同 HSI 值捕捞努力量和渔获量的百分比

AMM 估算出的 2011 年 7 月、9 月和 11 月捕捞努力量和 HSI 值的空间分布图是通过 Kriging 插值所得到的（图 4-20）。基于 AMM 和 GMM 得到的 HSI 图像间差异的检验表明，AMM 估算出的 HSI 值要高于 GMM 估算出的值，且 AMM 预测得到的鲐鱼首选栖息地面积要大于 GMM 得到的面积（图 4-20）。虽然大多数捕捞努力量发生在 AMM 和 GMM 均得出较高 HSI 值的区域，但 GMM 还能预测出在较差栖息地处捕捞努力量的分布，例如在 10 月区域 B 处（图 4-20）。每个 HSI 值的捕捞努力量所占比重和基于 AMM 的 HSI 模型所得到的 HSI 的相关系数均超过 0.65，且明显大于基于 GMM 的 HSI 模型所得到的结果（图 4-21）。因此，GMM 低估了鲐鱼最佳栖息地的空间分布。所有的比较结果表明 AMM 比 GMM 更适合用来估算中国东海和黄海鲐鱼的 HSI。

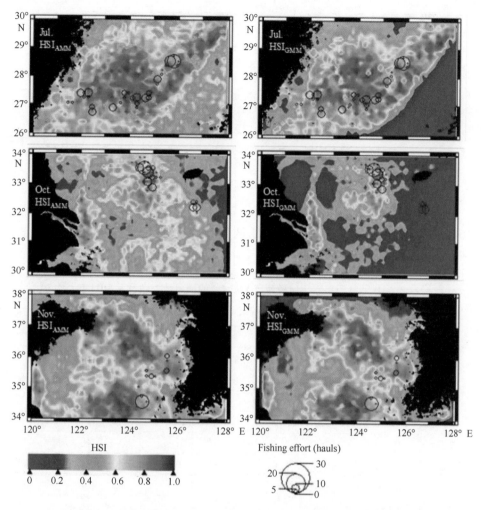

图4-20　利用算数平均模型（HSI_{AMM}）和几何平均模型（HSI_{GMM}）的

HSI 分布图及其与 2011 年捕捞努力量叠加图

（四）HSI 模型的验证和热点的分析

验证结果见表 4-15、图 4-22 和图 4-23。由表 4-15 可知，在区域 A 的 7 月和 8 月份，80% 以上的捕捞努力量和渔获量均来自于 HSI 大于 0.6 的区域。当 HSI 小于 0.6 时，捕捞努力量和渔获量的百分比非常低。2011 年 9 月期间，超过捕捞努力量的 47.0% 以上和渔获量的 35.5% 来自于 HSI 为 0.1~0.6 的区域；捕捞努力量的 47.1% 和渔获量的 58.5% 来自于 HSI 为 0.4~0.6 的区域；捕捞努力量的 5.9% 和渔获量的 5.9% 来自于 HSI 为 0.2~0.4 的区域。然而在

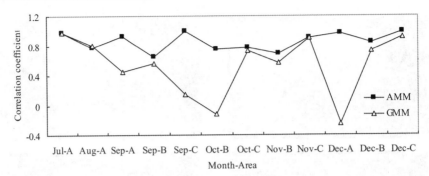

图 4-21　捕捞努力量比重及其基于 AMM、GMM 的 HSI 模型 HSI 值的相关系数

2011 年 10 月，在 HSI 值大于 0.6 的区域没有捕捞作业，而捕捞努力量的 28.6% 和 71.4% 分别来自于 HSI 为 0.4~0.6 和 0.2~0.4 的区域。

表 4-15　基于算数平均模型（AMM）的栖息地指数及其 2011 年
捕捞努力量和渔获量百分比

月份	HSI	区域 A		区域 B		区域 C	
		捕捞努力量百分比	产量百分比	捕捞努力量百分比	产量百分比	捕捞努力量百分比	产量百分比
7 月	0.1~0.2	0.0	0.0	—	—	—	—
	0.2~0.4	0.0	0.0	—	—	—	—
	0.4~0.6	5.7	4.2	—	—	—	—
	0.6~0.8	35.1	37.8	—	—	—	—
	0.8~1.0	59.2	58.0	—	—	—	—
8 月	0.1~0.2	0.0	0.0	—	—	—	—
	0.2~0.4	1.0	0.4	—	—	—	—
	0.4~0.6	15.7	15.9	—	—	—	—
	0.6~0.8	56.1	55.2	—	—	—	—
	0.8~1.0	27.2	28.6	—	—	—	—
9 月	0.1~0.2	0.0	0.0	0.0	0.0	39.1	36.0
	0.2~0.4	5.9	5.9	8.5	5.8	37.0	47.5
	0.4~0.6	47.1	58.5	19.1	23.8	23.9	16.5
	0.6~0.8	20.9	14.1	68.1	62.9	0.0	0.0
	0.8~1.0	26.1	21.4	4.3	7.4	0.0	0.0

月份	HSI	区域 A		区域 B		区域 C	
		捕捞努力量百分比	产量百分比	捕捞努力量百分比	产量百分比	捕捞努力量百分比	产量百分比
10 月	0.1~0.2	—	—	0.0	0.0	0.0	0.0
	0.2~0.4	—	—	12.9	23.0	29.3	53.8
	0.4~0.6	—	—	33.3	35.4	34.1	23.1
	0.6~0.8	—	—	34.7	28.3	36.6	23.2
	0.8~1.0	—	—	19.0	13.3	0.0	0.0
11 月	0.1~0.2	—	—	0.0	0.0	0.0	0.0
	0.2~0.4	—	—	0.0	0.0	0.0	0.0
	0.4~0.6	—	—	1.7	0.4	18.6	18.8
	0.6~0.8	—	—	44.9	20.4	25.7	30.9
	0.8~1.0	—	—	53.4	79.2	55.7	50.3
12 月	0.1~0.2	—	—	0.0	0.0	0.0	0.0
	0.2~0.4	—	—	3.3	0.2	33.3	13.4
	0.4~0.6	—	—	64.8	58.1	66.7	86.6
	0.6~0.8	—	—	27.5	38.9	0.0	0.0
	0.8~1.0	—	—	4.4	2.8	0.0	0.0

在 2011 年 9 月、10 月和 11 月的中国东海北部和黄海（区域 B），大部分捕捞努力量分布在 HSI 值较高的区域。然而，12 月的捕捞努力量发生在中等 HSI 值（0.4~0.6）且捕捞努力量和渔获量百分比分别达到 64.8% 和 58.1% 的区域。估算的 HSI 图像揭示了在黄海北部（区域 C）在 2011 年 9 月不是围网渔业中较好的渔场（图 4-19）。2011 年 12 月鲐鱼栖息地主要位于区域 C 的南部（34.0—35.0°N，123.5—124.5°E）。2011 年 10 月和 11 月的捕捞努力量月分布能与 HSI 图像很好地匹配（图 4-23）。HSI 值的空间分布存在明显的季节性变化。HSI 图像表明从 7 月至 10 月中国东海南部鲐鱼的潜在栖息地面积逐渐减少（图 4-22）。2011 年在区域 A、区域 B 和区域 C 处鲐鱼最好的捕捞季节是 11 月，次之是 10 月。使用基于 AMM 的 HSI 模型所估算出的每月"热点"显示出清晰的季节性纬度运动（图 4-23）。一般来说，热点每月的纬度变化趋势与其捕捞努力量的重心（$R=0.9$）相一致，然而在某些月份存在显著的区别，尤其是在 2007 年、2009 年和 2010 年的 12 月份。它们所具有的相

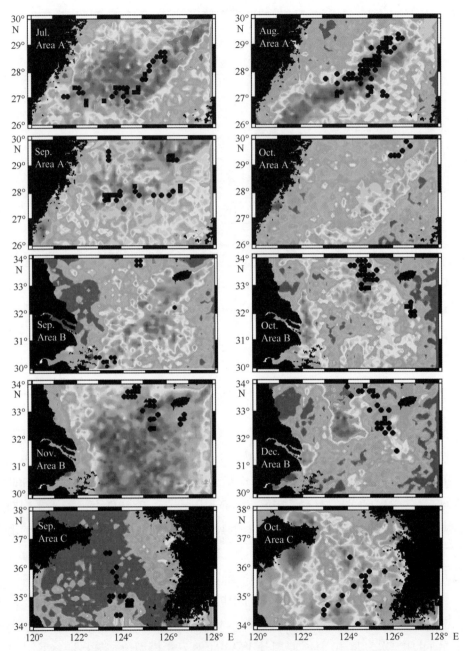

图 4-22　基于算数平均模型的中国东海南部（区域 A）、中国东海北部和黄海南部
（区域 B）以及黄海北部（区域 C）栖息地指数及每月捕捞努力量分布图

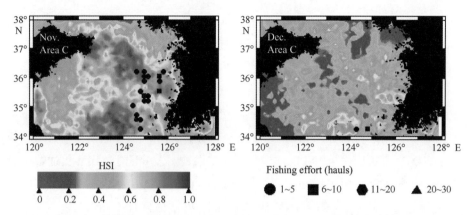

图 4-22 基于算数平均模型的中国东海南部（区域 A）、中国东海北部和黄海南部（区域 B）以及黄海北部（区域 C）栖息地指数及每月捕捞努力量分布图（续）

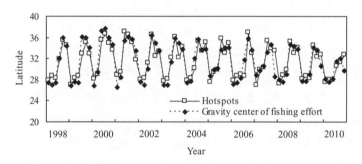

图 4-23 捕捞努力量重心的纬度和 1998—2010 年每个月热点的平均纬度间的关系

同特征是估算得的热点分布在明显比捕捞努力量重心更远的北部（图 4-23）。

三、讨论与分析

本研究采用围网渔业数据和遥感数据来建立 SI 经验模型。基于该 SI 模型，开发出两种 HSI 模型（AMM 和 GMM 模型）用于估算中国沿岸海域鲐鱼的栖息地指数。HSI 建模的一个重要步骤是估算可描述 SI 与其栖息地环境变量间关系的 SI 曲线，并且许多方法被用于量化两者间的关系。例如，Vincenzi 等（2007）利用分段线性函数来分析北亚德里亚沿海潟湖文蛤（*Tapes philip-pinarum*）的潜在养殖产量与六个生物地球化学和流体动力学变量间的关系。Feng 等（2008）应用分位数回归来估算印度洋大眼金枪鱼（*Thunnusobesus*）的 SI 值。Tian 等（2009）和 Chen 等（2009a）分别在样条光滑回归和非线性回归方法的基础上建立了西北太平洋柔鱼 (*Ommatrephesbratramii*) 的 SI 模型。Chang 等 (2013) 利用三次样条平滑函数建立了南大西洋箭鱼 (*Xiphiasgladius*) 的 SI 模型。非线性回归法已被证明可用以量化东海鲐鱼栖息地的 SI 曲线 (Chen et al., 2009b), 因此本研究就选取了该方法。对于 HSI 的建模而言, 除了本研究中使用的 AMM 和 GMM, 还有最小值模型 (Van der Lee et al., 2006; Chen et al., 2008a, b)、分位数回归模型 (Feng et al., 2007) 和其他模型 (Morris 和 Ball, 2006) 都可应用于 HSI 的建模。研究结果表明, AMM 比 GMM 更适合用于估算鲐鱼的 HSI。最近, 一些研究 (Chen et al., 2010; Yen et al., 2013; Chang et al., 2013) 也表明 AMM 比 GMM 能更好地估算 HSI。

CPUE 通常被用作资源丰度指数 (Maunder 和 Punt, 2004), 并以此开发了 HSI 模型 (Morris 和 Ball, 2006; Song 和 Zhou, 2009; Chang et al., 2013)。捕捞努力量作为鱼类的可用性指数也可被用作捕捞指数 (Gillis et al., 1993; Swain 和 Wade, 2003; Tian et al, 2009)。然而, CPUE 在被用作鱼类丰度指数时可能会有所偏差 (Hilborn 和 Walters, 1992)。对于围网渔业, CPUE 经常被表示为累计渔获量和捕捞网次间的比值 (Li et al., 2009; Chen et al, 2009b; Yen et al., 2013), 其中有个假设指出捕捞努力量是随机分布的 (Pedro, 2006)。渔民们总是期望在鱼密度高且能尽可能长时间提供大量鱼的区域进行捕捞作业。如果区域不能满足这些条件, 围网船队就会转移到其他较好的区域。因此, 捕捞努力量的分布不是随机的, 并且当渔获量和努力量同时较高或较低时 CPUE 均可能处于较低的水平, 而当渔获量较低且捕捞努力量更低时, CPUE 可能非常高。先前的研究 (Rijnsdorp et al., 2000; Swain 和 Wade, 2003; Chen et al., 2010) 均表明, 捕捞努力量可能比 CPUE 更适合作为鱼类丰度指数。Tian 等 (2009) 发现, 基于 CPUE 的 HSI 模型趋向于高估最优栖息地的范围, 而基于捕捞努力量的 HSI 模型能更好地描述西北太平洋柔鱼最优栖息地。因此, 本研究我们选择捕捞努力量来计算 SI。

一般情况下, 预测的 HSI 图像能正确反映潜在的渔场。然而, HSI 模型的性能在某些月份似乎不是非常理想, 尤其是在 9 月的黄海北部 (区域 C), 这时的捕捞努力量分布与 HSI 模型的预测结果不一致。主要原因可能是 2011 年 9 月的环境条件 (如: SST) 不是非常适合鲐鱼。此时的平均 SST 仅 21.8℃, 要远低于通过渔业和环境的历史数据所估算出的最优 SST 范围 (23.9 ~ 25.1℃, 表 4-14)。虽然在 2011 年 9 月区域 C 处大多数围网船队的作业地点出现在 "非适宜栖息地", 但累计捕捞努力量和渔获量只有 46 网次 (2011 年

9 月总捕捞努力量的 18.7%）和 516 t（总渔获量的 11.4%），且每个捕捞点的平均值分别为 2.7 网次和 30.3 t。此外，渔业的历史数据显示 9 月区域 C 从不是较好的鲐鱼渔场。在 1998 年至 2010 年期间，围网船队 9 月在黄海北部的捕捞活动只出现于 2000 年、2001 年、2003 年和 2004 年，其捕捞努力量分别占黄海北部总捕捞努力量的 21.7%，18.5%，9.0% 和 18.9%，均少于月平均比例（25%）。同样，这四年 12 月份所占的比例要小于 9 月，这就意味着 12 月的区域 C 也不是鲐鱼的适宜栖息地，2011 年估算得到的 HSI 图像也可证明这点。早期的研究也证实，12 月鲐鱼渔场的重心位于黄海南部 34°N 处（Li et al.，2011a）。分布在黄海的鲐鱼必须随着水温的下降在秋末向南迁移，并在 12 月抵达位于济州岛南部或中国东海南部海域（Horigawa et al.，2001；Li et al.，2011a）。因此，较低的 SST 可能是黄海北部 12 月不能成为鲐鱼适宜栖息地的主要原因之一。

与基于三个环境变量（SST、SSH 和 GSST）的 SI 模型相结合得出的 HSI 模型，阐述了 HSI 值和海表面水文指标间的非线性关系，这对中国东海和黄海鲐鱼丰度的变化存在着重要影响。结果表明，最优栖息地或"热点"的分布对所选的环境变量较为敏感。SSH 代表所有动力和热力、陆地、海洋、大气过程的累计效应（Long et al.，2012），并且 SSH 在中国东海和黄海的变化与表面热通量、风场和海流相关（Jacobs，1998；Jacobs et al.，1998；Wakada，2009）。所以，捕捞可用性、鲐鱼栖息地及渔场的分布受到 SSH 的影响（Zhang et al.，2001；Chen et al.，2009b）。与 SSH 有关的鲐鱼最优栖息地分布取决于季节和地理区域。最优栖息地处 SSH 的范围在东海夏季最高，而在黄海冬季最低（表 4-14）。鲐鱼的最优 SSH 范围从南到北呈下降趋势，这与中国沿岸海域 SSH 年际变化的振幅相一致（Wakada，2009）。

水温对鲐鱼表现出不同的影响，例如：生长（Zhang，1980；Watanabe 和 Yatsu，2004）、繁殖（Yatsu et al.，2004；Yukami et al.，2009）、补充（Yatsu et al.，2004；Yukami et al.，2009）、丰度（Hiyama et al.，2002；Li et al.，2009b；Li et al.，2011b）、可用性（Sun et al.，2006；Li et al.，2009a）、分布（Guan et al.，2011；Li et al.，2011a；Hernández 和 Ortega，2000）和迁徙（Zhang，1980；Guan et al，2011；Li et al.，2011a）。鲐鱼最优栖息地的 SST 范围随着不同的季节和区域有明显的变化（表 4-14）。最高的丰度发生在 8 月中国东海南部 SST 为 29.1～29.9℃ 的海域、10 月中国东海北部和黄海南部 SST 为 21.1～21.9℃ 的海域以及 11 月黄海北部 SST 为 15.7～

17.3℃。中国东海南部夏季（7月、8月、9月）鲐鱼的最优 SST 范围在 28.0℃和30.0℃之间，这与早期的发现相类似（Li 和 Chen，2009；Chen et al.，2009b）并且要高于其他北部区域秋季和冬季的范围。总之，从夏季到冬季且从南至北下降的最优 SST 范围均可用于联系海洋环境和鲐鱼栖息地。

与水温相关的另一环境参数是其水平梯度，本研究中用 GSST 表示。与 SST 和 SSH 范围相比，不同的季节和地区间最优栖息地 GSST 范围的相波动相对较小。由 SI_{GSST} 模型所估算出的 SI 值显示出大多数最大值（SI=1）出现在 GSST 等于 0.3℃时（ln（0.3）= −1.240）。该结果表明鲐鱼的"热点"分布在较小 SST 梯度的区域。Guan（2008）发现大多数渔获量和捕捞努力量分布在冬季黄海暖流区域。黄海暖流被沿岸流（黄海沿岸流和韩国沿岸流）所包围（Li et al.，2006）。因此，温度锋面是鲐鱼分布的阻碍，并且关于鲐鱼聚集的"热点"分布位于锋面较暖的一面。这个现象也可在其他远洋物种（如金枪鱼和沙丁鱼）中发现（Laurs et al.，1984；Royer et al.，2004；Logerwell 和 Smith，2001）。除了较好的温度条件，温度锋面处鱼类聚集的另一重要因素与喂食活动有关（Laurs et al.，1984；Brandt，1993），那是因为在锋面区域周围有较多鱼类的食物（Andrade 和 Garcia，1999）。叶绿素浓度通常被认为是生物生产力的指标，并被用于描述海洋鱼类的栖息地生产力（Chassot et al.，2011）。然而，由于海水中存在高浓度的悬浮泥沙和溶解有机物，所以远程测量沿海和河口水域的叶绿素浓度是较为困难的（Szekielda et al.，2003；Cannizzaro 和 Carder，2006；Gilerson et al.，2010）。中国沿海地区是世界上以浑浊水为主的区域之一，源于 MODIS 的叶绿素浓度的准确度和精密度存在显著偏差，要高于观测值（Sun et al.，2009；Shi 和 Wang，2012）。因此，在建立鲐鱼栖息地模型时要去除叶绿素浓度。

渔民们总是希望自己的船队能够出现在鱼群密度较高的区域，所以捕捞船队的分布取决于鱼类的迁徙路线。另一方面，某些鱼类（如鲐鱼）的季节性迁徙和栖息地分布受到海洋条件（如 SST）的影响。因此，捕捞船队的时空分布应与最优栖息地和热点通常的时空分布相一致。这一推论是由热点纬向分布和捕捞努力量重心间的关系所支撑的。但在某些月份，热点的纬度与捕捞努力量重心的纬度不一致。这种不一致可能有三种原因。第一是有偏差的 HSI 模型，例如在 10 月区域 A 的 HSI 模型。第二是捕捞船队由于各种原因没有在最优栖息地进行作业。如果我们假设 HSI 模型是非常完整的，然后围网船队没有在 2007 年 12 月出现在最适宜区域（区域 B）。第三是渔民只在热点分布的其中一个区域内进行捕捞。例如，2010 年 12 月热点在三个区域内都有发生，但大多数的捕捞网次来自于中国东海南部。

　　本研究中，使用中国大型灯光围网渔业的捕捞数据和遥感数据来量化东海和黄海鲐鱼的栖息地适应性指数，且鲐鱼在不同季节和区域条件下环境变量 SST、SSH 和 GSST 的最佳范围已被定义。HSI 模型可用于确定鲐鱼的最优栖息地，并帮助渔民快速转移到高潜力区域以节省搜索时间和燃料。本研究中所建立的 HSI 模型只有三个海洋变量，更多的变量如海表面盐度、涡旋、锋面和与气候变化有关的参数等可能会纳入 HSI 模型中，以提高对鲐鱼丰度和分布变化与海洋变量间关系的理解，这将进一步提升未来鲐鱼围网渔业的效率和基于生态系统的渔业管理。

参考文献

1. Bain K B, J L Bain. Habitat suitability index models: Coastal stocks of striped bass. U. S. Fish and Wildlife Service, Office of Biological Services, Washington, D. C. 1982. FWS/OBS-82/10. 1. 29.

2. Brambilla M F, Casale V, Bergero G, et al. GIS-models work well, but are not enough: Habitat preferences of Lanius collurio at multiple levels and conservation implications [J]. Biological Conservation, 2009, 142: 2033-2042.

3. Brian S C, Barry R N. A gentle introduction to quantile regression for ecologists [J]. Front Ecol Environ 2003 1 (8): 412-420.

4. Brooks R P. Improving habitat suitability index models [J]. Wildlife Society Bulletin, 1997, 25 (1): 163-167.

5. Brooks, R. P., 1997. Improving Habitat Suitability Index Models. Wildlife Society Bulletin. 25, 163-167.

6. Cade B S, Terrell J W, Schroeder R L Estimating effects of limiting factors with regression quantiles [J]. Ecology 1999 80: 311-323.

7. Chen X J, Li G, Feng B, Tian S Q. Habitat suitability of Chub mackerel (Scomber japonicus) in the East China Sea. Journal of oceanograpgy, 2009, 65: 93-102.

8. Chen X J, Tian S Q, Chen Y, Liu B L, A modeling approach to identify optimal habitat and suitable fi shing grounds for neon flying squid (Ommastrephes bartramii) in the Northwest Pacific. Fish. Bull. 2010, 108: 1-14.

9. Chen X J, Tian S Q, Liu B L, Chen Y. 2011. Modelling of Habitat suitability index of Ommastrephes bartramii during June to July in the central waters of North Pacific Ocean. Chinese Journal of Oceanology and Limnology. 29 (3): 493-504.

10. Chen xinjun, Li gang, Feng Bo, and Tian Siquan. Habitat suitability index of Chub mackerel (Scomber japonicus) in the East China Sea. Journal of oceanograpgy, 2009, 65: 93-102.

11. Chris, L., William, H. B., Jerry, W., 2002. Testing a GIS Model of Habitat Suitability for a Declining Grassland Bird. Environ. Manage. 30 (1), 88-97.

12. Dettmers, R., Buehler, D. A., Franzreb, K. E., 2002. Testing habitat - relationship

models for forest birds of the southeastern United States. J. Wildlife Manage. 66, 417–424.

13. Duel, H., Pedroli, B., Laane, W. E. M., 1996. The habitat evaluation procedure in the policy analysis of inland waters in the Netherlands: towards ecological rehabilitation. In: Leclerc M., Carpa H., Valentin S., Boureault A. and Cote Y. (eds), Ecohydraulics 2000. 2nd International Symposium on Habitat Hydraulics, Quebec, pp. 619–630.

14. Fukuda S, Hiramatsu K, Mori M. Fuzzy neural network model for habitat prediction and HEP for habitat quality estimation focusing on Japanese medaka (*Oryzias latipes*) in agricultural canals [J]. Paddy and Water Environment, 2006, 4: 119–124.

15. Gillenwater D, Granata T, Zika U. GIS-based modeling of spawning habitat suitability for walleye in the Sandusky River, Ohio, and implications for dam removal and river restoration [J]. Ecological Engineering, 2006, 28: 311–323.

16. Gómez S, Menni R, Naya J, *et al.* The physical–chemical habitat of the Buenos Aires pejerrey, *Odontesthes bonariensis* (Teleostei, Atherinopsidae), with a proposal of a water quality index [J]. Environmental Biology of Fishes, 2007, 78: 161–171.

17. Gong C X, Chen X J, Gao F, Chen Y, Tian S Q. Effect of spatial and temporal scales of fishing and environmental data on habitat suitability model. Journal of Ocean University of China. 2014, 13 (6): 1043–1053.

18. Gong C X, Chen X J, Gao F, Chen Y. Importance of Weighting for Multi–Variable Habitat Suitability Index Model: A Case Study of Winter–Spring Cohort of Ommastrephes bartramii in the Northwestern Pacific Ocean. Journal of Ocean University of China, 2012, 11 (2): 241–248

19. Gore J A, Bryant R M. Temporal shifts in physical habitat of the crayfish, *Orconectes neglectus* (Faxon) [J]. Hydrobiologia, 1990, 199: 131–142.

20. Gore, J. A., Hamilton, S. W., 1996. Comparison of flow–related habitat evaluations downstream of low–head weirs on small and large fluvial ecosystems. Regulated Rivers Res. Manage. 12, 459–469.

21. Guda E M, Diederik T, Henk F P, *et al.* Uncertainty analysis of a spatial habitat suitability model and implications for ecological management of water bodies [J]. Lanscape Ecology, 2006, 21: 1019–1032.

22. Guda E M, Diederik T, Henk F P, *et al.* Uncertainty analysis of a spatial habitat suitability model and implications for ecological management of water bodies [J]. Lanscape Ecology, 2006, 21: 1019–1032.

23. Hayes, D. B., Ferreri, C. P., Taylor, W. W., 1996. Linking fish habitat to their population dynamics. Can. J. Fish. Aquat. Sci. 53, 383–390.

24. Hess G R, Bay J M. A regional assessment of windbreak habitat suitability [J]. Environment

monitoring and assessment, 2000, 61 (2): 239-256.

25. Horne B V. Density as a misleading indicator of habitat quality [J]. Journal of wildlife management, 1983, 47 (4): 893-901.

26. Imam E, Kushwaha S P S, Singh A. Evaluation of suitable tiger habitat in Chandoli National Park, India, using spatial modelling of environmental variables [J]. Ecological Modelling, 2009, 220: 3621-3629.

27. Kim N Holland, John R. S. Physiological thermoregulation in bigeye tuna, *Thunnus obesus* [J]. Environmental Biology of Fishers, 1994, 40: 319-327.

28. Layher W G, Maughan O E. Spotted bass habitat evaluation using an unweighted geometric mean to determine HSI values [J]. Proceedings of the Oklahoma Academy of Science, 1985, 65: 11-17.

29. Le Pape O L, Baulier A, Cloarec J, *et al*. Habitat suitability for juvenile common sole (*Solea solea*, L.) in the Bay of Biscay (France): A quantitative description using indicators based on epibenthic fauna [J]. Journal of Sea Research, 2007, 57: 126-136.

30. Lee P F, Chen I C, Tzeng W N. Spatial and Temporal Distribution Patterns of Bigeye Tuna (*Thunnus obesus*) in the Indian Ocean [J]. Zoological Studies, 2005, 44 (2): 260-270.

31. Li F Q, Cai Q H, Hu X C, *et al*. Construction of habitat suitability models (HSMs) for benthic macroinvertebrate and their applications to instream environmental flows: A case study in Xiangxi River of Three Gorges Reservior region, China [J]. Progress in Natural Science, 2009 (19): 359-367.

32. Li G, Chen X J, Lei L, Guan W J. Distribution of hotspots of chub mackerel based on remote-sensing data in coastal waters of China, International Journal of Remote Sensing, 2014, 35, 11-12, 4399.

33. Masahiko M. Distribution of bigeye tuna in the Indian Ocean based on the Japanese tuna longline fisheries and survey information [D], National Fisheries University, Japan. 1998.

34. Masahiko M. Seasonal change in bigeye tuna fishing areas in relation to the oceanographic parameters in the Indian Ocean [J]. Journal of National Fisheries University, 1999, 47 (2): 43-54.

35. Michael, L. D., Dale, L. R., Charles, E. O. J., 1987. Use of Geographic Information Systems to Develop Habitat Suitability Models. Wildlife Soci. Bull. 15, 574-579.

36. Minns, C. K., 1997. Quantifying "no net loss" of productivity of fish habitats. Can. J. Fish. Aquat. Sci. 54, 2463-2473.

37. Morris, L., Ball D., 2006. Habitat suitability modelling of economically important fish species with commercial fisheries data. ICES J. of Mar. Sci. 63, 590-1603.

38. Morrison M L, Marcot B C, Mannan R W. Wildlife-habitat relationship: concepts and appli-

cations [M]. Madison: University of Wisconsin Press, 1998.

39. Naiman, R. J., Latterell, J. J., 2005. Principles for linking fish habitat to fisheries management and conservation. J. Fish. Biol. 67, 166-185.

40. National Research Council. Imparts of emerging agricultural trends on fish and wildlife habitats [M]. Washington, D. C.: National Academy, 1982.

41. Nishida T, Bigelow K, Mohri M, et al. Comparative study on Japanese tuna longline CPUE standardization of yellowfin tuna (Thunnus albacares) in the Indian ocean based on two methods: general linear model (GLM) and habitat-based model (HBM) /GLM combined [J]. IOTC Proceedings, 2003, 6: 48-69.

42. November A R. Factors affecting distribution of adult yellowfin tuna (Thunnus albacares) and its reproductive ecology in the Indian Ocean based on Japanese tuna longline fisheries and survey information [D]. Vrije Univerisiteit Brussel, Belgium. 2000.

43. Olivier, L. P., Florence, C., Stéphanie, M., Pascal, L., Daniel, G., Yves, D., 2003. Quantitative description of habitat suitability for the juvenile common sole (Solea solea, L.) in the Bay of Biscay (France) and the contribution of different habitats to the adult population. J. Sea. Res. 50, 139-149.

44. Paul D. Eastwood, Geoff J. Mdaden. Introducing greater ecological realism to fish habitat models [J]. GIS/Spatial Analyses in Fishery and Aquatic Sciences, 2003, 2: 181-198.

45. Pei-Fen Lee, I-Ching Chen, Wann-Nian Tzeng. Spatial and Temporal Distribution Patterns of Bigeye Tuna (Thunnus obesus) in the Indian Ocean [J]. Zoological Studies, 2005, 44 (2): 260-270.

46. Rüger N, Schlüter M, Matthies M. A fuzzy habitat suitability index for Populus euphratica in the Northern Amudarya delta (Uzbekistan). Ecological Modeling, 2005, 184 (2 - 4): 313-328.

47. Schaeffer B A, Morrison J M, Kamykowski D, et al. Phytoplankton biomass distribution and identification of productive habitats within the Galapagos Marine Reserve by MODIS, a surface acquisition system, and in-situ measurements [J]. Remote Sensing of Environment, 2008, 112: 3044-3054.

48. Terrel J W. Proceedings of the Workshop on fish habitat suitability index models [R]. US Fish and Wildlife Service. 1984, 85 (6).

49. Terrel, J. W., 1984. Biological Report 85 (6). In: Proceedings of the Workshop: Fish Habitat Suitability Index Models. U. S. Fish and Wildlife Service.

50. Thomasma L E, Drummer T D, Peterson R O. Testing the habiat suitabtility index mdoel for the fisher [J]. Wildlife Society Bulletin, 1991, 19: 291-297.

51. Thomson J D, Weiblen G, Thomson B A, et al. Untangling multiple factors in spatial distri-

butions: lilies, gophers and rocks [J]. Ecology 1996. 77: 1698-1715.

52. Tian S Q, Chen X J, Chen Y, Xu L X, Dai X J. Evaluating habitat suitability indices derived from CPUE and fishing effort data for Ommatrephes bratramii in the Northwestern Pacific Ocean. Fishery Research. 2009, 95: 181-188.

53. Tian S Q, Chen Y, Chen X J, Xu L X, Evaluating the impact of spatio-temporal scale on CPUE standardization [J]. Chinese Journal of Oceanology and Limnology, 2013, 05: 935-948.

54. Tomsic C A, Granata T C, Murphy R P, et al. Using a coupled eco-hydrodynamic model to predict habitat for target species following dam removal [J]. Ecological Engineering, 2007, 30 (3): 215-230.

55. U. S. Fish and Wildlife Service. Habitat suitability index models and instream flow suitability curves: American Shad [R]. Biological report, 1985.

56. U. S. Fish and Wildlife Service. Habitat suitability index models and instream flow suitability curves: Brown Trout [R]. Biological report, 1986.

57. U. S. Fish and Wildlife Service. Habitat suitability index models and instream flow suitability curves: inland stocks of Striped Bass [R]. Biological report, 1984.

58. U. S. Fish and Wildlife Service. Standards for the development of habitat suitability index models [J], U. S. Fish and Wildlife Service, 103 ESM, 1981: 1-81.

59. Van der Lee G E M, Van der Molen D T, Van den Boogaard H F P, et al. Uncertainty analysis of a spatial habitat suitability model and implications for ecological management of water bodies [J]. Landscape Ecology, 2006, 21: 1019-1032.

60. Vinagre C, Fonseca V, Cabral H, et al. Habitat suitability index models for the juvenile soles, Solea solea and Solea senegalensis, in the Tagus estuary: Defining variables for species management [J]. Fisheries Research, 2006 82: 140-149.

61. Vincenzi S, Caramori G, Rossi R, et al. A GIS-based habitat suitability model for commercial yield estimation of Tapes philippinarum in a Mediterranean coastal lagoon (Sacca di Goro, Italy) [J]. Ecological Modelling, 2006, 193: 90-104.

62. Vincenzi, S., Caramori, G., Rossi, R., Giulio, A. D. L., 2007. A comparative analysis of three habitat suitability models for commercial yield estimation of Tapes philippinarum in a North Adriatic coastal lagoon (Sacca di Goro, Italy). Mar. Poll. Bull. 55, 579-590.

63. Wakeley J S. A method to create simplified versions of existing habitat suitability index (HSI) models [J]. Environmental Management, 1988, 12 (1): 79-83.

64. Wang J T, Yu W, Chen X J, Lei L, Chen Y. Detection of potential fishing zones for neon flying squid based on remote-sensing data in the Northwest Pacific Ocean using an artificial neural network. International Journal of Remote Sensing, 2015, 36 (13): 3317-3330. Q1.

65. Yingchou L, Tom N. Some considerations to separate Taiwanese regular and deep longliners〔A〕IOTC Proceedings Vol. 5〔C〕Shanghai, China, 2002, 3.

66. Yu W, Chen X J, Yi Q, Chen Y, Zhang Y. Variability of Suitable Habitat of Western Winter-Spring Cohort for Neon Flying Squid in the Northwest Pacific under Anomalous Environments. PLOSONE, 2015, 10 (4): 1-20. Q1.

67. ZAINUDDIN M, SAITOU K, SAITOU S. Albacore (*Thunnus alalunga*) fishing ground in relation to oceangraphic conditions in the western North Pacific Ocean using remotely sensed satellite data〔J〕. Fisheries Oceanography, 2008, 17 (2): 61-73.

68. 班璇, 李大美, 李丹. 葛洲坝下游中华鲟产卵栖息地适宜度标准研究〔J〕. 武汉大学学报 (工学版), 2009, 42 (2): 172-177.

69. 陈峰, 雷林, 毛志华, 等. 基于遥感水质的夏季东海鲐鱼渔情预报研究. 广东海洋大学学报, 2011, 31 (3): 56-62.

70. 陈红波, 李继龙, 杨文波, 等. 东黄海小黄鱼秋季索饵环境栖息指数的研究〔J〕. 大连海洋大学学报, 2011, 04: 348-351.

71. 陈新军, 刘必林, 田思泉, 等. 利用基于表温因子的栖息地模型预测西北太平洋柔鱼 (Ommastrephes bartramii) 渔场〔J〕. 海洋与湖沼, 2009, 40 (6): 707-713.

72. 陈新军, 陈峰, 高峰, 等. 基于水温垂直结构的西北太平洋柔鱼栖息地模型构建. 中国海洋大学学报, 2012, 42 (6): 52-60.

73. 陈新军, 冯波, 许柳雄. 印度洋大眼金枪鱼栖息地指数研究及其比较〔J〕. 中国水产科学, 2008, 02: 269-278.

74. 陈新军, 高峰, 官文江, 等. 渔情预报技术及模型研究进展. 水产学报, 2013, 08: 1270-1280.

75. 陈新军, 龚彩霞, 田思泉, 等. 基于栖息地指数的西北太平洋柔鱼渔获量估算〔J〕. 中国海洋大学学报 (自然科学版), 2013, 04: 29-33.

76. 陈新军, 刘必林, 田思泉, 等. 利用基于表温因子的栖息地模型预测西北太平洋柔鱼 (Ommastrephesbartramii) 渔场〔J〕. 海洋与湖沼, 2009, 06: 707-713.

77. 陈新军, 刘廷, 高峰, 等. 北太平洋柔鱼渔情预报研究及应用. 中国科技成果, 2010, 21: 37-39.

78. 陈新军, 陆化杰, 刘必林, 等. 利用栖息地指数预测西南大西洋阿根廷滑柔鱼渔场. 上海海洋大学学报, 2012, 21 (3): 431-438.

79. 丁琪, 陈新军, 汪金涛. 阿根廷滑柔鱼 (Illexargentinus) 适宜栖息地模型比较及其在渔场预报中的应用〔J〕. 渔业科学进展, 2015, 03: 8-13.

80. 范江涛, 陈新军, 钱卫国, 等. 南太平洋长鳍金枪鱼渔场预报模型研究〔J〕. 广东海洋大学学报, 2011, 06: 61-67.

81. 范永超, 陈新军, 汪金涛. 基于多因子栖息地指数模型的南太平洋长鳍金枪鱼渔场预

报 [J]. 海洋湖沼通报, 2015, 02: 36-44.

82. 方学燕, 陈新军, 丁琪. 基于栖息地指数的智利外海茎柔鱼渔场预报模型优化 [J].
广东海洋大学学报, 2014, 04: 67-73.

83. 冯波, 陈新军, 许柳雄. 多变量分位数回归构建印度洋大眼金枪鱼栖息地指数 [J].
广东海洋大学学报, 2009, 03: 48-52.

84. 冯波, 陈新军, 许柳雄. 应用栖息地指数对印度洋大眼金枪鱼分布模式的研究 [J].
水产学报, 2007, 06: 805-812.

85. 冯波, 陈新军, 许柳雄. 利用广义线性模型分析印度洋黄鳍金枪鱼延绳钓渔获率 [J].
中国水产科学, 2009, 02: 282-288.

86. 冯波, 田思泉, 陈新军. 基于分位数回归的西南太平洋阿根廷滑柔鱼栖息地模型研究
[J]. 海洋湖沼通报, 2010 (1): 15-22.

87. 冯波, 许柳雄. 基于 GIS 的印度洋大眼金枪鱼延绳钓钓获率与水温关系的研究 [J] 湛
江海洋大学学报, 2004 24 (6): 18-23

88. 冯波. 印度洋大眼金枪鱼延绳钓钓获率与环境因素的初步研究 [D]. 上海水产大学硕
士学位论文, 2003, 1-63.

89. 冯永玖, 陈新军*, 杨铭霞, 等. 基于 ESDA 的西北太平洋柔鱼资源空间热点区域及其
变动研究 [J]. 生态学报, 2014, 07.

90. 冯永玖, 陈新军, 杨晓明, 等. 基于遗传算法的渔情预报 HSI 建模与智能优化 [J].
生态学报, 2014, 15: 4333-4346.

91. 高峰, 陈新军, 范江涛, 等. 西南大西洋阿根廷滑柔鱼智能型渔场预报的实现及验证.
上海海洋大学学报, 2011, 20 (5): 754-758.

92. 高峰, 陈新军, 官文江, 等. 基于提升回归树的东、黄海鲐鱼渔场预报 [J]. 海洋学
报, 2015, 10: 39-48.

93. 龚彩霞, 陈新军, 高峰, 等. 地理信息系统在海洋渔业中的应用现状及前景分析. 上海
海洋大学学报, 2011, 20 (6): 902-909.

94. 龚彩霞, 陈新军, 高峰, 等. 栖息地适宜性指数在渔业科学中的应用进展. 上海海洋大
学学报, 2011, 20 (2): 260-269.

95. 官文江, 高峰, 雷林, 等. 多种数据源下栖息地模型及预测结果的比较 [J]. 中国水
产科学, 2015, 01: 149-157.

96. 郭爱, 陈新军. 基于表温的中西太平洋鲣栖息地适应指数的研究 [J]. 大连水产学院
学报, 2008, 06: 455-461.

97. 郭爱, 陈新军. 利用水温垂直结构研究中西太平洋鲣鱼栖息地指数 [J]. 海洋渔业,
2009, 01: 1-9.

98. 郭爱, 陈新军. 利用水温垂直结构研究中西太平洋鲣鱼栖息地指数 [J]. 海洋渔业,
2009, 31 (1): 1-9.

99. 胡贯宇, 陈新军, 汪金涛. 基于不同权重的栖息地指数模型预报阿根廷滑柔鱼中心渔场 [J]. 海洋学报, 2015, 08: 88-95.

100. 胡振明, 陈新军, 周应祺, 等. 利用栖息地适宜指数分析秘鲁外海茎柔鱼渔场分布. 海洋学报, 2010, 32 (5): 67-75.

101. 贾涛, 李纲, 陈新军, 等. 东南太平洋茎柔鱼栖息地指数分布研究. 广东海洋大学学报, 2010. 19 (suppl): 19: 93-97.

102. 金龙如, 孙克萍, 贺红士, 等. 生境适宜度指数模型研究进展 [J]. 生态学杂志, 2008, 27 (5): 841-846.

103. 金岳, 陈新军. 利用栖息地指数模型预测秘鲁外海茎柔鱼热点区 [J]. 渔业科学进展, 2014, 03: 19-26.

104. 孔博, 张树清, 张柏, 等. 遥感和 GIS 技术的水禽栖息地适宜性评价中的应用 [J]. 遥感学报, 2008, 12 (6): 1001-1009.

105. 毛利雅岩, 花本荣二, 竹内正一. まぐろ延縄の漁獲からみたのィンド洋メバチの適水温 [J]. 日本水産学会志, 1996 (5): 761-764.

106. 倪一卓, 程和琴, 江红, 等. 鱼类栖息地模拟的比较研究——以东海鲐鱼为例 [J]. 水产科学, 2009, 12: 726-732.

107. 任中华, 陈新军, 方学燕. 基于栖息地指数的东太平洋长鳍金枪鱼渔场分析 [J]. 海洋渔业, 2014, 05: 385-395.

108. 沈智宾, 陈新军, 汪金涛. 基于海表温度和海面高度的东太平洋大眼金枪鱼渔场预测. 海洋科学, 2015, 39 (10): 45-51.

109. 宋利明, 胡振新. 马绍尔群岛海域大青鲨栖息地综合指数 [J]. 水产学报, 2011, 08: 1208-1216.

110. 苏杭, 陈新军, 汪金涛. 海表水温变动对东黄海鲐鱼栖息地的影响. 海洋学报, 2015, 37 (6): 88-96.

111. 汪金涛, 高峰, 雷林, 等. 阿根廷滑柔鱼渔场预报模型最适时空尺度和环境因子分析. 中国水产科学, 2015, 22 (5): 1007-1014.

112. 王家樵, 朱国平, 许柳雄. 基于 HSI 模型的印度洋大眼金枪鱼栖息地研究 [J]. 海洋环境科学, 2009, 06: 739-742.

113. 王家樵. 基于分位数回归的印度洋大眼金枪鱼栖息地适宜性指数模型研究 [D]. 上海水产大学, 2006.

114. 吴建南, 马伟. 分位数回归与显著加权分析技术的比较研究 [J]. 统计与决策, 2006 4: 4-7.

115. 杨嘉樑, 黄洪亮, 宋利明, 等. 基于分位数回归的库克群岛海域长鳍金枪鱼栖息环境综合指数 [J]. 中国水产科学, 2014, 04: 832-851.

116. 易雨君, 王兆印, 陆永军. 长江中华鲟栖息地适合度模型研究 [J]. 水科学进展,

2007，18（4）：538-543.

117. 易雨君，王兆印，姚仕明. 栖息地适合度模型在中华鲟产卵场适合度中的应用［J］. 清华大学学报（自然科学版），2008，48（3）：340-343.

118. 余为，陈新军. 基于栖息地适宜指数分析9—10月印度洋鸢乌贼渔场分布，广东海洋大学，2012，32（6）：74-80.

119. 赵海龙，陈新军，方学燕. 基于栖息地指数的东太平洋黄鳍金枪鱼渔场预报［J］. 生态学报，2016，03：778-785.

附　录

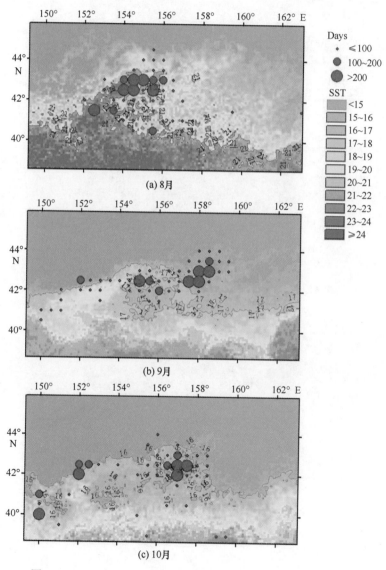

(a) 8月

(b) 9月

(c) 10月

图 A-1　2004 年 8—10 月柔鱼捕捞努力量与 SST 的时空分布图

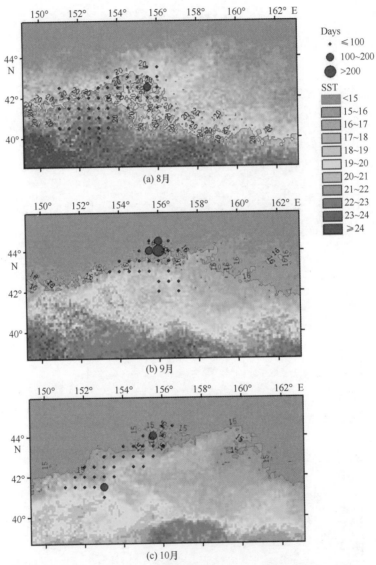

图 A-2　2005 年 8—10 月柔鱼捕捞努力量与 SST 的时空分布图

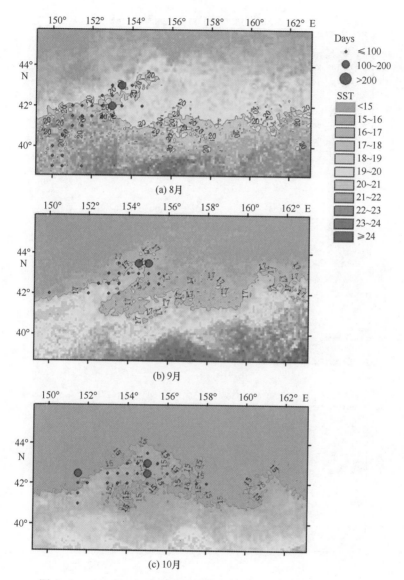

图 A-3　2006 年 8—10 月柔鱼捕捞努力量与 SST 的时空分布图

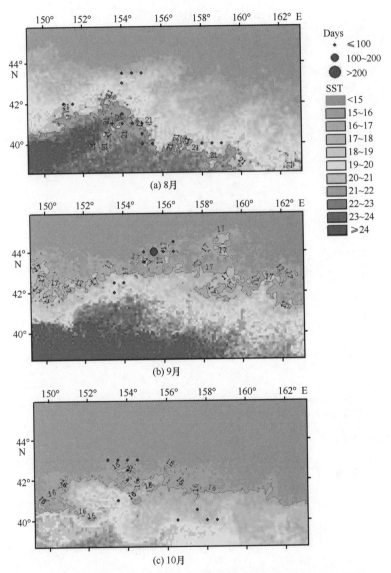

图 A-4　2007 年 8—10 月柔鱼捕捞努力量与 SST 的时空分布图

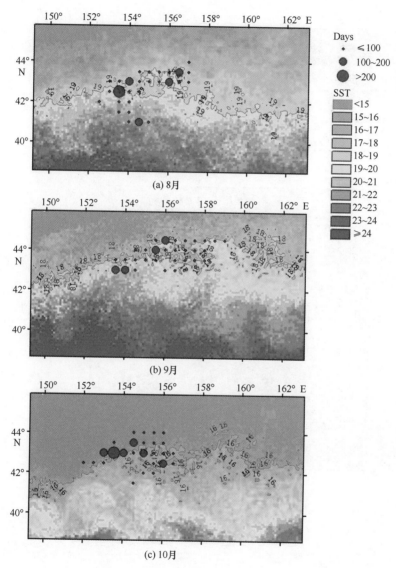

(a) 8月

(b) 9月

(c) 10月

图 A-5　2008 年 8—10 月柔鱼捕捞努力量与 SST 的时空分布图

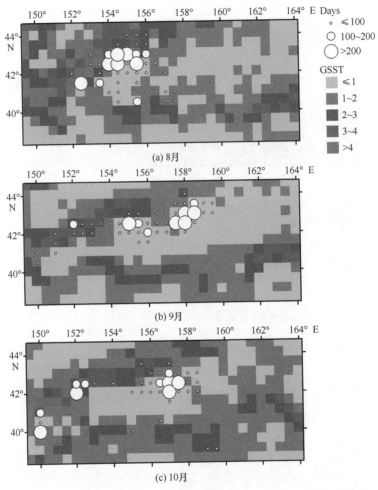

图 A-6　2004 年 8—10 月柔鱼捕捞努力量与 GSST 的时空分布图

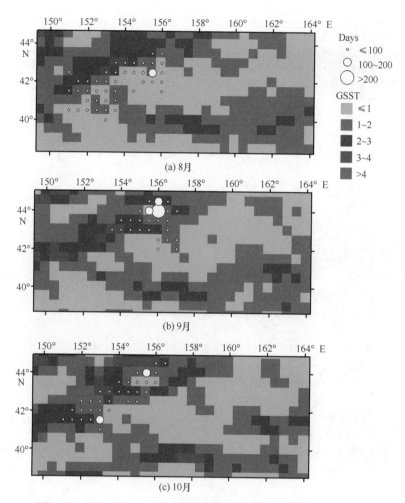

图 A-7　2005 年 8—10 月柔鱼捕捞努力量与 GSST 的时空分布图

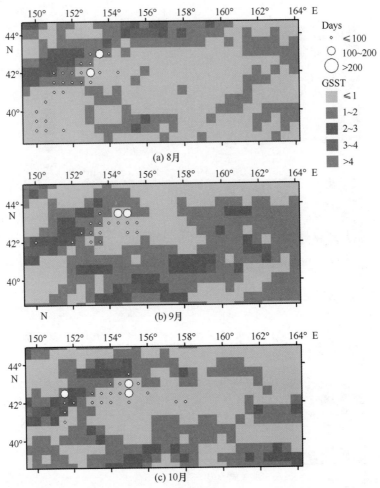

图 A-8　2006 年 8—10 月柔鱼捕捞努力量与 GSST 的时空分布图

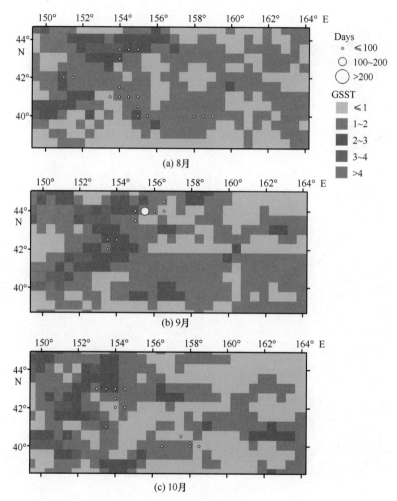

图 A-9　2007 年 8—10 月柔鱼捕捞努力量与 GSST 的时空分布图

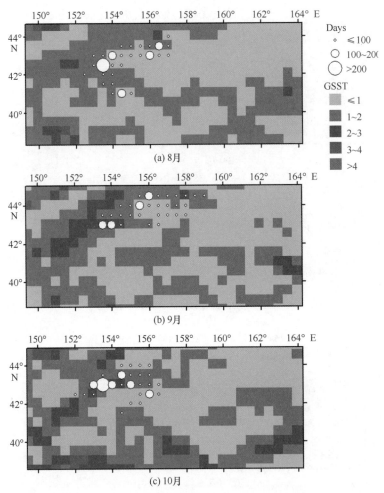

图 A-10　2008 年 8—10 月柔鱼捕捞努力量与 GSST 的时空分布图

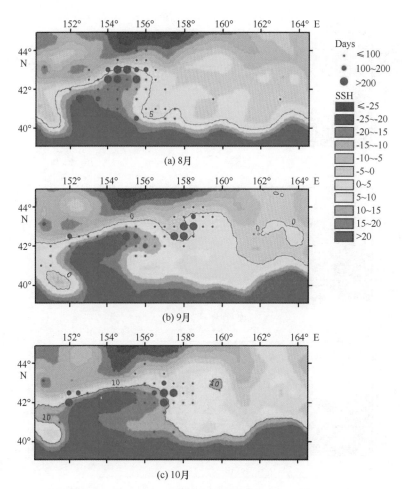

(a) 8月

(b) 9月

(c) 10月

图 A-11　2004 年 8—10 月柔鱼捕捞努力量与 SSH 的时空分布图

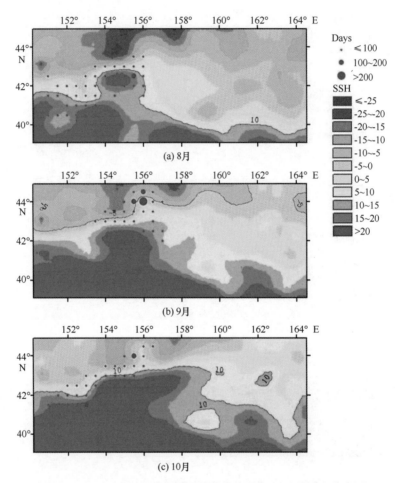

图 A-12　2005 年 8—10 月柔鱼捕捞努力量与 SSH 的时空分布图

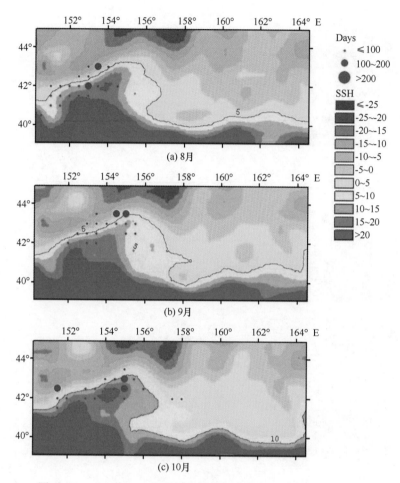

图 A-13　2006 年 8—10 月柔鱼捕捞努力量与 SSH 的时空分布图

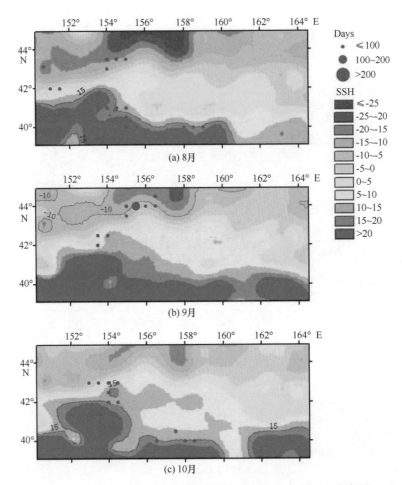

图 A-14　2007 年 8—10 月柔鱼捕捞努力量与 SSH 的时空分布图

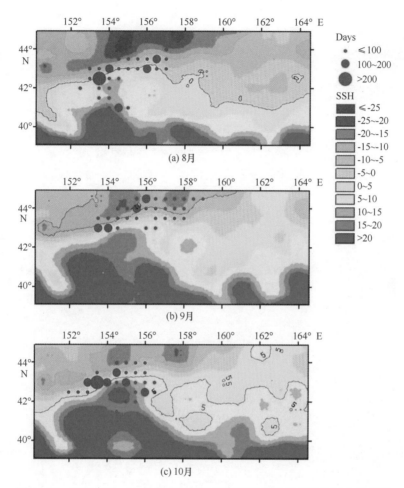

图 A-15   2008 年 8—10 月北太平洋柔鱼捕捞努力量与 SSH 的时空分布图